国家出版基金项目
NATIONAL PUBLICATION FOUNDATION

2011年国家社科基金重大项目(批准号:11&ZD097)结项成果
2020年陕西师范大学优秀学术著作出版基金资助项目
2020年陕西师范大学学科建设经费资助项目

艾 冲 主编

鄂尔多斯高原历史地理研究

历史地貌与河湖地理卷

艾 冲 翟 飞 孟洋洋 著

陕西师範大學出版总社 西安

图书代号　SK23N0968

图书在版编目(CIP)数据

鄂尔多斯高原历史地理研究. 历史地貌与河湖地理卷/艾冲，翟飞，孟洋洋著；艾冲主编. —西安：陕西师范大学出版总社有限公司，2025.4.

ISBN 978-7-5695-3523-5

Ⅰ. ①鄂…　Ⅱ. ①艾…②翟…③孟…　Ⅲ. ①鄂尔多斯高原—历史地理—研究　Ⅳ. ①P942.26

中国国家版本馆CIP数据核字（2023）第013508号

鄂尔多斯高原历史地理研究·历史地貌与河湖地理卷

E'ERDUOSI GAOYUAN LISHI DILI YANJIU · LISHI DIMAO YU HEHU DILI JUAN

艾冲　翟飞　孟洋洋　著

出版人　刘东风

策划编辑　刘　定

责任编辑　陈君明

责任校对　熊梓宇

封面设计　张潇伊

出版发行　陕西师范大学出版总社

（西安市长安南路199号　邮编 710062）

网　　址　http://www.snupg.com

印　　刷　中煤地西安地图制印有限公司

开　　本　787mm×1092mm　1/16

印　　张　17.5

插　　页　4

字　　数　343千

版　　次　2025年4月第1版

印　　次　2025年4月第1次印刷

书　　号　ISBN 978-7-5695-3523-5

审 图 号　GS（2024）4533号

定　　价　98.00元

总　　序

“鄂尔多斯高原历史地理研究”丛书（10卷本）即将出版，在此之前，特在此做一番简要的说明与介绍，以便广大读者了解相关信息，更便捷地阅读本丛书的内容。

一、鄂尔多斯高原的地理位置与区域范围

本丛书的研究区域是鄂尔多斯高原，因此，首先说明鄂尔多斯高原的基本地理位置与区域范围，就显得十分有必要。

鄂尔多斯高原，也称作河套高原。河套高原之地域名称，早在20世纪30年代就已出现，距今已有八十多年之久。至于鄂尔多斯高原之称呼，则迟至21世纪初期才出现。早在1936年，《伊克昭盟志》的编撰者、学者谢再善就采用河套高原之地名，以指称今鄂尔多斯高原，并在此地域展开持续两年的调查采访。这表明河套高原之地名由来已久。他指出：“伊克昭盟位于河套高原，东西北三面皆临黄河——黄河由宁夏北流，至临河东折，流至包头，复南折经晋、陕南下，整整包围了伊（克昭）盟，成为伊（克昭）盟天然界线。（伊盟）南面界限则为长城，与陕北接壤。”①河套高原以今白于山脉、大罗山脉与红柳河为南界。成书于20世纪30年代的《伊克昭盟志》既已出现河套高原地域名称，指的就是今鄂尔多斯高原。

鄂尔多斯高原位于今内蒙古、陕西和宁夏三省区交界地区，跨有此三个省区的局部。其东、北、西三方以滔滔黄河作为显明的地域界线，其南侧界线主要以今白于山脉、大罗山脉、红柳河为自然地物标志。由此可见，鄂尔多斯高原的地理位置、空间范围及其边缘界线是十分清楚的。

① 伊克昭盟地方志编纂委员会编：《伊克昭盟志》，见曾庆锡等修纂：《鄂托克富源调查记　准郡两旗旅行调查记　伊盟左翼三旗调查报告书　伊盟右翼四旗调查报告书　伊克昭盟志　伊克昭盟概况》下册，远方出版社，2007年，第287页。

具体而言，鄂尔多斯高原的区域范围，既包括今内蒙古自治区的鄂尔多斯市域、乌海市域的河东部分，也包括今陕西省的榆林市域绝大部分，以及今宁夏回族自治区的吴忠市利通区、青铜峡市东部、红寺堡区北半部、盐池县、同心县东北部，中卫市的中宁县东北隅，银川市管辖的灵武市、兴庆区黄河东侧、石嘴山市的平罗县黄河东侧区域，其总面积约为145139平方公里。

鄂尔多斯高原的毗邻区是指其外围接壤区域。其东侧毗邻区包括今山西省管涔山脉、吕梁山脉主脊以西黄河支流区域和内蒙古大黑河东侧分水岭；其北侧毗邻区包括今内蒙古狼山、查石太山南侧黄河支流区域；其西侧毗邻区则包括今宁夏贺兰山脉东侧区域和内蒙古狼山山脉西段及其余脉以东区域；其南侧毗邻区包括今陕西省白于山分水岭南侧的清涧河、延河、洛河上游流域，甘肃省泾河上游流域和宁夏的清水河流域。出于专题研究的需要，研究者经常会涉及鄂尔多斯高原的毗邻区，因而表明其区域范围十分必要。（见图1）

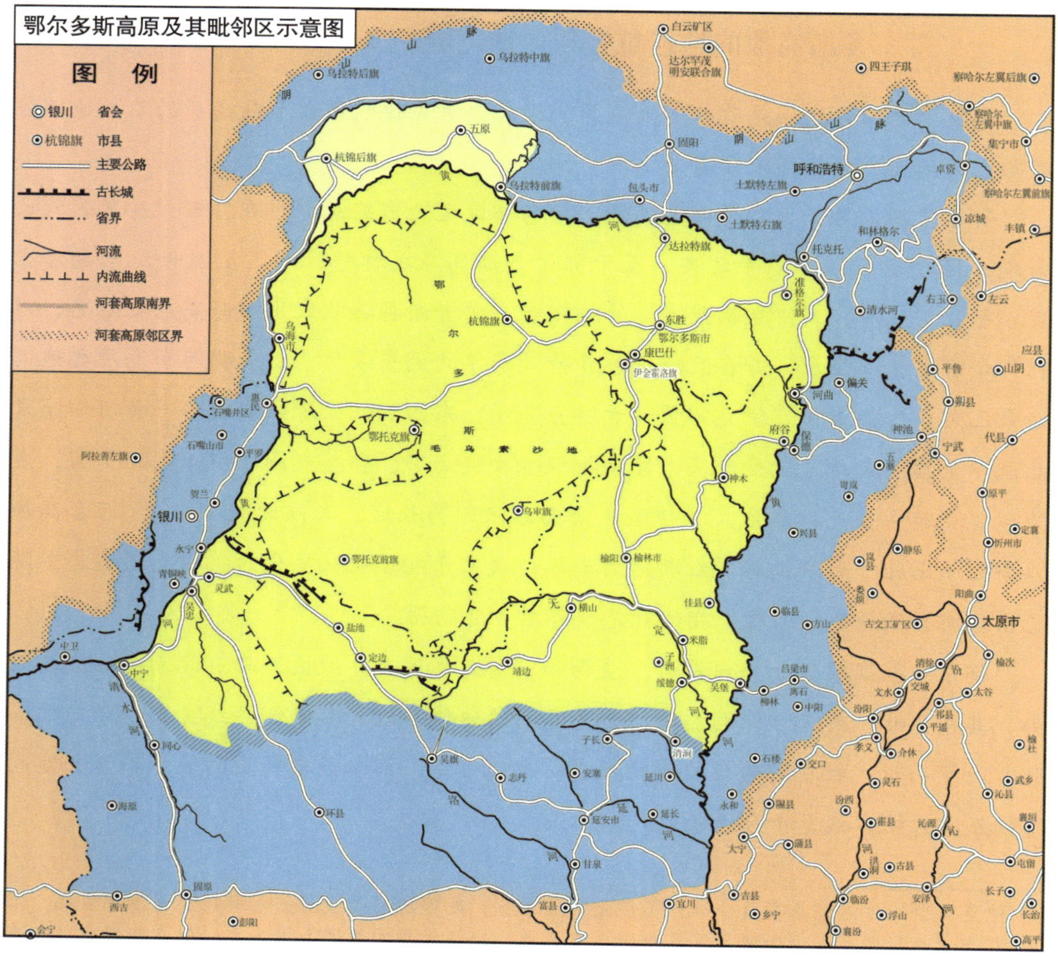

图1　鄂尔多斯高原及其毗邻区示意图

二、鄂尔多斯高原历史地理研究简介

国家社科基金重大项目“鄂尔多斯高原历史地理研究”的子课题数量达十个之多，头绪纷繁，进度不一，难度甚大。课题组经过七年持之以恒的努力，克服诸多客观存在的困难，披荆斩棘，筚路蓝缕，持续探索，终于完成了预定的研究任务。在研期间，课题组成员（包括参与者）展开野外考察达二十多次，通过实地考察解决了透过古代文献无法彻查的问题，有力地推动了重大项目研究的进度。在研期间，课题组成员（包括参与者）总共撰写及发表（出版）了阶段性研究成果一百二十多篇部，形成了相当丰富的研究成果，尤其是对此前用力不多的鄂尔多斯高原古代政区地理发表了一系列的专题论文，将重大项目研究推向深入。多次广泛的野外考察和为数众多的专题论文，为重大项目的顺利结项奠定了坚实的学术基础。

“鄂尔多斯高原历史地理研究”的结题成果共分为10卷，它们彼此呼应，前后衔接，相对全面而系统地论述了鄂尔多斯高原历史地理领域的各方面的问题。这10卷分别是：第1卷——历史政治地理卷、第2卷——历史民族地理卷、第3卷——历史城市地理卷、第4卷——历史经济地理卷、第5卷——历史军事地理卷、第6卷——历史文化地理卷、第7卷——历史气候与动植物地理卷、第8卷——历史自然灾害与土地荒漠化卷、第9卷——历史地貌与河湖地理卷，以及第10卷——历史地理综合卷。10卷本“鄂尔多斯高原历史地理研究”丛书的推出，是区域历史地理学研究的重大科研成果之一，为揭示鄂尔多斯高原历史时期地理环境的变迁进程做出了重要的学术贡献。

三、“鄂尔多斯高原历史地理研究”丛书的创新之处

本丛书的学术创新主要表现在四个方面，即学术思想与理论观点方面的创新、研究方法上的创新、数据资料采集方面的创新和解决实际问题方面的新见解等。

（一）学术思想与理论观点方面的创新

相对于本领域已有研究成果，本项目研究成果在学术思想认识和理论观点上有了新的提升。在本项目研究过程中，坚持了历史唯物主义和辩证唯物主义的思想方法与原则立场。在正确的方法论指导下，研究活动从科研实践出发，以采集现有的各种资料为基础，剖析、推理、综合研究得出结论。较诸既有的学术思想认识，新的认识更加符合历史实际。

1. 在本领域前人已有的研究成果中，存在一种较为普遍的思想认识，即隋唐时期鄂尔多斯高原土地沙漠化现象的出现，是由于过度的农业耕垦。但是，项目组在收

集历史文献资料过程中，发现形成“初期毛乌素沙漠”之地，根本不存在农耕经济成分，因此并不存在土地沙漠化与农业经济过度耕垦的因果关系。与此同时，项目组确认“初期毛乌素沙漠”形成之前，该地方存在着游牧族群的畜牧经济实体和官营牧马业，因此，“初期毛乌素沙漠”形成的驱动因素之一应是草原载畜量过大。这是课题组得出的新观点、新认识。

2. 在本领域已有的研究成果中，往往将“早期库布齐沙漠”与“初期毛乌素沙漠”混为一谈，主要表现在对唐代诗人的纪实诗中沙漠景物描写的理解判断上。课题组经过对唐代诗人的纪实诗做深度阅读与理解，纠正了前述学术思想认识的偏颇，复原出历史时期两块沙漠化土地的真实位置。

3. 在本领域已有的研究成果（尤其是历史地图学研究成果）中，对于战国秦汉时期鄂尔多斯高原政区地理，或者无法标示其具体位置（即无从定位），或者定位错误。课题组经过系统的探讨，认为战国秦汉时期鄂尔多斯高原政区分布格局完全可全面复原，即战国秦汉时期鄂尔多斯高原政区地理的郡级治城、县级治城、郡级政区边界皆可准确定位、清晰显示。这就将该地域历史政区地理研究向前推进了一大步，解决了前人由于时代局限而未能解决的历史政区地理悬案。

4. 在本领域已有的研究成果中，对于两汉时期在鄂尔多斯高原建置的属国都尉府、部都尉府、护匈奴中郎将府、度辽将军府等地方高级军事机构驻地皆语焉不详。课题组经过细致的探索、分析与综合判断，逐一予以准确定位。其中，西汉时期西河郡属国都尉府治城——美稷县城故址，前辈学者将其判定在今内蒙古准格尔旗纳林古城，课题组经过认真论证而将其准确定位在今准格尔旗榆树壕古城。其他重要秦汉故城，皆予以重新定位。通过专题研究，既获得全新的学术思想认识，也为其他历史专题研究奠定了坚实的基础。

5. 在本领域已有的研究成果中，缺乏对历史时期鄂尔多斯高原民族地理演变的全面研究，仅有极少数单个族群研究的著作或论文。课题组经过数年的不懈探索，系统地复原出春秋战国至民国时期鄂尔多斯高原不同民族迁徙（迁入与迁出）、分布、交流与融合的历史横断面图景。由于彻底探明了历史时期鄂尔多斯高原诸多民族分布与变迁的时空过程，从而在学术思想上出现新升华，此地区就不再是历史民族地理的空白区。

限于篇幅，仅列举出上述学术思想认识和理论观点的新突破。

（二）研究方法上的创新

本丛书各卷的研究，注重多学科交叉的综合研究方法。在全力收集历史文献资料的同时，十分重视田野调查方法的运用、高科技手段的使用，以及考古学、地理学理论与方法的运用。

课题组非常重视田野调查的研究途径。七年中，每年都安排不同子课题组到野外进行实地考察活动。每年平均组织两至三次田野调查，踏勘各种历史文化遗迹，确定其真实的地理位置、遗存现状，采集测量相关数据资料，据此，积累起大量有效的野外考察资料，极大地丰富了科学研究的资料库。

课题组十分重视高科技手段的使用。为在田野调查活动中获得准确的采集数据，我们购置行之有效的科学仪器，诸如GPS接收器、激光测距望远镜、照相机等，并运用这些仪器，获得相对精准的经度、纬度、高程坐标，古城遗址的长度、宽度、高度及其平面布局，地物的围长、年龄、相对高度等数据。通过采集数据，获得可靠的田野调查原始资料，服务于不同的子课题研究。

课题组尽力收集已有的地理学和考古学研究的理论与成果，与历史文献记载相互印证，结合田野调查及使用高科技手段所获资料，探索特定历史地理要素的发生、发展与空间分布变化的过程与特征。运用地理学和考古学研究的理论与成果，充实课题研究的证据，弥补文献资料的不足，填补研究资料的空白，并与其他科研资料相互交叉、相互印证，探寻鄂尔多斯高原历史地理真相。

（三）数据资料采集方面的创新

课题组重视运用精准的数据资料以支撑相关专题研究。为此，课题组成员走出书斋，走向野外，通过实地考察以采集需要的科学数据。在数据采集方面的创新主要体现于使用GPS接收器、激光测距望远镜、照相机等小型仪器，获取专题研究所需地理坐标、海拔高程、古代遗址的测量数据与平面格局资料等。要采集数据，就必须走向田野，就必须花费一定的时间和精力，就必须有不怕吃苦受累的精神，正因为如此，课题组在采集、运用数据资料方面取得了重大突破。

（四）解决实际问题方面的新见解

历史地理学研究的终极目的是为现实社会服务，推动现代社会持续发展进步，因此，解决现实社会中存在的实际问题就是研究者必须面对的重要课题，也是科学研究的落脚点。本丛书在以下两个问题上提出了新见解、新建议。

第一，在治理毛乌素沙漠、再造绿色植被以改造沙化环境上，课题组提出，应该组建陕西、内蒙古和宁夏三省区治沙联合体、治沙联动机制，即组织三省区人民群众积极行动起来，同心协力打赢治理改造毛乌素沙漠之战，为三省区人民生活水平的提升奠定良好的自然环境基础。不可采取各省区自扫门前雪的方式。

第二，出于环境保护的需要，地方政府应推行节约资源、能源的生产与生活方式，减少对自然资源索取力度，维护自然环境自我修复与再生机制，尽力减少对生态环境的破坏。同时，有步骤地保持人类社会与自然环境的和谐关系与基本平衡。为此，政府应制订长期规划与决策，对损坏自然环境的经济建设项目进行整改。

10卷本“鄂尔多斯高原历史地理研究”丛书虽然业已完成，但对鄂尔多斯高原的研究尚需继续深入。如五胡十六国时期鄂尔多斯高原的行政建制，尚未完全探明；隋唐时期少数驻防城的位置，仍待探查；秦汉与宋元时期区域交通道路分布，仍有待解的路径位置问题；历史时期动物种群与植被群落的空间分布，仍需深入研究；历史时期河川与湖泊的变迁，也有待继续细化与再深入研究。

上述问题还未探明的原因约略有三点。其一，探究相关历史地理问题的文献资料严重欠缺。由于文献记载缺失，也致使课题组在涉及相关问题研究时无从推进。其二，过往学界对鄂尔多斯高原关注不够，学界产出的相关成果较少，可资借鉴者也就甚少。其三，个别学术问题研究不够深入。鄂尔多斯高原历史地理领域可继续研究的空间较大，留待今后再探索。

在研期间，数十名博士与硕士研究生参与了课题的实际研究，为科学研究的深入推进做出了自己的贡献，也培养与锻炼了其各自的科研能力。他们或在文献资料收集与整理的技术环节付出了劳动，或在阶段性成果的撰写环节做出了贡献，或在结题成果上付出了辛劳，特在此向这些年轻的同志表示深深的感谢。

在多次野外考察的进程中，得到许多地方机构工作人员和素不相识的当地居民的热心帮助和支持，正是他们的耐心解疑和介绍以及热心引路，为我们提供了野外考察活动的方便，也节约了课题科研工作的时间，特在此向那些已认识或迄今仍不知其姓名的人士表示衷心的谢意。

艾　冲
2024年10月18日（星期五）
于陕西师范大学长安校区文汇楼C段522室

前　言

鄂尔多斯高原是一个具有重要战略地位的独特地域，尤其是在中国古代史时段。本书欲全面系统地探讨鄂尔多斯高原历史时期地貌、土壤、水系的演变历程，包括沙漠和流水侵蚀地貌的发生、发展与演替的时空进程，以及土壤的演替，并剖析其空间演替的诸种影响因素；同时，探讨鄂尔多斯高原外流水系——黄河干流河道及其支流河川的历史演变，内流水系——内流河川及其尾闾湖泊的历史变迁，旨在还原历史时期流沙地貌、流水侵蚀地貌、土壤性状、河湖水系的空间分布与演替的真相。以史为鉴，古为今用，为当代区域生态环境整治、边疆民族地区经济社会持续发展提供历史借鉴与启示。为达此目标，特在此就若干基本问题予以说明。

一、专题研究的时空范围

本书既然着重探究历史时期鄂尔多斯高原历史地貌、土壤和水系演替的真相，必然要涉及其时间界限和空间范围。因此，首先应当清楚地认识这两点，以便突出专题研究的重心。

（一）研究专题的时间界限

本专题研究的时间范围包括为战国至新中国成立的历史时段（前475—1949），历时2424年，这就是本书研究内容的时间区间。至于战国时期之前的历史时段，限于资料的缺失或零碎，无法完整再现民族历史与其空间分布，本着有限重点的原则而省去。

在实际探究过程中，根据历史资料及其他资料的丰富与否，某个时期的自然地理内容可能会简略，某个时期内容就会详细。我们的主观愿望是尽可能多地占有可供专题研究的资料。

（二）研究专题的空间范围

本专题研究的空间范围主要是指现今被黄河从西、北、东三面围绕而南限于白于山、大罗山诸山系的高平原地域，即鄂尔多斯高原。在行政区划上，包括今陕西省榆林市域的绝大部分、内蒙古自治区鄂尔多斯市域和乌海市域内黄河东侧区域，以及宁夏回族自治区域内的大罗山以北、黄河以东区域。由于黄河河道在历史时期出现过明显的横向移动，尤其是在狼山南侧的黄河主河道历史时期大体是在今乌加河位置，而今却是在后套平原南部边缘。因此，论及历史时期河套高原地理环境则以黄河古道（今乌加河）为依据，其他河段亦然。在实际探讨过程中，也会涉及黄河外侧支流区域，可视作鄂尔多斯高原的毗邻区域（或外缘区域）。此毗邻区域包括东侧的吕梁山、管涔山分水岭之西、阴山山脉主脊之南、贺兰山主脉之东，以及延河、北洛河上游、泾河上游和清水河等流域。

二、几个概念的厘清

鄂尔多斯高原历史地貌、土壤和水系地理研究必然涉及“内流水系”“外流水系”“水土流失”等概念。三者的内涵并不相同，需要区别使用。

（一）内流水系

内流水系，是相对于“外流水系”而言，指的是在我国北方和西北地区那些以某个内陆湖泊为最终归宿地的河川。这些河川并非流向广阔浩渺的海洋，而是流注于低洼地区的某个湖泊（尾闾湖）。一般来说，这些内流水系的流程短促、流量较小，渗透、蒸发量较大，往往呈现出季节性河流特征。在鄂尔多斯高原地域，内流水系即指西部封闭的内流区域的为数繁多的小河川与小湖泊，以及出露地表的水泉。

（二）外流水系

外流水系，是指发源于高中山区、最终流向海洋的河川。既有水量浩大的大江、大河，诸如黄河、长江、珠江、海河、辽河、黑龙江等，也包括沿海地带的中小型河川，诸如鸭绿江、大凌河、小凌河、石河、潮白河、滹沱河、淮河、钱塘江、闽江等江河。在这些河川流域，生活着众多的人口。在鄂尔多斯高原地域，外流水系即指黄河干流及其支流河川。

（三）水土流失

水土流失，是指历史时期由于人类社会不合理的经济开发活动、自然环境的突发暴雨事件导致的山地、高原、丘陵的土壤、沙砾和石块受到洪水的强力驱动而移动至地势较低的地方或者江河下游河道的自然灾害现象。水土流失往往是渐进式的或突发式的灾害，带给人类社会长远而深重的毁伤。在水土流失区域，往往形成连片的流水侵蚀地貌。

三、本专题的研究思路与方法

在展开课题研究之前，设计出清晰的研究思路、运用恰当的研究方法与手段，是推进本专题研究极其重要的科研前提条件。在此，将本专题的研究思路与方法简述如下。

（一）研究思路

第一，搜集各种专题研究资料，包括古代文献资料、出土文献资料、文物考古资料、田野调查资料（包括采集数据资料），以及当代地图、照片、影像、航片、卫片等资料。

第二，探明鄂尔多斯高原及毗邻区的自然地貌、土壤、内流水系、外流水系的当代分布格局，尤其是内流区域和外流区域的分野状况。

第三，运用前述资料探索特定历史阶段区域风沙地貌、流水侵蚀地貌的分布格局及其变迁的时空真相，黄河干流河道及其支流河川的历史变迁过程，再现历史自然环境的本来面目，并剖析与归纳其诸多影响因素。

第四，具体分析某一自然地理要素在鄂尔多斯高原的发生、发展、空间分布及其变动，还原其历史运动的真实图景。多个自然地理要素的组合与叠加，汇总成区域地貌、土壤与河湖发展演变的宏观历程。

第五，分析影响不同历史阶段地貌形态、土壤类别、河湖分布与演替的各种因素，归纳出今人可资借鉴的历史经验与教训。依循此思路以实现专题研究之既定目标。

（二）研究方法

鄂尔多斯高原历史地貌、土壤与河湖研究的最重要的环节就是再现特定历史阶段其空间分布格局及其驱动因素，以及该空间分布状况的历史影响。因此，需要运用多种研究方法与手段。

第一，最为重要的方法是坚持历史唯物主义的立场与视角，坚持在特定的历史背景中观察、分析自然地理现象，唯物辩证地研判各类自然现象发展趋势。这是专题研究的基本立场与出发点。

第二，广泛搜集相关有效信息，必须借助历史文献。因此，文献分析就成为最基本的研究方法。包括传世文献、出土文献和碑刻文献的阅读、提取与运用。此外，尚需关注古代地图资料。

第三，本专题研究的推进，也需要古代遗址、古代文物的验证或补充。因此，文物考古学的理论与方法，尤其是其新发现、新资料和新理论必须予以吸收与运用。

第四，必须十分重视田野调查的工作方法。通过田野调查、采集数据，可获取古代相关历史地貌、土壤、水系的遗址、文物和地理信息及数据。这个环节不可或缺。

第五，还需要依托与利用高科技手段，包括航片、卫片的判读，遥测遥感技术的运用（诸如小型无人机空中拍摄）、激光测距仪的应用等。

总之，本专题研究的推进和研究目标的实现，需要运用多学科交叉的科学研究方法，即运用马克思主义的历史唯物主义理论、古代文献分析、古今地图对照、文物考古资料收集与剖析、野外考察与社会调查、采集数据、高科技手段的使用等多样化手段与方法。通过多重证据的收集、整理、分析和判断，尽可能地复原出不同历史阶段鄂尔多斯高原复杂的自然地理格局，剖析其驱动因素和历史作用。

四、本专题研究的学术价值与现实意义

本书探讨的鄂尔多斯高原历史地貌、土壤与河湖地理专题具有重要的学术价值，也具有非常显著的现实意义。

（一）学术价值

本专题研究的学术价值主要表现在两个方面：

第一，全面系统地再现历史时期不同阶段鄂尔多斯高原历史地貌、土壤与河湖分布及其演变的过程与真相，填补历史自然地理学的区域学术空白，推动中国历史地理学的进步，尤其是中国北方边疆地区历史环境学的持续发展。

第二，探寻历史时期鄂尔多斯高原历史地貌、土壤与河湖发生、发展、衰亡、演替的深层次社会根源和自然环境因素，进一步丰富与更新历史地貌学、历史土壤地理、历史河湖地理学的学科内容，推动诸多学科的发展与进步。

（二）现实意义

研究历史时期鄂尔多斯高原及其毗邻区历史地貌、土壤、河川与湖泊地理的发展与演变，目的是古为今用，服务当代生态环境恢复与保护、区域经济文化大发展。

第一，透过鄂尔多斯高原历史地貌、土壤、河川与湖泊地理的专题研究，提炼出唯有生态环境良好，经济发展才能持续、生活才更美好的历史结论，推进全国各民族有效爱护生态环境，共同过上富裕的生活。

第二，透过鄂尔多斯高原历史地貌、土壤、河川与湖泊地理专题研究，揭示多民族国家生态环境安全、经济环境安全和国防环境安全的核心是生态环境安全，真正维护国家政治稳定、社会和谐进步的大好局面。

五、研究团队的分工

本书的撰写，除过笔者之外，还有两位同志——翟飞硕士、孟洋洋博士。彼此间的分工是：翟飞硕士负责撰写第三章第一节的内容，孟洋洋博士负责撰写第六章第一节第二部分的内容，其他部分皆由笔者负责撰写。

六、致谢

本书在付梓之前，经过多次校对书稿，消除了曾经存在的若干错别字、漏字、衍文，以及欠妥的标点符号、版面布局不当等问题，使之趋于完备。

陕西师范大学出版总社编辑刘定、陈君明等同志为本书的正式问世付出大量精力和时间。正是在他们的努力下，本书才得以顺利出版。

特在此向他们表示诚挚的感谢！

艾　冲

2024年6月29日

目录

第一章　历史时期鄂尔多斯高原的地貌变迁

鄂尔多斯高原历史时期地貌变迁是中国历史地理学研究的重要专题之一。在这个特定地域，不同历史时期区域地理面貌先后发生了巨大的变化。先是初期库布齐沙漠在高原西北部诞生并发展起来，后逐渐扩散开来，致使当地及邻区地表面貌逐步沙漠化。其后，初期毛乌素沙漠也在高原的中西部形成且漫延扩张，不断地向东南流动或飞扬，覆盖草原、耕地、河川、湖泽、山梁、谷地，沙漠化土地分布范围逐步扩大。继之，高原东部外流水系区域发生愈来愈严重的地表径流侵蚀土壤现象，造成水土流失灾害缓慢趋重，农牧经济环境日益恶化。追究其地貌变迁的动力因素，可归为三种——气候条件产生的自然动力、地表以下潜伏的沉积沙物质、人类经济活动破坏天然植被的影响。诸种动因综合作用，就会在高原的某个生态脆弱区域率先产生就地潜沙泛出、流水侵蚀切割等新型地貌的早期形态。这种地貌变迁对人类社会产生的影响是深远的。这种地貌变迁是以特定区域的地质构造与基本的地势地形为基础的，因此，在本章中，首先需要厘清鄂尔多斯高原的宏观地势与基本地形。

第一节　鄂尔多斯高原的地势与地形

经过我们多年的野外考察和社会调查，基本摸清了鄂尔多斯高原的宏观地势和基本地形。

鄂尔多斯高原无高山大川，而且地表形态基本平缓，呈波浪状此起彼伏形成缓坡丘陵，相对高差不大。具体而言，该地区地势地形可划分为两大区域，即北部、东部和东南部外流河川分布区，高原中西部内流河湖分布区。在高原东南部外流河湖分布区，地表相对高度差较大，山高沟深，存在深度不同的地质时期风成黄土，基岩裸露，人们行走费力、运输困难。在高原的内流河湖分布区，地势高差甚小，地表为地质时期剥蚀出露的红色砂岩、沙砾岩或灰绿色岩层，后经风力塑造而呈现波状高原的和缓地面。

一、鄂尔多斯高原的地势

鄂尔多斯高原是一个自然地理单元，也被称作河套高原、河套地区，包括内蒙古自治区南部、陕西省榆林市大部、宁夏回族自治区域内黄河东侧北部。其西、北、东三面的黄河成为天然的自然地理界限；东西横亘的海拔较高的白于山脉与大罗山为其南部界限。鄂尔多斯高原总面积约为147266.63平方千米，内蒙古鄂尔多斯市境和乌海市黄河东侧部分面积为86965平方千米，占总面积的59.05%；[①]陕西榆林市境的面积为40118平方千米，约占总面积的27.24%；[②]宁夏回族自治区黄河东侧北部面积约为20183.63平方千米，占总面积的13.7%。[③]

鄂尔多斯高原的海拔高度普遍在1100—1500米。其最低点在高原的东南隅，即位于陕西省清涧县河口村南侧、无定河注入黄河之地，海拔587米；最高点在乌海市黄河东侧的桌子山主峰，海拔2149米；其次就是杭锦旗东南部的塔然高勒镇所在高地。此外，鄂尔多斯高原内部并没有高大的山脉和宽广的河川，没有高耸的群山、深邃的河谷，只存在低矮的山梁、滩地，地势起伏较小。因此，地表相对高度差不明显，一般在数十米或二三百米。

从宏观上看，鄂尔多斯高原的地势是中部较高，四周边缘地带较低。鄂尔多斯高原中部横亘着一道东西走向的东胜梁，是高原内部地势最高的地方，因而成为高原内部大多数外流河川的发源地与分水岭，以及少数内流河川的发源地，诸如陶勒沟、摩林河（亦作摩仁河），它们发源于东胜梁的西段。自东胜梁起，地势向北、向东、向南、向西逐渐递降。由东胜梁向北方，直至包头市南界的黄河南岸；由东胜梁向东方，至窟野河入黄口；自东胜梁向南直至无定河中游的榆阳区鱼河镇附近榆溪河与无定河汇合点，再抵达无定河入黄口，此处地势最低。由陕西靖边县红墩界镇白城子村无定河往南，地势又缓慢上升，直抵鄂尔多斯高原南部界山白于山脉，其主峰魏梁海

① 内蒙古自治区地图制印院编制：《内蒙古自治区地图册》，中国地图出版社，2002年，第11、51—57页。

② 西安地图出版社编制：《陕西省地图册》，西安地图出版社，2014年，第228—255页。

③ 张红主编：《宁夏》，中国地图出版社，2016年，第40—41、66—69、72—73、76—77、108—109页。

拔1907米。高原西南边缘的界山大罗山主脊海拔则为2624米。由东胜梁向西方延伸至杭锦旗伊和乌素镇东界，地势才趋于降低，直至桌子山东麓。桌子山呈现兀然高耸独立之势，拔地而起，十分引人注目，主峰海拔2149米。越过桌子山西至乌海市黄河东岸，海拔高度再度降低。

相比较而言，鄂尔多斯高原中西部地表波状起伏，相对高度差甚小，地势平缓，因而形成高原内部的内流水系区域，河湖水系较为封闭。在中西部波状高平原内流水系区域，有一道大体南北走向的低山梁，略高出两侧地表。

二、鄂尔多斯高原的地形

大体来看，鄂尔多斯高原的地形分为东部、东南部山原与河谷相间地形，起伏较明显，相对高度变化较大。东胜梁东中段的北面、东面和南面皆是如此。东胜梁西段的南、北区域基本属于波状高原，地势虽有递降变化，但相对高度变化较小，梁地与滩地或湖盆相间分布。

在鄂尔多斯高原的北部、东部、东南部，诸多黄河一级支流河川经行此地，于是形成高耸的山原与低深的河谷相间之地形，起伏较大。若干河川的个别河段甚至就是峡谷地形，两侧崖岸壁立，交通困难。有的地方经过千百年的坡面流水切割，呈现千沟万壑的地形。在东胜梁东、中段的北面，“十大孔兑”河川源出东胜梁北坡，形成南北向的坡梁与河川相间的地形，坡降较低，愈接近黄河地形愈平坦。在东胜梁东、中段的东面，若干河川较为短促，但也形成西东走向的川梁相间的地形。在东胜梁东、中段的南面，即高原东南部，则形成由西北向东南走向的河川与原梁相间分布的地形，例如皇甫川及其上游河流、清水川及其上游、孤山川及其上游、窟野河及其上游两大支流河川、秃尾河及其支流河川等及其分水岭，皆具有此地形特征。

在鄂尔多斯高原的南部，无定河发源于南部界山——白于山北坡，弯曲的干流河道两侧形成羽状支流水系，其右侧圪洞河（靖边县境）、黑河则（靖边与横山）、九房沟、芦河、沙坪沟、黑木头川、响水沟、野子沟、武家坡沟（横山区境）、杜家石沟、宋家沟、姬家沟（米脂县境）、祁家沟、丁王家沟、大理河、淮宁河、吴家沟、崔家沟（绥德县境）、园则沟、店则沟、上石峪、东拉河、张家河、玉家河（清涧县境），山川相间，梁高谷深；其左侧纳林河（乌审旗境）、海流兔河、硬地梁河（榆阳区境）、大石磕河、沙河（横山区境）、榆溪河、峁沟河、小川沟河（榆阳区境）、金鸡河、安沟河、东沟河（米脂县境）、薛家河、韭园沟、刘家河、满堂川、钟家沟、纸房沟、苏家岩河（绥德县境）、合石沟、解家沟、袁家沟（清涧县境）等等，由于千百年来河水的下切冲刷侵蚀和横向冲刷侵蚀，厚度不一的深厚黄土地层之下的基岩裸露在外，呈现整齐的水平沉积层理，成为地形景观。

在鄂尔多斯高原的中西部，即东胜梁西段的南北，波状高原地表形成浅平盆地与低矮梁地（滩地与硬梁）交错分布的和缓地形。在东胜梁西段以北区域，坡面向北缓缓降低，直至库布齐沙漠南缘，再至黄河沿岸的地区有呈现滩地与硬梁交错穿插的地形，且被巨大的沙山覆被于其上。地表径流一般为流程短促的季节性内流河川，其显著者如杭锦旗境的摩林河、陶勒沟。在东胜梁西段以南区域，波浪状起伏的高平原略微向西倾斜，除西流注入黄河的都斯图河流域外，其他内流河川、湖泊广泛分布在波状高原地表上，犹如繁星点缀在夜空一般。这些内流河湖随着降水量的年际变化而盈枯，换言之，内流河湖水量的年际变动、季节变动相当明显。降水丰沛的年份、季节，洼地充满积水而成为湖泽；干旱的年份、季节，湖水干涸而转变成湖滩湿地，甚至地表龟裂。这就构成鄂尔多斯高原中西部的特殊地形。

鄂尔多斯高原西南部的山水河、红柳沟流域除外，其不在内流区域。

第二节　库布齐沙漠的初起与风沙地貌的扩张

鄂尔多斯高原历史时期地貌的变迁主要表现在两个方面，即风沙地貌的出现与发展及流水侵蚀地貌的出现与加剧。其中，对于人类生产生活影响至为深远的地貌变化，首先是风沙地貌演进，其次是流水侵蚀地貌扩展。在这一节，对历史时期鄂尔多斯高原土地沙漠化现象进行较为系统的探索，以求其真相，并为人类社会改造沙漠、利用沙漠提供历史支持。

在今鄂尔多斯高原上，存在着两大沙漠——毛乌素沙漠（亦称毛乌素沙地）和库布齐沙漠。这两块沙漠成为本区域自然环境演变的重要驱动因素和时空坐标。近二十年来，学界对鄂尔多斯高原南部的毛乌素沙漠之历史演变给予极大的关注，产出了众多的研究成果。而对鄂尔多斯高原北部的库布齐沙漠，除朱震达、王北辰诸先生有所研究之外，[①] 其他学者关注不够，学术成果甚少。在此特做探讨，略陈愚见，还原真相。

① 中国科学院《中国自然地理》编辑委员会：《中国自然地理 · 历史自然地理》，科学出版社，1982年，第249—260页；王北辰：《库布齐沙漠历史地理研究》，《中国沙漠》1991年第4期。

一、现代库布齐沙漠的空间分布

库布齐，在蒙语中意为“弓上之弦”，即若将黄河譬作“弓”，库布齐沙漠就犹如弓上之“弦”，东西向顺直地横亘在黄河之间。库布齐沙漠位于鄂尔多斯高原脊线北侧，自西徂东地绵延在内蒙古鄂尔多斯市的杭锦旗、达拉特旗和准格尔旗的部分地区。库布齐沙漠东西长约400千米，南北宽为30—80千米，总面积约1.68万平方千米。其平面分布呈西宽东窄的条带状，西起杭锦旗巴拉贡镇，中经达拉特旗境内，东至准格尔旗东孔兑镇。它像一条黄龙横卧在鄂尔多斯高原北部，延展于杭锦、达拉特、准格尔三旗之地。

从地形地势观察，库布齐沙漠的西、北、东三面均以黄河为界，地势南部高、北部低；南部为构造台地，中部为风成沙丘，北部为黄河河漫滩地。其中流动沙丘约占61%（一说占80%），形态以沙丘链和格状沙丘为主，沙丘高度在10—60米；边缘有固定和半固定沙丘，一般高10米左右；地表植被稀疏，散布着沙生植物。

本区域处于温带干旱半干旱区，夏季气温高，年、日温差大，气候干燥，一年大风天数为25—35天。东部属于半干旱区，雨量相对较多；西部属于干旱区，热量丰富，降雨稀少，径流短缺。温度及湿度自东南向西北递减。在陆地水文方面，库布齐沙漠区域有发源于高原脊线北侧而流入黄河的季节性川沟十余条。其中，东部的主要川沟，包括诸如（自西向东）毛布拉格孔兑沟（在杭锦旗东部）、布日嘎斯泰沟（乌兰水库所在川沟）、黑赖沟、西柳沟、罕台川、壕庆河、哈什拉川、母哈日沟、东柳沟（在达拉特旗境）、呼斯太河（达拉特旗与准格尔旗界河）、大路沟、东孔兑沟（准混兑沟，在准格尔旗境）等十二条川沟，沿岸土壤肥力较高；西部地表径流极少，水源缺乏，仅有两条重要的内陆河川，一曰摩林河（亦作摩仁河），呈自东南向西北流向，最终消失在沙漠中，形成尾闾湖——查干淖尔；还有杭锦旗锡尼镇所在的季节性河川——陶勒沟，以及其尾闾湖——巴音乌素盐海（哈日芒乃淖尔）。[①] 此外，沙区还散布着少数湖泊，诸如杭锦旗陶勒沟南侧的查干淖尔、乌兰陶日木淖尔，独贵塔拉镇西北部称“七星湖”的七个沙漠湖泊，巴音乌素镇门根村以北的无名湖泊，达拉特旗昭君坟乡（城拐子）与展日如苏木（柴登）间的四五个湖泊，中和西镇（三尖子村）西南的三四个湖泊。沙漠西缘和北边因其地密迩黄河，地下水位较高，水质较好，有利于草类植被生长。

---

① 内蒙古自治区地图制印院编制：《内蒙古自治区地图册》，第51—52、55页；内蒙古自治区地图制印院编制：《内蒙古自治区交通图册》，中国地图出版社，2007年，第89—90、92页。

库布齐沙漠的植物种类较为多样，植被分布差异也较大。其东部为草原植被，西部为荒漠草原植被，西北部为草原化荒漠植被。主要的植物种类大致可分为：东部的多年生禾本植物，西部的半灌木植物，北部河漫滩地带碱生植物，以及生长在沙丘上的沙生植物。在沙区北缘的黄河南岸阶地平原区域，多系泥沙淤积土壤，土质肥沃，水利条件较好，系黄河灌区的组成部分，粮食产量较高，素有“米粮川”之称。

二、库布齐沙漠的形成时间

库布齐沙漠初起于何时是一个迄今尚未取得共识的问题。从中国古代文献中寻找线索应是一个可取的途径，但是古代文献的记载并不全面，所以需要研究者依据文献资料进行必要梳理、论证。

（一）历史文献关于库布齐沙漠的记录

据《魏书》记载，北魏太平真君七年（446），薄骨律镇镇将刁雍在呈交魏廷的奏书中论及薄骨律镇赴沃野镇的粮运通道状况，谈及早期的库布齐沙漠。当时，薄骨律镇位于今宁夏回族自治区吴忠市西北古城湾附近、古黄河的河心洲上，沃野镇位于今内蒙古自治区乌拉特前旗北部的乌梁素海北侧、苏独仑乡根子场村之正南，两座镇城间的陆路交通线呈现自西南往东北方向。刁雍在奏书中写道：“臣镇去沃野镇八百里，道多深沙，轻车往来，犹以为难，设令载谷，不过二十石，每涉深沙，必致滞陷。又谷在河西，转至沃野，越渡大河……”[①]揣摩其文，揆之于当代地理，可知薄骨律镇所产粮食运往沃野镇的车运陆路的走向如下：在薄骨律镇境将粮食由黄河西岸转至东岸，装车起运，经今灵武市境，向北穿越今鄂托克前旗、鄂托克旗西境（中途逾都思兔河下游河道）、乌海市桌子山东侧，转趋东北，经过今杭锦旗西部的伊和乌素镇附近的摩仁河上游，再至杭锦旗北境的独贵塔拉镇西侧，再次越过黄河，经今乌拉山西山咀，循今乌加河东侧北上，抵达沃野镇城。

所谓道多深沙的路段究竟在何处？这是必须探究的关键问题。早期的毛乌素沙漠迟至唐代开元、天宝年间才渐露端倪，其位置在今鄂托克前旗、鄂托克旗的东半部；[②]两旗的西半部在5世纪中叶尚无地表积沙的记载，因此可以肯定，“道多深沙”的路段不在今宁夏灵武市、内蒙古鄂托克前旗、鄂托克旗之地。若然，“道多深沙”

---

① ［北齐］魏收：《魏书》卷三八《刁雍传》，中华书局，1974年，第868页；又见［唐］李吉甫：《元和郡县图志》卷四《关内道四・灵州》，贺次君点校，中华书局，1983年，第93页。

② 艾冲：《论毛乌素沙漠形成与唐代六胡州土地利用的关系》，《陕西师范大学学报（哲学社会科学版）》2004年第3期。

的路段就只能是分布在今鄂托克旗北缘的公其日嘎镇、杭锦旗伊和乌素镇和独贵塔拉镇之间，恰处在今杭锦旗的西部。杭锦旗西半部恰好是今库布齐沙漠的核心区域。这也就表明：早期库布齐沙漠分布于今杭锦旗西半部之地，是库布齐沙漠形成最早的部分。

无独有偶，成书于北魏时期的《水经注》也保存着早期库布齐沙漠的资料。郦道元在《水经注·河水三》中写道："余按南河、北河及安阳县以南，悉沙阜耳，无佗异山。故《广志》曰：朔方郡北移沙七所，而无山以拟之，是《音义》之僻也。"[①] 郦道元生于北魏皇兴四年（470）前后，被害于孝昌三年（527）。其著作《水经注》成书年月自然在卒年之前，略当魏宣武帝景明元年至魏孝明帝孝昌三年（500—527）。[②] 换言之，该书记录的流动沙丘（移沙七所），就是6世纪初期的早期库布齐沙漠之状况及位置。郦道元所谓南河即指今黄河河道的大体位置，安阳县故治在今内蒙古乌拉特前旗乌拉山南侧。这就表明："悉沙阜耳，无佗异山"，"朔方郡北移沙七所，而无山以拟之"的流沙地貌景观分布在"南河"（即今黄河）之南，而这一带正是今杭锦旗北半部的库布齐沙漠。王北辰先生在其论著中曰："依注可知，当时南河以南全有沙丘，此系郦道元所亲见，唯不知其范围"。[③]

北魏末年，早期库布齐沙漠仍被时人提及，称作"沙塞"。据《周书·文帝纪》载，北魏孝武帝永熙二年（533），宇文泰（字黑獭）与贺拔岳讨论关西灵州、夏州形势时说："公（笔者按，指贺拔岳）若引军近陇，……西辑氐、羌，北抚沙塞，还军长安，匡辅魏室，此桓、文之举也。"[④] 值得注意的是，贺拔岳当时驻在平凉，节制灵、夏、泾、秦等关西诸州，此处所谓"沙塞"系指灵、夏两州北缘的流沙地带——今杭锦旗北部的库布齐沙漠，因其东西方向绵延一线，称为屏护灵、夏两州之"沙塞"。但有的学者认为"称灵、夏一带为沙塞，足证当时（事在公元533年）灵、夏之间积沙相连，可以为边塞。本图在明长城外，夏州南沿上画出迤逦的流沙若

① 〔北魏〕郦道元注，〔民国〕杨守敬、熊会贞疏：《水经注疏》卷三《河水三》，段熙仲点校，江苏古籍出版社，1989年，第218页。

② 靳生禾：《中国历史地理文献概论》，山西人民出版社，1987年，第113页。

③ 《王北辰西北历史地理论文集》编辑组编：《王北辰西北历史地理论文集》，学苑出版社，2000年，第44页。

④ 〔宋〕司马光编著，〔元〕胡三省音注：《资治通鉴》卷一五六《梁纪十二》"武帝中大通五年七月"，中华书局，1956年，第4834页；另见〔唐〕令狐德棻等：《周书》卷一，中华书局，1971年，第4页。

干片，示意而已”[①]。这种看法不符合历史实际。若“沙塞”位处灵、夏之间，或夏州南沿，岂不将灵、夏置诸“沙塞”之外？这显然与当时的政治形势相悖。

（二）关于库布齐沙漠形成时间的推断

《水经注·河水三》载：郦道元称“余按南河、北河及安阳县以南，悉沙阜耳，无佗异山。故《广志》曰：朔方郡北移沙七所，而无山以拟之，是《音义》之僻也”。“南河”故道，在今黄河河道之北侧。“安阳县”故城，应作“西安阳”故城，属于汉代五原郡西部的属县治城之一，位于今乌拉特前旗东部的蓿亥乡张连喜店村的张连喜店古城。[②]“朔方郡北”指朔方郡城之北。临戎县故城遗址，即今内蒙古磴口县补隆淖尔镇河壕村西侧的河拐子古城；[③]一说朔方郡故城在朔方县城，即今杭锦旗独贵塔拉镇西南沙漠中的那林霍拉霍遗址。显然，在北魏末期，今后套平原的“南河”与“西安阳”故城附近黄河之南，已经呈现出“悉沙阜耳，无佗异山”的流动沙丘链景象。这句话表明两层含义：其一，至北魏末期，库布齐沙漠流动沙丘的分布范围局限在今后套平原段黄河——北魏时期“南河”以南较小的地带，其东沿——向东移动的前缘在汉代“西安阳县”故城以南黄河南岸。其二，表明库布齐沙漠形成于北魏之前、汉代之后的年代。

那么，库布齐沙漠究竟初起于何时呢？《水经注》随后的记述为后人提供了些许线索。在汉代朔方郡故城之北、“南河”之南，分布着“移沙七所”，即七处流动沙丘所在地。换言之，在那个地区，只有七处高大的流动沙丘群分布区，并无其他的可称作“山”的高耸地物。在此的重点目标是《水经注》引用的北魏晚期尚可看到的《广志》一书。毫无疑问，《广志》成书时间应在北魏之前，但是，由于迄今已无从目睹该书，其具体成书时间也就无法得知。好在《广志》并未将“朔方郡”称作故郡，也未在“朔方郡”之前置入限定词“汉”或“汉代”，依此可知《广志》成书时间似乎在东汉晚期，具体年份待考。若此推论不误，库布齐沙漠的“移沙七所”应形成于东汉晚期。

至东汉晚期，朔方郡地区已被自漠北南迁的鲜卑族诸部移居，从事游牧经济活动。在此由农转牧过程中，当时的“南河”“西安阳县”城之南、朔方郡城之北的区域逐渐形成就地翻沙的土地沙漠化现象，流动沙丘逐渐出现在朔方郡城之北或东北的

① 王北辰：《公元六世纪初期鄂尔多斯沙漠图图说》，见侯仁之、邓辉主编：《中国北方干旱半干旱地区历史时期环境变迁研究文集》，商务印书馆，2006年，第160页。

② 白雪：《西汉时期五原郡诸县治城新考——以〈水经注〉的记载为中心》，《陕西历史博物馆馆刊》2014年第21辑，第137页。

③ 孟洋洋：《西汉朔方郡属县治城考》，《西夏研究》2016年第3期。

七个地方。与此同时，朔方郡西北部黄河以西区域也受到阴山与贺兰山间西北风、西风的吹蚀，地表沙尘物质被强风吹扬而起，在空中被风力携带向东方运动，越过黄河。这些外来风沙在运动中部分飞沙因动力减弱而降落于库布齐沙漠区域，日积月累，推动初期库布齐沙漠的继续发展。三国、西晋、东晋至十六国时期，库布齐沙漠在移沙七所的基础上继续向东及东南漫延扩散。

三、库布齐沙漠的扩张

至唐代，关于初期库布齐沙漠的文献记载较前增多，为研究者提供了分析的文献依据。其主要见于《新唐书》《元和郡县图志》等历史文献。

（一）历史文献关于初期库布齐沙漠的记载

至8世纪末期，关于库布齐沙漠的记载出现在《新唐书》中，并且被命名为“库结沙”（或称普纳沙、破讷沙）。唐德宗贞元年间（785—805），宰相贾耽在其所述唐朝交通四邻的“从边州入四夷七道”的“夏州塞外通大同云中道”中，记载了库结沙的南部边缘位置、局部分布宽度及其与黄河、湖泉的关系，为我们提供了早期库布齐沙漠分布线索。

> 夏州北渡乌水，经贺麟泽、拔利干泽，过沙，次内横铲、沃野泊、长泽、白城，百二十里至可朱浑水源。……又经步拙泉故城，八十八里渡乌那水，经胡洛盐池、纥伏干泉，四十八里度库结沙，一曰普纳沙，二十八里过横水，五十九里至十赍故城，又十里至宁远镇。又涉屯根水（笔者按，此即黄河南支河道），五十里至安乐戍，戍在［黄］河西堧，其东堧有古大同城。今大同城故永济栅也。

夏州通往大同城的道路在逾越乌那水（今杭锦旗驻地附近的季节性河流——陶勒沟下游河道，清代称作兔河）后，经胡洛盐池（今杭锦旗巴音乌素盐海，亦称哈日芒乃淖尔，清代称锅底池）、纥伏干泉（今杭锦旗巴音乌素镇乌顶布拉村、门根村之北无名湖）步行约48唐里而抵库结沙（早期库布齐沙漠）南缘，大体在今巴音乌素镇吐国伦德勒锁村、名盖格拉村附近；由此向北穿越库结沙，约步行28唐里而抵横水（今地待考）；由横水北行59唐里而抵什贲城（汉代朔方郡城），再前行10唐里而抵宁远镇（今杭锦旗独贵塔拉镇西北的沙圪堵淖尔村附近）。宁远镇是一座军事城镇，踞于屯根水（即唐代黄河南支河道）南岸。据此可推测出，唐德宗贞元年间（785—805），库结沙的南北宽度在此处约为97唐里。按唐大里约折合今540米计算，97唐里约折合为52380米，合今52.38公里。[1] 它横亘在纥伏干泉和宁远镇之间。仍需考证的库结沙区域之地名有横水、什贲城之所在，尚待继续做工作。王北辰认为，横水乃毛布拉格孔兑沟的西侧支流河道，暂且可备一说。[2] 什贲城故址，依其北距宁远镇10唐里（10.8华里，折5.4公里），反向推算，当在今独贵塔拉镇西南的那林霍拉霍附近。

据北魏太平真君七年（446）、孝昌三年（527）前、永熙二年（533）、唐德宗贞元年间（785—805）的相关文献记载，可以简略地勾画库布齐沙漠在9世纪初的分布格局，如下：西限黄河，北临黄河南支河道，东达今杭锦旗北部的毛布拉格孔兑沟之西侧，南至今杭锦旗巴音乌素镇乌顶布拉村、门根村至摩仁河下游之北。

（二）唐代诗文中关于库布齐沙漠的描绘

唐德宗建中二年（781），诗人李益在其穿行“河曲”地域途中多有描述库结沙区之作。他在《从军夜次六胡北饮马磨剑石为祝殇辞》中，对库结沙边缘地貌景观做了描写。

> 我行空碛，见沙之磷磷，与草之幂幂，半没胡儿磨剑石。当时洗剑血成川，至今草与沙皆赤。我因扣石问以言，水流呜咽幽草根。……为之弹剑作哀吟，风沙四起云沈沈。满营战马嘶欲尽，毕昴不见胡天阴。……圣君破胡为六州，六州又尽为胡丘。韩公三城断胡路，汉甲百万屯边秋。……我今抽刀勒剑石，告尔万世为唐休。又闻招魂有美酒，为我浇酒祝东流。殇为魂兮，可以归还故乡些；沙场地无人兮，尔独不可以久留。[3]

诗中记载的“饮马磨剑石”是诗人北行旅途中止歇饮马之所，处在“六胡州”区域的北方。“六胡州”区域的范围，大体相当今内蒙古鄂托克旗、鄂托克前旗的东半部，乌审旗的西部边缘，陕西定边县、宁夏盐池县的北部边缘地带。[4] 据此，“饮马磨剑石”地望当在今鄂托克旗北境的召稍乡与杭锦旗南境的夭斯图村之间，唐代该处应存在一条自西往东流向的内陆小泉溪，成为南来北往的行人停息饮马之处。但在建中二年（781）该处地表已出现风吹沙移的沙漠化趋势，“我行空碛，见沙之磷磷，与草之幂幂，半没胡儿磨剑石”，“为之弹剑作哀吟，风沙四起云沈沈”，“沙场地无人兮，尔独不可以久留”，可见流沙正在湮没泉溪旁的磨剑石、青草，李益夜行至此适逢“风沙四起云沈沈”的扬沙扬尘天气。而诗中的“空碛”“沙场地无人兮，尔独不

① 中国科学院《中国自然地理》编辑委员会：《中国自然地理・历史自然地理》附录“历代度量衡换算简表”，第261—262页。
② 《王北辰西北历史地理论文集》编辑组编：《王北辰西北历史地理论文集》，第37、49、56页。
③ 〔清〕彭定求等编：《全唐诗》卷二八二，中华书局，1960年，第3211页。
④ 艾冲：《西北城市发展与环境演变研究》，西安地图出版社，2004年，第52、58、61— 62页。

可以久留”，恰恰反映出该地处在库结沙影响所及的南缘之地，人口极其稀少，几无定居人口。

李益的《度破讷沙二首》，则直接描述库结沙区的沙漠景象：“眼见风来沙旋移，终年不省草生时。”一派流沙漫漫、毫无生机之象。其《度破讷沙二首》第二首则咏曰：“破讷沙头雁正飞，鸊鹈泉上战初归。平明日出东南地，满碛寒光生铁衣。”诗中提及的是早期库布齐沙漠腹地的地貌景象，应分布在今杭锦旗巴音乌素镇乌顶布拉村、门根村至摩仁河下游之北。[①]

（三）实地考察库布齐沙区所获资料

1. 库布齐沙漠西部的唐前及唐代古城遗址

经过考古人员和历史地理学者的实地考察及调查，在今杭锦旗境的库布齐沙漠西部区域发现众多的先唐和唐代古城及其他遗址，大体可分作五个遗址群。

第一个遗址群在今杭锦旗西部库布齐沙漠腹地的伊和乌素镇北、摩仁河两岸方圆数公里内。在该遗址群发现了秦汉时期的文化遗存，包括摩仁河城址（在摩仁河东侧）、四圪旦墓群（在古城西北方、摩仁河西侧）、伊和乌素林场遗址（在古城西南方、摩仁河西侧）、农业队遗址、农业队墓群（在古城南方、摩仁河北侧）等等，这就表明摩仁河流域在汉代曾经是人口较多、经济活跃之地，而并非流沙肆虐之区。[②]

第二个遗址群在今杭锦旗锡尼镇所在的陶勒沟南侧，包括敖楞布拉格古城址（在敖楞布拉格村西北）、霍洛柴登古城（在浩绕柴达木苏木驻地西北）、浩绕铜印出土点（在浩绕柴达木苏木驻地东南）、乌兰陶勒盖墓群（在阿尔斯楞图苏木东北不远处）。[③]

第三个遗址群在四十里梁镇东南部。在该处发现五处秦汉文化遗存，包括古城梁城址（古城梁村南侧），察汗敖包墓群、哈勒陶勒盖墓群（两者在胜利村南方），吉尔庙古城址（在礼日格村东、八一村之北），顶盖敖包墓群（在吉尔庙古城东）。[④]

第四个遗址群在杭锦旗塔然高勒乡的毛布拉格孔兑沟上游东侧。文物工作者在此处发现了五处秦汉时期遗址，包括葬梁墓群（在塔然高勒乡驻地西北）、葬屹梁墓群（在塔然高勒乡驻地正北）、庙沟墓群（在塔然高勒乡驻地东北）。在塔然高勒乡北部的亚希力图村的北、东两侧，分别发现了属于秦汉时期的亚希力图遗址、塔布陶勒

① 范之麟注：《李益诗注》，上海古籍出版社，1984年，第100—101页。
② 国家文物局主编：《中国文物地图集·内蒙古自治区分册》上，西安地图出版社，2003年，第258页。
③ 国家文物局主编：《中国文物地图集·内蒙古自治区分册》上，第258页。
④ 国家文物局主编：《中国文物地图集·内蒙古自治区分册》上，第258页。

盖墓群。在塔然高勒乡驻地西侧，一座海拔1620米的高地兀然挺立在黄沙之中。[①]

第五个遗址群分布在巴音乌素镇西部。在该镇西部的巴音温都尔村（宝日温都尔）北，发现秦汉时期的塔温陶勒亥遗址。在库布齐沙漠腹地的提格庙村南、昂各旦村北的沙丘中，存在一处汉代城址——被有的学者称作“朔方郡遗址”。这是否为汉代朔方郡城所在，尚待今后考察考证，但其为汉代文化遗存当无大的疑问。[②]

关于库布齐沙区的唐代城址，依据研究可知者如下：经略军城（榆多勒城），位于今鄂托克旗沙井镇东北部、后哈达图村西南2公里“水泉古城”；宁远镇城，坐落在今杭锦旗独贵塔拉镇西北的沙圪堵淖尔村（一说沙日召苏木附近）、黄河（唐代屯根水）南侧；灵州北界关城，唐元和九年（814）增建，在中受降城西南“河曲”北部，即《新唐书》所载“中受降城，有拂云堆祠，接灵州境有关（城），元和九年置”[③]。此外，步拙泉故城，在乌那水（今陶勒沟）南88唐里；什贲故城，在今独贵塔拉镇西南的那林霍拉霍附近。

依据先唐时期古城址的位置以及出土的文物，可知在距今两千年前的秦汉时期，今库布齐沙漠西半部存在众多人类农牧生产活动、聚落和墓葬遗址。这说明那时此地仍然具备适宜人类生存的自然环境，流沙尚未泛起。至北魏后期方有了早期库布齐沙漠的些许记录。因此，可以说库布齐沙漠初起于魏晋迄北朝前期。

2. 考察所见库布齐沙漠区域北缘古黄河遗迹

在大比例尺地图上，可以看见杭锦旗北部的库布齐沙漠边缘地带，地势较为低平，于今黄河河道南侧自西徂东散落着若干个湖泊。在杭锦旗境内，锡尼镇、夭斯图、四十里梁镇、塔然高勒乡所在地地势最高亢，均处在1400米等高线之上；伊和乌素镇、巴音乌素镇、赛音乌素苏木、亚希力图村等聚落所在地势较前稍低，处在1200米等高线之上；沙漠西、北边缘密迩黄河，地势最低，诸如濒临黄河的巴拉贡镇、呼和木都镇、吉日嘎朗图镇、独贵塔拉镇、杭锦淖尔乡均处在1000米等高线附近。

在海拔高度较低的吉日嘎朗图镇、独贵塔拉镇、杭锦淖尔乡，以及达拉特旗北部临河的中和西镇、乌兰乡、昭君坟乡、解放滩镇等地，东西一线间断地散布着互无联系的小湖泊。依据它们所处地理位置判断，当是历史时期黄河故道的遗迹——牛轭湖，即古黄河向北摆移后在旧河床上形成的断头湖群。例如在今杭锦旗北境的吉

① 国家文物局主编：《中国文物地图集·内蒙古自治区分册》上，第258页。
② 国家文物局主编：《中国文物地图集·内蒙古自治区分册》上，第258页。
③ 艾冲：《论唐代“河曲”内外驻防城群体的分布及其对北疆民族关系的作用》，见杜文玉主编：《唐史论丛》第10辑，三秦出版社，2008年，第131—146页。

日嘎朗图镇、独贵塔拉镇之间的库布齐沙漠中，自西向东分布着大道图湖（伊克道图湖）、东大道图湖（遗鸥湖）、扎汉道图湖（天鹅湖）、神海子、小泡子（珍珠湖）、伊克尔神湖（神鱼湖）、月亮神湖七个沙漠湖泊，为古黄河北移后的遗存。这些湖泊群的位置也就指示着历史时期——主要为隋唐时黄河河道的具体位置。当我们把上述库布齐沙漠北缘的湖泊用虚线串接起来，就显示出隋唐时代后套平原上黄河南支河道的具体所在，进而复原出7—9世纪黄河流径的真相。①

这条曾存在过的黄河河道，大致自今杭锦旗西北、磴口县城附近的三盛公水利枢纽工程起始，在今黄河南侧趋向东北，大体与今南干渠位置接近，流经杭锦旗西北境的巴拉贡镇、呼和木都镇之境，其北缘吉日嘎朗图镇、独贵塔拉镇、杭锦淖尔乡等地，至解放滩镇附近，与今黄河河道流向一致。

3. 野外考察所判穿越早期库布齐沙漠的唐代道路遗迹

依据唐代文献记载与实地考察资料，穿越库结沙区域的主要交通道路有两条：

其一，灵州经库结沙通往中受降城的通道，起自灵州，穿行过“六胡州”区域的朔方监（今宁夏盐池县高家沙窝乡兴武营古城）、兰池都督府城（今鄂前旗敖勒召其镇东2公里巴格陶利古城）、经略军城（今鄂托克旗沙井镇后哈达图村西南2公里水泉古城），趋东北，涉过乌那水（今杭锦旗陶勒沟河谷转折处），出灵州北境，至今达拉特旗昭君坟乡境，在金津北渡黄河，抵达中受降城（今包头市南郊敖陶窑古城）。②

其二，夏州穿行库结沙前往丰州城、天德军城、西受降城的通道，由夏州城北去，“夏州北渡乌水，经贺麟泽、拔利干泽，过沙（笔者按，此指早期毛乌素沙漠），次内横铲、沃野泊、长泽、白城，百二十里至可朱浑水源。又经故阳城驿（原文误作‘泽’）、横铲北门、突纥利泊、石子岭，百余里至阿颓泉。又经大非苦盐池，六十里至贺兰驿。又经库也干泊、弥鹅泊、榆禄浑泊，百余里至地颓泽。又经步拙泉故城，八十八里渡乌那水，经胡洛盐池、纥伏干泉，四十八里度库结沙，一曰普纳沙，二十八里过横水，五十九里至十赍故城，又十里至宁远镇。又涉屯根水（笔者按，此即黄河南支河道），五十里至安乐戍，戍在（黄）河西壖，其东壖有古大同城。今大同城故永济栅也”。

为按照里程将此条唐代道路经由的地名定位在今鄂尔多斯高原地面上，遂将此道路里程换算成公里。夏州至安乐戍之道路全程约为670唐里，折合今361800米，即

① 内蒙古自治区地图制印院编制：《内蒙古自治区地图册》，第51、55页。

② 〔宋〕欧阳修、宋祁：《新唐书》卷三七《地理志一》，中华书局，1975年，第976页；《元和郡县图志》卷四《关内道四》，第106、115—116页。

361.8公里。各个路段里程换算如次：120唐里等于64800米（64.8公里），100余唐里等于54000余米（54公里），60唐里等于32400米（32.4公里），100余唐里等于54000余米（54公里），88唐里等于47520米（47.52公里），48唐里等于25920米（25.92公里），28唐里等于15120米（15.12公里），59唐里等于31860米（31.86公里），10唐里等于5400米（5.40公里），50唐里等于27000米（27公里）。

据此可知，9世纪初，库结沙在纥伏干泉与宁远镇间宽约52.38千米，其后随着岁月的推移，库结沙流沙在冬春季节强风驱动下向东缓慢地移动并漫延。

（四）宋元明清时期库布齐沙漠的东扩

至宋元明清时期，库布齐沙漠继续东扩。其分布范围从今毛布拉孔兑河流域逐渐扩张至今准格尔旗东北部黄河右岸，高大的流动沙丘群受西风吹扬与驱动而呈一条直线状分布在鄂尔多斯高原北部区域。若将弯曲的黄河河道比喻为一张弓，库布齐沙漠的流沙带就犹如弓上之弦。

宋时今鄂尔多斯高原北部大多数地方在西夏政权控制下，其东北部少数地方则在辽朝、金朝控制下；在1227年后，鄂尔多斯高原被蒙古政权接管。关于此期库布齐沙漠漫延之具体情形，史书缺乏直接的记载。我们依据此期古城遗址的空间格局可粗略地推测库布齐沙漠漫延的范围。在夏、辽并存时期，辽朝在高原东北部建造起金肃军城（今达拉特旗耳字壕乡康家渠古城）、河清军城（今达拉特旗柳沟古城）。这两座相当于府州级的大型驻防城，前者位于今东胜梁北坡，后者位于今东柳沟河中游西侧。尤其是东柳沟河中游西侧的金肃军故城恰好处在今库布齐流沙带经过之地。这就表明：在辽朝与西夏并存的时期，库布齐沙漠尚未扩展至东柳沟河流域，甚至可说距离今东柳沟河还比较远。因为倘若流沙已经淹没了东柳沟附近的地表，寸草不生，居民生活难以为继，辽朝就不会在此建造需要长期驻防的军事城镇。既然建造起金肃军城，就昭示着那时当地生态环境尚好，流沙并未出现。同样的道理，河清军城的存在亦然。与此同时，西夏在其控制区域内，西南起自灵州（西平府）城、东北迄辽朝边界，沿着夏、辽间的交通干道——“直路”配备十二处驿站，每一驿站就是一座小型城堡，因此形成十二座小城堡群。[①]这十二座城堡皆分布在高原的南半部，并未分布于今库布齐沙漠区域。这似乎表明，当时的库结沙沙区已经漫延至今达拉特旗中西部，略当为今达拉特旗树林召镇以西区域。理据在于倘若库布齐沙漠流沙带未到达这里，西夏“直路”驿站设施很可能会斜穿该地直达今准格尔旗北部黄河弯曲河道之内。

---

① 曹婉如、郑锡煌、黄盛璋等编：《中国古代地图集》，文物出版社，1990年，第8页。

及至夏金时期、元朝管治时期，也应大体如此。因为夏金、元统治时期，今库布齐沙漠区域，并未出现新的大型聚落（包括州级、县级城镇或一般村落），这表明土地业已沙漠化了。换言之，至金、元时期，库布齐沙漠向东扩张的范围应局限在今达拉特旗中西部，即今壕庆河以西区域。

明清时期，库布齐沙漠流沙带继续向东扩散。明代洪武年间（1368—1398），在今准格尔旗北境黄河右岸的西湾村建筑东胜右卫城（今十二连城古城西北部），这似乎显示出，14世纪后半叶今准格尔旗北部尚未遭受风沙侵袭，或者严重侵袭。但是永乐年间（1403—1424），东胜左卫、东胜右卫被内迁至北直隶（今河北省）境。[①]探究个中缘由，既有明廷对北疆卫所实施大规模调整、充实京畿地区的政策导向作用，也存在当地生态环境恶化，包括土地沙漠化的原因，即库布齐沙漠流动沙丘东移至黄河西岸附近。自明朝宣德（1426—1435）之后迄明末（1644），今鄂尔多斯高原北部的库布齐沙区再未出现大型城池。入清之后，今鄂尔多斯高原大部区域仍为蒙古族诸部游牧之地，库布齐沙区也再未兴建新城池。直至清朝后期，由于政府推行“开放蒙荒”经济政策，进入鄂尔多斯高原垦种的移民逐渐增多。中央政府出于便利管治的需要，在罕台川发源之地建起一座城池，并设立县级行政建制单位——东胜厅。至此，在鄂尔多斯高原中部的东胜梁出现新建的东胜厅城。这个东胜厅城坐落在库布齐沙漠的南侧，显然是在设厅之前，人们有意避开库布齐沙漠区域，选址于其南的高梁地带。也就是说，迄清代后期，库布齐沙漠区域也无大型城池出现。这表明，在当时的经济、生产力水平条件下，当地已不适合众多人口集中居住。

至民国时期（1912—1949），除东胜县城（原东胜厅城）外，随着农业经济的复苏进程，若干农区业已发展起来，但是库布齐沙漠区域依然未出现其他大型的城池。可见，库布齐沙漠的扩张呈现出愈演愈烈的趋势，流沙基本覆盖着鄂尔多斯高原北部绝大多数地表，直抵黄河西岸。

四、余语

据历史文献，早期库布齐沙漠在魏晋至隋唐时段经历了由七处流动沙丘群渐次壮大为沙漠的过程，至9世纪，其分布范围大体在西限黄河，北临黄河南支河道，东达今杭锦旗北部的毛布拉格孔兑沟，南缘在今杭锦旗巴音乌素镇乌顶布拉村、门根村至摩仁河下游以北的区域。

---

① 〔清〕张廷玉等：《明史》卷四一《地理志二》，中华书局，1974年，第973页。

结合实地考察与考古调查，先唐古城等遗址的位置及唐人纪实诗作则表明，唐代此沙区已不适宜人类定居，唐代古城仅因交通需要而出现在沙区道路沿线。而唐代的黄河流路，大体与今南干渠位置接近，穿行在今杭锦旗西北境的巴拉贡镇、呼和木都镇之境，与今黄河河道一致。这条黄河故道成为唐代库布齐沙漠北缘的标志。

唐代交通干道，唯有灵州至中城、夏州至西城两线在今杭锦旗陶勒沟以北或经过库结沙东畔而去呼延谷、或径穿库结沙东部而赴丰州，这些也指示着唐代该沙漠的分布范围。而在今达拉特旗、准格尔旗境，一千一百多年前的唐代尚未见有关该沙漠扩散（土地沙漠化）的证据，可推测彼时胜州（治今准格尔旗十二连城古城）地区还未被沙化。其后历经宋元明清时期至民国时期，库布齐沙漠流沙带扩张至今准格尔旗东北境、黄河西岸，高大连绵的沙丘逼临黄河河道，乃至于发展成现在库布齐沙漠的空间格局。

以上是作者对历史时期库布齐沙漠空间分布发展演变的初步判断。虽因文献资料的局限而疏漏甚多，仍期待能够深化对库布齐沙漠历史变迁的认知，还原库布齐沙漠风沙地貌变迁的历史真相，服务于当前区域经济发展与社会进步事业。

第三节　鄂尔多斯高原毛乌素沙漠的初起与风沙地貌的扩张

现代的毛乌素沙漠，跨连今内蒙古自治区的鄂托克旗、鄂托克前旗、乌审旗，陕西省的神木、榆阳、横山、靖边、定边和佳县等六区县市之境。探讨毛乌素沙漠的起源问题，具有重要的现实意义。正如朱士光教授所说：“关于沙漠成因问题，在沙漠化研究与沙漠治理工作中是个基础性、关键性课题。毛乌素沙地究竟形成于何时？系何成因？在当前我国沙漠化研究领域更是一个颇具典型性的问题。”[①] 特在此做简要的讨论，以期探明其历史变迁的真实历程。

一、毛乌素沙漠的形成

关于毛乌素沙漠的起源与变迁问题的研究，始于20世纪50年代，迄今大体存在三种认识。一是地质时期形成说；一是人类历史时期形成说；一是地质时期沉积的沙质地层，经历史时期人类活动的作用而导致沙质土壤裸露，受强烈西北风吹蚀而活化成沙漠。就历史时期形成说而言，亦存在形成时间、形成原因和沙化起始地诸方面的分

① 朱士光：《评毛乌素沙地形成与变迁问题的学术讨论》，《西北史地》1986年第4期。

歧。笔者倾向于毛乌素沙漠初起于唐代的观点，但在具体的形成时间、原始沙源地和成因上都有自己的看法。

（一）唐代以前毛乌素沙漠区域的生态环境概述

现代毛乌素沙漠区域属于鄂尔多斯高原的一部分。在唐代以前的历史时段，包括今毛乌素沙漠区域在内的鄂尔多斯高原基本上是一派森林草原风光，而人类的经济活动是以游牧型畜牧业为主导，间有农业经济存在。[①]

1. 春秋至西汉

春秋战国时期，鄂尔多斯高原上活动着从事游牧经济的赤狄、白狄、林胡、楼烦、朐衍、匈奴等族群。而在它的边缘地带，农业经济也开始出现，公元前3世纪初期构筑于高原东南缘的秦国北长城可视作农牧分界线；在黄河以北、大青山以南的平原地带，赵国建置郡县、起筑长城、发展起农业经济。[②]

秦、西汉时期，鄂尔多斯高原的农业经济有一定的发展。秦汉两朝多次向鄂尔多斯高原西侧的银吴平原、北侧的河套平原，以及高原西缘的黄河沿岸移入农业人口，设置郡县，引进新的耕作技术，发展农业经济。但是，汉代的鄂尔多斯高原中南部则仍然是从事游牧活动的“葆塞蛮夷”之地，包括匈奴、龟兹诸族人口，政府建置的牧苑也分布在这一带。即便是农耕区域也兼营畜牧业，呈现出农牧并存的经济格局。[③]

2. 东汉至唐初

东汉至十六国时期，鄂尔多斯高原游牧经济逐渐占据绝对优势。公元1世纪中期，南匈奴单于归降东汉王朝，并迁入鄂尔多斯高原，其属下游牧人口则分散在北方八郡之地，逐水草而游牧。包括现代毛乌素沙漠区域在内的鄂尔多斯高原，游牧经济重新占据主导地位，开始了由农转牧的历史进程。2世纪初期，现代毛乌素沙漠北部出现“水草丰美，土宜产牧，牛马衔尾，群羊塞道”[④]的景象。从东汉中期始，羌、氐、鲜卑、乌桓等游牧民族人口也相继迁入鄂尔多斯高原。东汉末年黄巾起义爆发后，鄂尔多斯高原未得到政府的有效管理，成为“羌胡”诸族群活动的纯粹游牧区域。之后，历三国、西晋、十六国时期，皆是如此。[⑤]

南北朝迄唐初时期，鄂尔多斯高原仍是森林草原景观。北魏吞灭赫连夏国之后控

---

① 王生伟：《论鄂尔多斯历史农业》，《中国沙漠》2003年第2期。

② 王生伟：《论鄂尔多斯历史农业》，《中国沙漠》2003年第2期。

③ 王生伟：《论鄂尔多斯历史农业》，《中国沙漠》2003年第2期。

④〔南朝宋〕范晔：《后汉书》卷八七《西羌传》，〔唐〕李贤等注，中华书局，1965年，第2893页。

⑤ 马正林主编：《中国历史地理简论》，陕西人民出版社，1987年，第349—352页。

制了今鄂尔多斯高原，仍旧在此全力发展畜牧业。《魏书》载：“世祖之平统万，定秦陇，以河西水草善，乃以为牧地。畜产滋息，马至二百余万匹，橐驼将半之，牛羊则无数。”[①] “河西”即今鄂尔多斯高原。由于自然条件良好，这里还是北魏皇族巡幸、狩猎的苑囿之地。[②]北魏时期，今毛乌素沙漠中北部分布着茂密的乔灌植被。郦道元《水经注》记载：“河水又南，诸次之水入焉。水出上郡诸次山……其水东迳榆林塞，世人谓之榆林山，即《汉书》所谓榆溪旧塞者也。自溪西去，悉榆柳之薮矣，缘历沙陵，届龟兹县西北，故谓广长榆也……其水东入长城，小榆林水合焉，历涧西北穷谷，其源也。”[③] 诸次水，即今陕西神木的秃尾河。汉代龟兹县故城位于今榆林市榆阳区西北部榆溪河上游的白河水库西侧，西毗内蒙古乌审旗之境。据此，自今秃尾河上游往西抵达今乌审旗境，北魏时期“悉榆柳之薮矣”，即生长着榆树、柳树等森林植被。前辈学者史念海认为：“鄂尔多斯高原的森林由赵武灵王时代以迄于清代前期，都相当茂盛繁多，林区分布于高原的北部、东部和南部。其西部和西南部未见文献记载，目前尚无考古发掘，只能暂付阙如。”[④] 历史时期森林的孑遗，今天仍可看见。今陕西府谷县西北部仍存在天然的杜松林，而与此毗邻的内蒙古准格尔旗羊市塔乡也生长着高耸粗大的千年油松树（高26米，胸径1.34米）。迄今仍存的杜松、油松无可辩驳地证明历史时期鄂尔多斯高原森林植被的存在。而历史气候资料也表明，4—5世纪，现代毛乌素沙漠区域有过上百年的相对潮湿期，也存在一次百年尺度的气候回暖，有利于植被的生长。[⑤]这种森林草原环境为畜牧业提供良好的生产条件。唐代初期，游牧经济仍在高原上占据主导地位。[⑥]

但是，夏至北魏时期毛乌素沙漠区域的生态环境状况，有的学者持不同见解。他们认为《水经注》记载的诸次水上游之西、帝原水上游、奢延水上游诸处的“赤沙阜”“沙阜”“沙陵”“沙溪”均是沙漠大沙丘景观；更有甚者，竟将赫连勃勃在统

---

① 《魏书》卷一一〇《食货志》，第2857页。

② 侯甬坚、周杰、王燕新：《北魏（AD386—534）鄂尔多斯高原的自然—人文景观》，《中国沙漠》2001年第2期。

③ ［北魏］郦道元：《水经注》，江苏广陵古籍刻印社，1998年，第52页。

④ 史念海：《历史时期黄河中游的森林》，见《河山集》二集，生活・读书・新知三联书店，1981年，第232—313页。

⑤ 侯甬坚、周杰、王燕新：《北魏（AD 386—534）鄂尔多斯高原的自然—人文景观》，《中国沙漠》2001年第2期。

⑥ 艾冲：《论唐代前期“河曲”地域各民族人口的数量与分布》，《民族研究》2003年第2期；《王北辰西北历史地理论文集》编辑组编：《王北辰西北历史地理论文集》，第55—56页。

万城北120里的契吴山所赞美的自然景观移至黄河以东的云中一带，堪称奇谈。[①]其他学者已指出其谬，此不赘评。毋庸讳言，鄂尔多斯高原浅表地层大多由地质时期形成的沙砾物质组成，但这并不等同于沙漠化，只有当其上覆盖的植被因人类经济活动而消失，才可能在干旱多风之际演变为沙漠。而北魏时期那一带“沙阜”“沙陵”之表正好覆盖着森林草原植被。

（二）初期毛乌素沙漠形成于唐代开元、天宝时期

各种佐证显示，初期毛乌素沙漠位于唐代夏州城的西北方，即唐代宥州（六胡州）之境及契吴山一带，其形成时间是唐代中期的开元、天宝时期（713—756）。做出如此判断的重要依据有下列四方面：

1.《新唐书·地理志七》转录贾耽“夏州塞外通大同云中道”的记载

在“夏州塞外通大同云中道”沿线的无名“沙”地，位于夏州城西北60—70里的契吴山东南缘。前节有引文，此不赘述。这一片无名“沙”地正是初期的毛乌素沙漠原始形态，因被交通干道穿越其东部而见于历史记载。因其尚未有正式名称，所以其形成时间不会太早，但又经历过较为缓慢的演变过程。

鉴于此因，初期毛乌素沙漠形成时间必在唐代贞元之前，但又绝不会在天宝末年至贞元初年的短暂时段，它的初起只能是在唐代前中期，即天宝十五年（756）以前。

2.宥州治所的迁徙标示着宥州地区自然生态环境的退化——沙漠化

唐时，宥州的驻地经历两次迁移，前后共有三处治所。宥州治所的多次迁转，就反映了其行政区域内自然环境产生了不利于众多居民生存的变化。宥州初置于开元二十六年（738），据史载，是年“九月丙申朔……庚子，于旧六胡州地置宥州”[②]。宥州驻地设在废匡州城，故址位于今内蒙古鄂托克前旗东部的查干巴拉嘎素古城。此外，宥州治下的三县，延恩县与宥州同治一城，怀德县驻在废塞门县城（故址待考），归仁县驻在旧兰池州长泉县城（今鄂托克前旗驻地附近）。这一州三县管理着自淮河上游地区重新迁回“六胡州”的昭武九姓人口，其行政区域范围相当于今鄂托克旗和鄂托克前旗的东半部、乌审旗的西隅，以及宁夏盐池县北部。[③]

可是，仅仅过了十七年，宥州就迁离旧治，而且迁出其行政区域，寄治于经略军

① 王北辰：《毛乌素沙地南沿的历史演化》，《中国沙漠》1983年第4期；牛俊杰、赵淑贞：《关于历史时期鄂尔多斯高原沙漠化问题》，《中国沙漠》2000年第1期；王北辰：《公元六世纪初期鄂尔多斯沙漠图图说——南北朝、北魏夏州境内沙漠》，《中国沙漠》1986年第3期。

② 〔后晋〕刘昫等：《旧唐书》卷九《玄宗纪下》，中华书局，1975年，第210页。

③ 艾冲：《唐代“六胡州”与“宥州”故地新探》，《中国方域》2003年第2期。

城，即所谓“天宝末，宥州寄理于经略军”[①]。值得特别关注的是，史籍记述此次宥州迁治事件用了“寄理”一词。“寄理”即“寄治”“侨治”，意指宥州行政机关迁出自己的管区，寄驻在经略军城。经略军城，原称“榆多勒城”，故址在今内蒙古鄂托克旗驻地以东60千米外，其东有唐时大非苦盐池，南有石子岭。宥州寄驻经略军城历时三十二年之久，迄唐德宗贞元二年十二月（787）止。贞元二年十二月，宥州管内“六胡州昭武九姓胡东走石州，降于河东节度马燧”，随着昭武九姓牧民迁离“河曲”而进入河东的云、朔二州，宥州建制也就被撤销。直到二十七年后的唐宪宗元和九年（814）五月，诏复于经略军城置宥州及附郭延恩县。唐廷相继向这里迁入近万人口，“以实经略军”[②]。然而仅过了六年，宥州就于元和十五年（820）由经略军城向南迁至夏州长泽县城（今鄂托克前旗城川古城）。

这里的问题是，为什么宥州于天宝末年（755）迁出“六胡州”地区后，再也没有返回其原行政区域呢？从宥州初置至迁出管区的时段内，“六胡州”地区并未发生战乱，亦无民族间激烈的矛盾冲突，或者出现灾荒，那么我们只能说是“六胡州”地区的草原生态环境出现不利居民生存的巨大变化，致使宥州地方政府及其治下的昭武九姓人口难于在当地立足而逐渐向东北移至夏州北部。这从唐德宗建中二年（781）前后李益所作《登夏州城观送行人赋得六州胡儿歌》之语“六州胡儿六蕃语，十岁骑羊逐沙鼠”，就可见昭武九姓牧民东移夏州北部之情景（详后）。引起“六胡州”地区部分人口东移夏州的自然环境巨大变化究竟是什么？排除了其他因素之后，只能是当地草原生态环境出现严重退化——沙漠化危机，草原已难供养众多的人口和牲畜。

虽然《元和郡县图志》也称，宥州寄理经略军城是“盖谓居中可以总统蕃部，北接天德，南据夏州”，但这是经不起推敲的。此前，榆多勒城已移置经略军，即起到“居中可以总统蕃部”之职能，何需宥州为之？正确的解释应是：天宝末年，宥州管理的“六胡州”地区草原发生严重的沙漠化，致使当地部分牧民及其畜群渐次东移至夏州西北部的契吴山一带，寻找新的放牧草场。宥州政府出于同一原因，并且为就近管理昭武九姓牧民而迁治经略军城。如果说宥州移治后“居中可以总统蕃部”是指管理昭武九姓牧民，倒是合乎情理。综上所述，宥州迁出其行政区域之举显系该区自然条件恶化所致，反过来，则证明初期毛乌素沙漠位于唐时宥州之境，以及夏州西北境，它的活化实际是在唐代开元、天宝年间。

---

① 《元和郡县图志》卷四《关内道四·夏州》，第106页。
② 《元和郡县图志》卷四《关内道四·夏州》，第107页。

3. 唐人诗文对初期毛乌素沙漠的描述

在中唐诗人的作品中，不乏对夏州西北部沙漠景物的吟咏和描写。例如建中二年（781）前后，诗人李益的诗作《登夏州城观送行人赋得六州胡儿歌》，就有“六州胡儿六蕃语，十岁骑羊逐沙鼠。沙头牧马孤雁飞，汉军游骑貂锦衣。……故国关山无限路，风沙满眼堪断魂。不见天边青草冢，古来愁杀汉昭君”。作者在夏州城观为即将出征阴山的友人饯行，所描绘的“沙鼠”“沙头”“风沙”景象均在夏州西北方，乃作者与友人在夏州城楼举杯北眺所见之景物，而非夏州治城附近。最末一句“故国关山无限路，风沙满眼堪断魂。不见天边青草冢，古来愁杀汉昭君”，以征人口吻吟咏夏州西北方初期毛乌素沙漠（包括库结沙在内）的风光。①那一带正是天宝末年宥州寄理经略军城后，昭武九姓牧民在契吴山区放牧之地。局部地方此时也呈现“眼见风来沙旋移，经年不省草生时”的景象。此时，下距昭武九姓人口东迁石州的贞元二年（786）尚有六年。

咸通中（860—874），许棠在《夏州道中》一诗中描述途中所见：“茫茫沙漠广，渐远赫连城。堡迥烽相见，河移浪旋生。”②所述沙漠景观也指夏州城西北方的初期毛乌素沙漠。从“渐远赫连城”可知诗人是从南向北行进在夏州与丰州之间的旅途上，且在夏州西北方，因为唯有那里存在大片沙漠，符合诗人触景生情而赋诗抒怀的意境。有的学者认为所述沙漠分布在统万城附近，实系误解。

唯一描述夏州城附近沙地景色的诗篇，则是马戴的《旅次夏州》，诗中“怅望胡沙晓，惊蓬朔吹催”③，向我们展现了夏州城附近朔风飞蓬之景象。

唐人诗作间接反映早期毛乌素沙漠漫延扩散的现象，表明这片沙地早已存在，其形成必在建中二年以前。

4. 现代毛乌素沙漠的自然特点表明初期毛乌素沙漠在鄂托克旗、鄂托克前旗之境

当今的毛乌素沙漠，跨连内蒙古鄂托克旗、鄂托克前旗、乌审旗，陕西神木、榆林、横山、靖边、定边、佳县诸区旗县，其地势呈现西北高而东南低的特点。无定河北侧支流诸如纳林河、海流兔河、榆溪河皆发源于毛乌素沙漠西北部的契吴山而流向东南，佳芦河、秃尾河、窟野河也具有大致相同的流向。这片沙漠恰处在东南海洋气团与西北方的极地冷气团的交锋进退地带，冬春季节盛行强劲的西北大风，易引发扬

① 《全唐诗》卷二八二，第3211页。
② 《全唐诗》卷六〇三，第6969页。
③ 《全唐诗》卷五五五，第6435页。

沙、扬尘或沙尘暴天气。[①] 依据这样的地势、水系、位置、风向诸因素分析，初期的毛乌素沙漠只能起源于现代毛乌素沙漠的西北部，即今鄂旗、鄂前旗东半部和乌审旗西隅。

如此推论，与毛乌素沙漠历史变迁过程的三个阶段也是吻合的。倘若臆测毛乌素沙漠是由东南趋西北扩散，实在是不可想象的。在今鄂托克旗和鄂托克前旗东半部沙漠中，隐藏着唐时宥州暨附郭延恩县的旧治（废匡州城，今查干巴拉嘎苏古城）、宥州寄治之城（经略军城，今鄂托克旗东部水泉古城）、兰池州治（故址在今鄂前旗敖勒召其镇东侧）、归仁县治（旧兰池州长泉县，故址在今鄂托克前旗中部）的故址。这些唐代"六胡州"地区的行政建置遗址，昭示初期毛乌素沙漠的形成与"六胡州"居民的畜牧业经济活动——牧业土地利用间存在密切的联系。[②]

上述四方面充分证明，早期的毛乌素沙漠形成于唐开元、天宝年间，起源地位于宥州（前"六胡州"）区域，而宥州地区昭武九姓居民的过度畜牧业土地利用是导致草原沙质土层活化的直接因素。

（三）唐代"六胡州"粟特人的土地利用特点

研讨"六胡州"地区昭武九姓居民的土地利用特点，意在阐明初期毛乌素沙漠的形成原因。究实而论，"六胡州"昭武九姓牧民所从事的驻牧型畜牧经济活动，直接导致了初期毛乌素沙漠的形成。

1."六胡州"的区域范围

据历史文献记载，唐前期"六胡州"地区的行政建制，经历了由"六胡州"至匡、长二州，再至兰池、匡、长三州，继而至宥州的演变，但其管辖区基本上维持不变。依照考证，"六胡州"暨宥州的故地大体相当今内蒙古鄂托克旗与鄂托克前旗的东半部（除鄂前旗东南部城川一带）、乌审旗西缘、宁夏盐池县明长城以北部分。[③] 依据现代诸旗县面积折算，唐代宥州行政区面积约为17988平方千米。

宥州的南部边界在今陕西定边县北界和宁夏盐池县二道边一线；其北部边界沿着都思兔河上游北侧分水岭分布；其西部边界相当于今鄂托克、鄂托克前二旗中部的南北走向的山梁——西山，直抵都思兔河南岸；其东界沿契吴山地分布，斜亘于夏州西北125里处。[④]

---

① 朱士光：《评毛乌素沙地形成与变迁问题的学术讨论》，《西北史地》1986年第4期，第17—27页。

② 艾冲：《唐代"六胡州"与"宥州"故地新探》，《中国方域》2003年第2期；艾冲：《论唐代前期"河曲"地域各民族人口的数量与分布》，《民族研究》2003年第2期。

③ 艾冲：《唐代"六胡州"与"宥州"故地新探》，《中国方域》2003年第2期。

④ 艾冲：《唐代灵、盐、夏、宥四州边界考》，《中国历史地理论丛》2004年第1期，第26—31页。

2. 粟特人迁居“六胡州”的时间及其人口数量升降

20世纪80年代出土的唐人墓志资料显示，粟特人是在唐贞观四年（630）东突厥灭亡时归降唐朝，并被安置在“河曲”地域（今鄂尔多斯高原）中部偏西的区域，依不同的部落分设六州，即鲁、丽、含、塞、依、契六个羁縻州，时人通称“六胡州”。迄今关于“六胡州”的故治尚未定位，据盐池县苏步井乡窨子梁出土的唐人墓志铭文，仅知鲁州、□州分布在盐池县北部和鄂托克前旗南部。① 因为整个“六胡州”地区日后相继归属兰池州都督府、宥州管辖，所以宥州辖区就是“六胡州”故地。

粟特人自贞观四年迁入“河曲”地域“六胡州”，仍从事畜牧经济活动。生活安定，生产发展，人口较前有一定的增长。由于战乱和人口迁出，至开元十八年（730），粟特人口降至3万人左右。开元末年，粟特居民数量再度升至8万余人。这个数据尚未包括不时进入宥州南部放牧的党项羌人口之数。

多达10万以上的粟特人口，日常生活需要大量物质生活资料，诸如食物、衣料、住宅、燃料等等，均依赖所从事的驻牧型畜牧业产品，其最终取决于驻牧型畜牧业所赖以存在的天然草场资源。

3.“六胡州”粟特人的土地利用——驻牧型畜牧经济

粟特牧民来到“六胡州”之际，那里是一派温带草原风光，在河谷、山区、泉湖之畔生长着杨、榆、柳、槐等阔叶乔木，野生动物较多，缓坡丘陵地带水草丰盛，适宜畜牧。他们遂在今都思兔河上游流域及其以南一带从事畜牧经济活动。

（1）“六胡州”地区的驻牧型畜牧经济

粟特人原居中亚两河（阿姆河、锡尔河）之间，有着定居的历史传统，移入“六胡州”后仍保持定居的习惯，这就决定了他们从事的畜牧经济是一种定居的驻牧型畜牧生产活动，并非一般的游牧型畜牧活动。驻牧型畜牧经济并不“逐水草而居”，尽管也实行轮番放牧制度，但总是围绕定居地放牧，回旋的空间与草场有限，大致囿于“六胡州”的区域范围。唐朝将定居的昭武九姓牧民与编户齐民同等对待。史载：“兰池胡久从编附，皆是淳柔百姓，乃同华夏四人。”② 这就表明，“六胡州”粟特人基本上过着定居生活，从事的经济活动属于驻牧型畜牧经济，即在一个特定的较大草原空间放牧畜群。

开元九年（721）四月，“兰池州胡苦于赋役，诱降虏余烬，攻夏州反叛，诏陇

① 盐池县县志编纂委员会编：《盐池县志》，宁夏人民出版社，1986年，第416页。

② 〔北宋〕王钦若等编：《册府元龟》卷九八六《外臣部·征讨》，中华书局，1960年，第11584页。

右节度使、羽林将军郭知运与王晙相知讨之”[①]。可知“六胡州”粟特人口也要服兵役徭役、缴纳贡赋，这些是一般游牧部落之所无。

武则天长安二年（702），“六胡州”曾遭受后突厥袭击。之后，李峤奉命监筑“六胡州”的各个州城。竣工之际李峤赋得《奉使筑朔方六州城率尔而作》诗篇，所谓“驱车登崇墉，顾眄凌大荒。千里何萧条，草木自悲凉”[②]，折射出当时的“六胡州”地区草原广阔，绿树点缀于其间的自然风光。翌年，六州就被合并为匡、长二州。“六胡州”各有治城，表明存在定居的驻牧型畜牧业。

（2）“六胡州”地区牲畜数量的估算

粟特人牧养的牲畜种类主要有马、牛、羊及少量的骡、驼等。史籍中没有“六胡州”牲畜数量的确切统计数据，但若干间接的资料可作为分析的依据。长安三年（703），李峤在《奉使筑朔方六州城率尔而作》中吟咏“千里何萧条，草木自悲凉”“马牛被路隅，锋镝销战场”[③]，展示出一幅“六胡州”地区牛马蔽野、拥堵道路、牧业兴旺的繁盛景象，表明是时牲畜数量众多之现实。

开元二年（714）九月，唐廷缺少役用马，“太常少卿姜晦上疏，请以空名告身，于六胡州市马，率三十匹马酬一游击将军”[④]。据说当时使者所携空名告身（委任状）达300道，可市马9000匹。可知六胡州牧马数量之大，不仅满足粟特牧民生活生产的需要，而且有相当数量马匹外销。

早在唐高宗永隆二年（681）七月十六日，夏州群牧使、昭武九姓胡安元寿奏称：“从调露元年（679）九月已后、至（本年）二月五日前，死失马一十八万四千九百匹，牛一万一千六百头”。[⑤]夏州群牧使下辖八个牧监，是麟德中（664—665）自陇右迁来，“分布于河曲丰旷之野，乃能容之。于斯之时，天下以一缣易一马”。[⑥]其中，朔方监位于宥州宁朔郡治城[⑦]（故址在今鄂托克前旗东部阿杜滩）西南130里处，略当今宁夏盐池县西北部。十余年间，夏、盐地区官营畜牧业快

① 《旧唐书》卷九三《王晙传》，第2988页。
② 《全唐诗》卷五七，第687页。
③ 《全唐诗》卷五七，第687页。
④ 〔宋〕王溥：《唐会要》卷七二，中华书局，1960年，第1302页。
⑤ 《资治通鉴》卷二〇二《唐纪十八》“高宗开耀元年七月”，第6402页；《唐会要》卷七二，第1302页。
⑥ 《唐会要》卷七二，第1302—1303页。
⑦ 〔唐〕杜佑：《通典》卷一七三《州郡三》，王文锦、王永兴、刘俊文等点校，中华书局，1988年，第4524页。

速发展，吸收了一些粟特牧人为其服务。[①]在这三年内，因突厥反叛，袭夺牧监马牛达196500匹头，“监牧吏卒为虏所杀掠者八百余人”[②]。此数当然不是牧监牧养马牛的全部。假设这次损失之数占总数的1/2，则牧监马牛总数应是39.3万匹头。照此类推，“六胡州”民间驻牧型畜牧业所拥有马牛数量不会低于此数，至少也与之相侔。若再计入牧羊的数量，“六胡州”地区牲畜总数应不下40万匹头只。延及武则天长安三年，“六胡州”的驻牧型畜牧业继续发展，尤以大牲畜增长迅速，呈现“马牛被路隅”的气象。至开元二年，“六胡州”牧业的兴旺，引致唐廷使者赴此地为“内厩”采购役用马近万匹。即便采用最保守的估算数据40万（开元九年实际牲畜数量应远大于此数），也足以显示“六胡州”畜牧业的发达。

上述数字并非“六胡州”地区牲畜数量的直接统计，只能作为参考。按照我国古代畜牧民族人均拥有的牲畜数据（马：2—4匹/人，牛：1.9头/人，羊：9.1只/人）折算，“六胡州”区域牧业人口10余万人，共拥有马30万匹、牛19万头、羊91万只。若再折算为统一的“羊单位”（比率：马1∶6，牛1∶4，羊1∶1），30万匹马折算为180万羊单位、19万头牛折算为76万羊单位、羊折算为91万羊单位，合计347万羊单位。[③]“六胡州”有10余万人口，若以10万计，人均拥有牲畜数量为34.7羊单位。

畜牧业虽然不像农业生产那样翻耕土地表层而破坏植被，却同样依存于土地及植被，尤其是驻牧型畜牧业，同样会破坏草原植被，只不过以载畜量过大而过度放牧导致草原退化的方式运作而已。开元中，“六胡州”草原退化乃至沙漠化迹象逐渐显露且日趋严重起来。[④]

4. 驻牧型畜牧经济活动对草原生态环境的影响

（1）“六胡州”草原面积与载畜量的分析

“六胡州”北部，今都思兔河发源于契吴山，自东徂西流注黄河，河谷地带水分条件较好，草类植被生长旺盛，但坡陡沟深，空间容量有限；其南部属于缓坡丘陵地形，无外流水系，间有盐池、湖泊、泉眼分布，牧草长势稍逊于北部河谷，但仍是适宜放牧的优质草原。显然“六胡州”的南部、北部牧地的产草量、载畜能力存在差别。一片草原载畜能力较低而实际承载的牲畜数量过大，必然导致草原植被自

① 刘统：《唐代羁縻府州研究》，西北大学出版社，1998年，第68—69页。
② 《资治通鉴》卷二〇二《唐纪十八》“高宗开耀元年七月”，第6402页。
③ 王尚义：《两汉时期黄河水患与中游土地利用之关系》，《地理学报》2003年第1期，第73—82页。
④ 刘统：《唐代羁縻府州研究》，第68—69页。

然更新能力衰退，植被趋于稀疏、沙土裸露，进而受西北风吹蚀而就地起沙的现象。现代科学研究证明了此一机制，即人为影响因子的权重不断加强，已经超出了生态系统的自我调节能力。[①]“六胡州”驻牧型畜牧业因轮牧空间有限，更易驱动草原退化的进程。

“六胡州”的总面积，前已推算为17988平方千米，除去河川、盐池、湖泊、石山、碱滩等非牧土地外（以30%比例计），可放牧草原约在12591.6平方千米。北部河谷空间容量有限，而南部丘陵地势开阔和缓，容量较大，实际承载牧畜量相对较高。开元中，“六胡州”地区牲畜总量估算为347万羊单位，那么，“六胡州”草原实际的平均载畜量为275.6羊单位/平方千米，其南半部草原的载畜量必定超过此值。由此造成的过度放牧必然带给草原生态环境巨大压力。每羊单位以每日食鲜草5公斤计，每年以旧历360日折算，每羊单位年均食草量1800千克。而每亩天然牧场产草量若以150—180千克计算，在“六胡州”牧场取其高值180千克/亩，则牧养一个羊单位需草原10亩，即0.0067平方千米/羊。[②]那么，牧养347万羊单位所需草场面积应是3470万亩。实际上，“六胡州”可牧草场12591.6平方千米，按1亩折合0.00067平方千米折算，共计1879.34万亩，远低于3470万亩之数，可知草原牲畜觅食压力之大。同期，还存在10余万人口的消费压力。

（2）驻牧型畜牧经济活动对草原植被的破坏

开元、天宝中，“六胡州”草原长期承载着巨大的过度放牧压力和人口消费压力，最终导致正常的草原生态系统的崩溃，其境内东面的契吴山地形成初期的毛乌素沙漠。

“六胡州”所在地是“河曲”地势最高亢之区，入冬之际，盛行来自贺兰山、狼山之间宽阔豁口的强烈西北风，越过黄河之后因都思兔河谷的风管效应，风力、风速得到加强，直扑“六胡州”地区，极易在草原生态遭受人为破坏的地方引起风力侵蚀。唐玄宗开元、天宝年间，“六胡州”草原地带因长期驻牧型畜牧活动而积累起来的人口压力和畜群压力的综合作用，境内出现大面积草原植被退化，继而就地泛沙、风吹沙动而形成沙漠化态势。

---

① 王尚义：《两汉时期黄河水患与中游土地利用之关系》，《地理学报》2003年第1期，第73—82页。

② 王尚义：《两汉时期黄河水患与中游土地利用之关系》，《地理学报》2003年第1期，第78—80页；王恒生：《切实加强我省生态环境的保护》，《青海社会科学》1982年第6期，第47—51页。

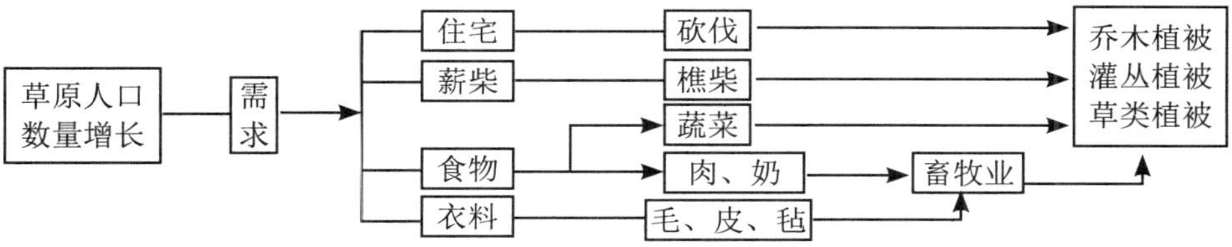

图1–1　唐代畜牧经济与草原植被关系示意图

10余万粟特人口在生活上的需求是多方面的，包括大量的食物、薪柴、衣料等物质资料，皆取诸当地的自然资源（植物性产品和动物性产品）。随着人口的增长，加重了对自然资源的索取程度，直接导致区域天然生态系统的破坏。举例来说，据估算每人每年柴薪消耗量至少为333.3斤，10余万粟特牧民年消费柴薪总量则至少3333万斤，均取诸"六胡州"境内的乔木和灌丛植被，年年如此。人类（"六胡州"粟特牧民）出于物质生活需要而过度开发自然资源，是导致历史时期草原生态崩溃的主要原因，"六胡州"区域就是如此。如图1–1所示。

"六胡州"草原载畜量超过限度，过度放牧引致草原生态系统不能正常更新再生而退化，乃至牧草大量死亡而渐趋稀疏，沙土裸露，出现沙化。

马、牛、骡等大体型牲畜食草量大，所需草场面积亦大，其数量的增长势必引起畜草矛盾的尖锐。而羝羊等小体型牲畜食草量虽少，但其吻端尖窄，多喜食短草，啃草及根，且伴随羊蹄刨挖草根，对天然草坡损害更大。诸种因素的长期综合作用造成开元、天宝年间"六胡州"天然草原大范围退化，并在冬春强烈西北风吹蚀下形成初期的毛乌素沙漠。

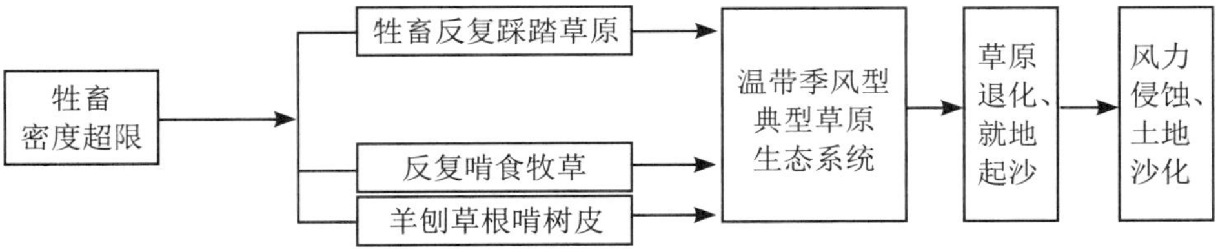

图1–2　唐代畜牧经济与草原沙漠化关系示意图

由于草原退化，畜草矛盾尖锐，加上官府摊派的赋役沉重，激起"六胡州"居民的武力反抗（开元九年康待宾之乱、十年康愿子之乱）。之后，参与叛乱的部分粟特人口被迁往淮河上游地区诸州，直至十五年后才于开元二十六年（738）返回"六胡州"故地。但因该地区草原沙漠化趋势未得遏止，生态条件仍然恶劣，宥州遂在天宝末寄治于经略军城，粟特牧民也渐次东移夏州西北部契吴山一带，寻觅新的牧场。据此可知，"六胡州"故地所在的今鄂托克旗、鄂托克前旗的东半部是初期毛乌素沙漠起源地，最早形成于唐代开元、天宝年间，具体成因是过度的驻牧型畜牧经济活动。

二、历史时期毛乌素沙漠的扩张

依据古代文献资料，以古城遗址作为客观的时间参照标尺和野外考察资料推断，毛乌素沙漠在历史时期扩张漫延的过程大体分为三个阶段，即唐代后期、宋元明时期、明末迄今三个时段。

（一）唐代后期初期毛乌素沙漠的扩散

历史文献中关于早期的毛乌素沙漠由西北向东南扩张的明确记载，首次见于《新唐书·五行志》，即唐穆宗长庆二年十月，“夏州大风，飞沙为堆，高及城堞”[①]。将这一天气现象载入档案，表明时人视其为此前当地从未见过的灾异。由此可知，长庆二年（822）十月，夏州（治今陕西靖边白城子古城）北部遇到前所罕见的沙尘暴。十月之际，正值初冬，鄂尔多斯高原盛行西北风。强劲的西北风吹扬起的粉沙物质，经过空中搬运一段距离或遇城墙阻挡而降落地表，所谓“飞沙为堆，高及城堞”正是真实的写照。唐代夏州北部有二县——朔方县（即夏州治城，今白城子）、德静县（故址在今陕西榆林市榆阳区西部补浪河乡南部、海流兔河北侧的魏家峁村附近），是时均遇到“飞沙为堆”之困扰。在此需要指出，长庆二年十月，“夏州大风”天气出现的范围应是指夏州行政区域，而非仅指夏州治城附近，因为大风天气袭击的必然是一个地域，绝非一城。夏州区域受到大风天气的影响，尤以其北部朔方、德静二县为烈，“飞沙为堆，高及城堞”之城堞，应是指夏州北部诸城城墙。从现代科学的视角观察，朔方、德静二城遇到的是扬沙扬尘天气，其附近一带尚未出现成片的流动沙丘。因此，判定今白城子至魏家峁一线于公元822年冬首次遭受早期毛乌素沙漠扩散的影响，可视作毛乌素沙漠扩张变迁的第一阶段。

长庆二年（822）的大风扬沙，沙源来自夏州城的西北方，换言之，毛乌素沙漠最初的沙源地位于夏州城的西北方向。早在唐德宗贞元年间（785—805），宰相贾耽在其著作中就记载着初期毛乌素沙漠的位置。在他所记“从边州入四夷七道”的“夏州塞外通大同云中道”沿线，存在两片沙漠：一片沙漠是位于黄河南侧的库结沙（亦叫普纳沙，或叫破讷沙），也就是今天的库布齐沙漠北半部；另一片沙漠位于夏州城西北方，是一片尚未命名的沙地，这就是初期的毛乌素沙漠。原文如下：

> 夏州北渡乌水，经贺麟泽、拔利干泽，过沙，次内横铲、沃野泊、长泽、白城，百二十里至可朱浑水源。又经故阳城泽（作者按，当作“驿”）、横铲北门、

---

① 《新唐书》卷三五《五行志二》，第901页。

突纥利泊、石子岭，百余里至阿颓泉。又经大非苦盐池，六十六里至贺兰驿。又经库也干泊、弥鹅泊、榆禄浑泊，百余里至地颓泽。又经步拙泉故城，八十八里渡乌那水，经胡洛盐池、纥伏干泉，四十八里度库结沙，一曰普纳沙，二十八里过横水，五十九里至十贲故城，又十里至宁远镇。又涉屯根水，五十里至安乐戍，戍在（黄）河西堧，其东堧有古大同城。今大同城故永济栅也。[①]

自夏州城北赴丰州（今内蒙古五原南）、天德军（大同城）的道路，经过乌水（今纳林河）北侧的贺麟泽、拔利干泽两个湖泊后，就要穿过一片当时尚无名称的沙漠，才抵达契吴山东南缘的内横铲。契吴山东南缘距夏州城约70里之遥，那么这片尚未命名的沙漠就分布在夏州城西北方六七十里的地方。正因为这片沙漠尚无正式名称，恰好说明它形成时间并不太长久。贞元年间已进入唐代后期，这片初期毛乌素沙漠业已存在，可推知其形成时间理应更早一些。值得注意的是，夏州西北方的契吴山及其以西区域是唐代前期“六胡州”暨宥州的所在地，推断这片初期的毛乌素沙漠西部当在“六胡州”地区。安史之乱发生之年（755）迄贞元元年（785）间，初期毛乌素沙漠不可能在如此短促时段内形成，则其形成必定是在唐代中期。

依上述史料可知，初期毛乌素沙漠应形成于唐代中期，至贞元年间向东南扩散到契吴山东南缘；迄长庆二年十月，扬沙严重影响着夏州城至德静县城一线。此后，契吴山至夏州城与德静县城间的自然环境不断恶化，乃至沙漠化。

唐代后期若干吟咏夏州景物的诗作也间接反映出当地沙漠化的迹象，受篇幅所限，不再引述。

（二）宋元明时期毛乌素沙漠的东南向扩张

两宋时期，夏州中部的沙漠化现象愈加严重，其西南方的宥州（治长泽县，今内蒙古鄂托克前旗城川古城）地方也受到流沙和扬沙的威胁。早期毛乌素沙漠逐渐漫延扩散至无定河南侧一带。

历元迄明，毛乌素沙漠仍在缓慢向东南推进，至明代万历年间，毛乌素沙漠迅速推进到明长城一线。明代延绥长城经过万历初年（1573）巡抚张守中重建，“崇墉蜿蜒，屹为巨障矣”[②]。但好景不长，长城沿线就遭到强烈的风沙侵袭，情势显得极为严峻。万历三十八年（1610），榆林镇动员2000多名军兵、民夫，实施扒除长城外壁积沙的工作。据涂宗浚《修复边垣扒除积沙疏》称，万历三十七年（1609），榆林兵备道许占魁、延绥总兵张承胤亲赴长城勘查壅沙状态。

---

① 《新唐书》卷四三下《地理志七下》，第1147—1148页。

② 艾冲：《明代陕西四镇长城》，陕西师范大学出版社，1990年，第34—35页。

亲诣沿边踏勘积沙，形势甚大，逐一丈量。本道所属中路一带，东自常乐堡起，西至清平堡止，俱系平墙大沙，间有高过［边］墙五七尺者，甚有一丈者。今据城堡同知陈效忠呈称：查得中路原筑边墙二百四十余里，高建女墙二丈五七尺。今自万历三十八年闰三月二十八日动工扒沙，间又因地方荒歉，饥民甚众，蒙本院轸恤，欲活其命，以藉其力，牌行本道：除老弱病残就食粥场外，中有强壮情愿赴边作工者，日给米二升。众民乐从，亦于本年七月二十三日起，同前班军协力并扒。至九月中，扒过沿边沙积，东自常乐堡一墩起、西至清平堡一墩止，共长二百四十六里。榆林（笔者按，应作保宁）等堡、芹河等处，大沙比墙高一丈，埋没墩院者，长二万三十八丈三尺；响水等堡、防胡等处，［大沙］比墙高七八丈，壅淤墩院者，长八千四百六十八丈七尺；榆林、威武等堡、樱桃梁等处，［大沙］比墙高五六尺，及与墙平，厚阔不等，长四千四百二十六丈五尺。通共沙长三万二千九百三十三丈五尺，俱已扒除到底，运送远地。仍令各堡守操等官严督军丁，密布栽蒿，以防复起。

…………

为照中路边墙三百余里，自隆庆末年创筑，楼橹相望，雉堞相连，屹然为一路险阻。万历二年以来，风壅沙积，日甚一日，高者至于埋没墩台，单者亦如大堤长坂，一望黄沙，漫衍无际。筹边者屡议扒除，以工费浩大，竟尔中止，以致虏骑出入，如履平地，或掠我行人，或劫我牲畜，恣肆侵轶，莫能防御。惟是旅惧畏途，农废常业，荼毒之惨，将无已期。……惟是军民踊跃忘劳，拮据奋力，甫六阅月而大功告竣。①

所谓“查得中路原筑边墙二百四十余里，高建女墙二丈五七尺”，“本道所属中路一带，东自常乐堡起，西至清平堡止，俱系平墙大沙，间有高过［边］墙五七尺者，甚有一丈者”显示出是时流沙壅堵长城的真实状况。自万历三十八年闰三月二十八日动工扒沙，至同年九月中旬，俱已扒除到底，运送远地。这一次扒除长城外壁积沙工作，动员的施工军兵乃借调东、西二路班军2000余名，相兼“饥民日有数百余名”。由此可见，自宋迄明，早期毛乌素沙漠渐次向东南扩展。由唐代长庆二年（822）的夏州至德静一线初蒙风沙危害，至明万历三十八年（1610）流动沙丘直抵长城外壁，即常乐堡（今陕西省榆林市东北）至清平堡（今陕西省榆林市横山区西南）段明长城一线，高过一丈。在近八百年间（822—1610），毛乌素沙漠大幅度向

① ［明］陈子龙等选辑：《明经世文编》卷四四八《涂司马抚延疏草二》，中华书局，1962年，第4932—4934页。

东南扩散。此乃毛乌素沙漠扩张变迁的第二阶段。

（三）明末迄今毛乌素沙漠的继续扩大

万历三十八年（1610）榆林镇扒除长城外壁风积沙堆之工，收效甚微。此后，流沙与飞沙越过明长城继续向东南扩张。正如明人刘敏宽在《榆镇中路论》中所说："保宁、波罗相去八十里……且东起常乐、西抵波罗，沿边积沙，高与墙等。时虽铲削，旋壅如故，盖人力不敌风力也。"[①]由于风沙对长城内侧地表的覆盖与湮塞，榆溪河与无定河间的三角地带快速沙化。

例如，"保宁（堡）昔称水泽之区，年来潴水渐涸，马无所饮"[②]，严重缺水。保宁堡故址，位于今榆林市榆阳区芹河乡保宁堡村。万历初年，榆林镇分守中路参将府驻此，后改设中协副总兵一员，驻保宁堡，其军事地位甚重。[③]然而明万历末期以后，因流沙壅塞，渐次凋敝。保宁堡以南之地，原先分布着数个小型湖泊，诸如杨官海、方家海（桑海子）、酸梨海（一作酸林海，或作酸刺海）、天鹅海，以上在榆阳区芹河乡南部，曹海子、土地海子，均在今榆林市横山区东北部，共六个小湖泊。"凡水之所会，渟而不流者，通谓之海。水不大而（名）海之者，渟之盛也。"[④]清代康熙十二年（1673），这些小湖泊犹见于《延绥镇志》的记载，此后就渐次被风沙（流沙与飞沙）湮塞。至20世纪初仅留下相关的聚落名称，如杨官海子、桑海子、酸梨海子、天鹅海子等地名，昭示着古湖泊的原来位置。毛乌素沙漠在长城以内不断向东南推进，扩大其覆盖与占领范围。于是在清初，榆溪河与无定河间就出现大片的沙地，甚至被赋予固定的名称。譬如"十里沙"分布在榆溪河西侧，北起长城，南达黑山，逶迤十余里之遥，"风吹日映，色如龙鳞"[⑤]。到了20世纪70年代初，毛乌素沙漠前锋已延展至鱼河堡镇东南的峁沟口附近。[⑥]由于西北风与顺榆溪河谷大风、顺无定河谷大风在此会合，风力风速大为加强，风沙顺着无定河下游谷地延伸。至20世纪末年，沙漠前锋已抵达榆阳区上盐湾镇驻地附近，形成西北起自明长城，东南伸达上

① 〔清〕张立德等：《榆林县志》卷二一《兵志·附边防》，民国十八年（1929）抄本，第26b页。
② 《榆林县志》卷二一《兵志·附边防》，第26b—27a页。
③ 艾冲：《明代陕西四镇长城》，第49页。
④ 〔清〕李熙龄纂修：《榆林府志》卷四《舆地志·山川》，上海古籍出版社，2014年，第62页。
⑤ 《榆林府志》卷四《舆地志·山川》，第60页；陕西省民政局编：《榆林县地图》（内部），1971年。
⑥ 陕西省民政局编：《榆林县地图》（内部），1971年。

盐湾，长达60余千米的流沙带。此乃毛乌素沙漠在第三阶段扩张变迁最远之地。[①]

毛乌素沙漠的扩散，致使榆林城在清代后期也遭遇跟一千多年前夏州城和德静城近似的困扰，即风沙壅堵城墙的严重环境问题。榆林府暨县的官员不得不多次扒除积沙，乃至最后放弃旧北城墙，向南收缩后另筑新北城墙。据《改修北城大略》称："同治二年（1863），常道宪……目睹北城沙压残废，于十月内倡议改筑。……于是相度地形，弃旧城，南徙，筑土为垣，计长四百三十八丈七尺，高三丈，阔一丈八尺。"[②]《刘福堂军门修城纪略》载："同治六年（1867）夏，……榆人筹议城防，共请当道捐款修葺。是时也，但于城东北铲其沙，西南浚其濠，建营房，补睥睨，事未及竣而经费已不支矣。"[③]这就表明，尽管同治二年改筑榆林城北墙，但新筑北城墙仍旧蒙受流沙壅积之弊，同治六年不得不铲除其外侧的积沙。

迄20世纪末，毛乌素沙漠向陕西榆林地区扩张的幅度各不相同。在孤山川至窟野河上游地段，沙物质随风吹扬，不断向东南运动，以片沙或沙丘形态覆盖于黄土梁峁坡面与河谷之中，流沙前锋今已达神木市区西北3千米处。在窟野河与榆溪河地段，长城以南出现大片沙盖黄土梁岭，流沙顺柏林河（也叫解家堡河）谷地而下，绵延20千米；秃尾河西侧流沙带已伸达榆阳区安崖乡芦家铺村附近的开光川北岸，绵延20千米，宽约2千米；常乐堡东侧长城以南的流沙顺佳芦河谷伸向东南方，东岸沙头已深入至佳县打火店附近，长达40千米，宽2—5千米，厚度则为数厘米至数十米，呈沙堆、新月形沙丘分布。在陕西横山境，受西南—东北流向的芦河与相同走向的横山山脉（海拔1400—1600米，东西延亘130千米）的阻挡，流沙沉降在芦河谷地，使之沙化严重。在靖边、定边二县地带，南有白于山脉耸立，其北麓台塬（梁地）延至二县中部（主要是八里梁、柠条梁），更有红柳河往北转东而流去，因而冬春季节西北风刮行至二县中部的"三边滩"（定边滩、安边滩、靖边滩），受白于山拦阻产生风管效应，转为西风，阻滞流沙南移而成为毛乌素沙漠的巨大屏障。流沙带在其北部改变运动方向，转向东方。正因如此，在靖边、定边二县北部存在着一条与白于山大致平行、距离约30千米的沙带，西自定边县孟家沙窝、东迄靖边县高家沟，南北宽1—3千米，高3—15米，格状沙丘和新月形沙丘并存。受西风的驱动，三边滩地流沙向东推移。沙带跨越明长城、芦河后，因白于山拦阻作用减弱，复折向东南方，直逼陕西横

① 杜忠潮、惠振江：《陕北长城沿线毛乌素沙地的形成与扩展初探》，见朱士光、吴宏岐主编：《西北地区农村产业结构调整与小城镇发展》，西安地图出版社，2003年，第72页。

② 《榆林县志》卷六《建置志·城池》，第14a页。

③ 《榆林县志》卷六《建置志·城池》，第14b页。

山县双城乡一带，延绵27千米，宽度达15千米。[①]

依据前述，现代毛乌素沙漠并非历史上某个时期形成的，而是经历了由原始沙漠所在地向东南扩大变迁的过程，不同地段的沙漠形成时间不同，切勿一概而论。按其变迁的三个阶段推断，初期毛乌素沙漠位于唐时夏州城西北方、宥州之境。

三、风沙地貌扩张的驱动因素分析

鄂尔多斯高原的北部和南部区域由原来的森林草原景观转变为风沙覆盖地表景观，风沙地貌从无到有、从小到大，发展演变愈演愈烈，乃至于严重影响到居民的生产与生活。发生此种剧烈的地貌变迁，分析起来，不外乎下列几点。

（一）鄂尔多斯高原局部区域存在着地质时期沉积的沙质地层

经过多年的野外考察发现，在鄂尔多斯高原的中西部若干地方存在着地质时期形成的潜伏于地表之下的沙质地层，或者出露于地表的沙质岩层，这些成为沙漠化土地的沙源地。例如，在鄂托克旗沙井镇水泉村南侧发现的松散的湖积沙质地层，基本上属于细沙，厚度在1—2米，由于修筑铁路铺筑路基而挖取两侧地表土壤，使之裸露出来，风吹沙动而形成小范围的流沙；鄂托克前旗西半部也存在类似地层。在杭锦旗西部的伊和乌素镇北部、东部，鄂托克旗北部、西部，地质时期沉积形成的水平层理的红色砂岩、灰绿色砂岩出露地表，也成为库布齐沙漠、毛乌素沙漠的流沙来源之一。因为这些砂岩结构非常疏松，经过年复一年的冬春季强风冲击、吹蚀，砂岩就被冲散、吹扬至空中，随风前行成为扬沙。

这些地质时期的红色或灰绿色砂岩在白于山以北的鄂尔多斯高原是普遍存在的，在许多地方都是暴露在地表之外的。它们的存在成为土地沙漠化的隐形物质基础。它们在绿色植被覆盖之下，难于活化而形成流沙。但是，若绿色植被灭失，就可能被强风吹动而前移，从而形成不可遏阻的流动沙带。

这是我们研究沙漠化问题或风沙地貌历史变迁的根本原因所在，是值得密切关注的一个方面。

（二）鄂尔多斯高原地域宏观气候带有季节性强劲北风或西北风

从气候环境观察，鄂尔多斯高原位于中国北方中部，正是大陆性气候控制区域，是西伯利亚寒流南下或东南行的必经地之一，而东南方或南方暖湿海洋气流很难到达此地域，即使有部分推进至此已成强弩之末，对区域气候发挥不了大的影响。

---

① 杜忠潮、惠振江：《陕北长城沿线毛乌素沙地的形成与扩展初探》，见朱士光、吴宏岐主编：《西北地区农村产业结构调整与小城镇发展》，第71—73页。

鄂尔多斯高原遭受冬春季强烈风力侵袭主要来自两个方向——北方和西方。鄂尔多斯高原的北方是高耸的阴山山脉，屏护着阴山南麓的后套平原和前套平原，强烈寒冷的北风翻越阴山山脉扑向鄂尔多斯高原北半部，因此高原北部成为强风南下的迎风面，自然也成为风力侵蚀之地。鄂尔多斯高原的西方是南北纵亘的贺兰山脉，屏护着其东麓的宁夏平原，强烈寒冷的西北风翻越贺兰山脉向东扑向鄂尔多斯高原西半部，使其成为强烈西北风向东南行进的迎风面，自然成为西北风风力侵蚀之地。

尤其是在鄂尔多斯高原西北方，存在一个阴山山脉西端与贺兰山脉北端之间的巨大缺口，宽达数十千米，成为冬春季节西北风向东突进的顺利通道，发挥着风管效应。在历史时期，来自西方的强烈大风不仅吹蚀着这个巨大山口的地表物质，也带来阿拉善高原丰富的沙砾物质。通过这个风管，造就了今日的乌兰布和沙漠，也补充供应着黄河东侧库布齐沙漠的沙源，从而推动库布齐沙漠缓慢而持续地向东扩张。

每年冬季至春季，鄂尔多斯高原的北部、西部首先遭受来自北方和西北方的强烈大风侵袭与吹蚀。因此，这些地方率先成为就地泛沙、土地沙化之地，随后演变为库布齐沙漠、毛乌素沙漠的沙源地，即初期库布齐沙漠、毛乌素沙漠所在地，接着逐渐扩张开来，造成鄂尔多斯高原地域重大的生态环境灾害，形成面积愈来愈大的风沙地貌景观。

（三）人类无节制的经济活动破坏鄂尔多斯高原天然植被

沙漠化问题的出现有其生成的前提条件，即地质时期沙质地层的存在、冬春季节强风的刮吹。但是，另外一个因素也不容忽视，即人类活动的影响。众所周知，在人类社会历史早期，人类经济活动对自然环境的负面影响并不明显，但是，随着社会生产力的进步，人们利用自然资源、改造自然环境的力度不断提升，于是，在那些人类过度开发利用自然资源、导致自然环境无法正常修复的地区，就会出现自然环境对人类的报复，出现自然环境退化乃至恶化的趋势。

具体到鄂尔多斯高原地域，人们过度放牧牲畜、不合理地开垦土地等经济活动，都会导致草原环境、耕作环境退化。东汉中后期以降，原先的“河南地”的“新秦中”区域接受大量的鲜卑族部落人口，过度的游牧经济活动，使得草原载畜量过大，超越了草场的正常承载力。于是，魏晋时期初期库布齐沙漠在此逐步形成，并扩散开来。隋唐时期，河曲高原中西部接纳大量的胡人，尤其是来自中亚地区的粟特人，其驻牧型畜牧经济活动，以及唐朝官营畜牧经济的大发展，导致高原中西部草原退化，牧草稀疏，潜伏的沙质地层经强风吹蚀而活化，形成初期毛乌素沙漠。其后，逐渐漫延扩散，覆被高原南部的草原、湖泽、河川等地理要素，反过来危害人类的生产生活。

总而言之，历史时期鄂尔多斯高原库布齐沙漠、毛乌素沙漠的形成与扩张，是地质时期潜伏的沙质地层，冬春季强烈西北风与北风的持续吹袭和人类过度开发利用自然资源、破坏天然植被多种驱动因素交错作用的结果。

综上所述，毛乌素沙漠的历史变迁大致分作唐后期、宋元明时期、明末迄今三个阶段，各地段沙漠形成时间各不相同，其西北部沙漠起源最早。各种佐证表明，初期毛乌素沙漠大体形成于唐代开元、天宝年间的宥州故地，即今鄂托克旗和鄂托克前旗的东半部。初期毛乌素沙漠的成因并非一般所谓过度的农业垦殖活动，而是自唐代贞观四年（630）迄天宝年间长期而过度的驻牧型畜牧经济活动，破坏了天然草原生态系统引致的后果。唐代后期，初期毛乌素沙漠向东南扩张至夏州城及德静县城一线；明代万历三十八年（1610），毛乌素沙漠已经扩张至明长城“大边”外侧；其后，毛乌素沙漠飞越明长城“大边”“二边”继续向东南漫延，至清代后期同治二年（1863），飞沙、流沙已导致榆林府城“北城沙压残废”，风沙、浮尘天气连绵不断，榆林城池周边环境严重退化。延至20世纪末期，沙漠前锋已抵达榆阳区上盐湾镇驻地附近，形成西北起自明长城，东南伸达上盐湾，长达60余千米的流沙带。此乃毛乌素沙漠在第三阶段扩张漫延最远之地。

当前毛乌素沙漠的治理、再造秀美山川之工程应当建立综合建设、协同绿化的新机制。采取恢复林灌草植被为主、构筑工程设施为辅的综合的系统方法，实施定沙源、堵沙头、斩沙腰的重塑生态系统之方案，建设沙源地带、白城子至魏家峁一线、明代延绥镇“大边”长城一线、沙舌前缘等四道灌草林相结合的绿色植被屏障，围追堵截地治理毛乌素沙漠，改善人类依存的自然环境。为达此目标，还应跟内蒙古自治区有关诸旗建立合作机制，组建治理毛乌素沙漠的陕西–内蒙古联合体，以协调两省区绿化这片沙漠的步骤。

第四节 鄂尔多斯高原水土流失与流水侵蚀地貌的出现与发展

水土流失现象的发生既有土质因素、地形条件作为前提，地表径流是主要动力，也存在人力因素的影响。由此引起的流水侵蚀地貌，成为一种特定地区特殊的地貌类型，它是水土流失现象持续发展的结果。凡是存在流水侵蚀地貌的地区，地表有效的耕作土层愈来愈浅，甚至完全灭失，裸露出生土地层，使得农耕生产无以为继，人们生活陷于贫困状态。

一、鄂尔多斯高原水土流失现象的出现

在我国南北各地都不同程度地存在水土流失问题。它使农地肥力下降或耕作土层逐渐消失，既制约了农业经济的长远发展而使人们处于贫困的境地，同时影响着居民生命财产的安全。此类环境退化现象的形成与出现，与自然地理环境的变化有关系，也与过往的人们从事农业生产过程中过度开垦荒山荒坡、砍伐山区天然植被、粗放农耕方式直接关联。榆林地区在明清时期就经历了由于扩垦农用土地而使天然森林、灌木、草坡遭到破坏并引致水土流失日趋严重的变化过程。此种环境退化反过来深刻地影响着当地人民生产与生活质量。

鄂尔多斯高原的水土流失问题，主要发生在外流河川流域，时间主要出现在明朝时期（1368—1644）。其发生区域主要是在明代“大边”长城以南，其基本原因则是过度屯田引起天然植被大量消减，乃至灭失，为水土流失提供了发生的机会。其后，随着该区域水土流失渐趋严重，流水侵蚀地貌得以出现与发展。

（一）水土流失的机理与过程

水土流失的形成与发展的机理：在具有一定坡降的山坡下部、台塬边缘部和顶部，由于地表土壤疏松（尤其是黄土地层具有立性与裂隙），当降雨期间地表受到坡面径流的冲刷侵蚀，就在其径流之处冲动土壤并混杂于流水中向下携运，通过诸多支流河道进入干流江河，输往下游地区。在这一地貌变化过程中，斜坡、土壤是基础，流水则是主要的动力要素。还存在一种重要的驱动力，那就是人类经济活动（主要是指农耕活动）对山区天然植被的剪伐或破坏，使得天然植被覆盖度大幅度降低，大面积坡面、塬面土壤裸露于外，极易造成山坡水土流失问题出现。当然，我们并不否认自然力对沟壑发育的作用。在水土流失地理现象发生发展中，驱动力除过地表径流外，还要注意几种动因，即冬春冻融作用、重力下引作用、强风吹蚀作用等。其一，冬春冻融作用，是指在冬季土壤中的水分因气候寒冷而冻结成冰晶，至春季气温回升而融化，在此冬冻春融的变化过程中，土壤由僵硬胶结再演变为疏松分散，解析为粉末状土体，纷纷从高处向低处滚落或降落。春天融化的土壤水分使得土质疏松，当降雨时更易受流水冲刷而形成水土流失。其二，重力作用，是指在地球引力作用下，任何地球表面的物质松动之时都是从高处向下掉落、滑落、滚落和降落，也成为水土流失的驱动因素之一。重力作用驱使鄂尔多斯高原外流水系流域的山坡、塬坡、塬崖上部的土体松动时向其下部运动，并堆积起来，或被流水冲走。其三，强风吹蚀作用，该区域冬春季节盛行强烈的西北风，刮起坡面、塬面的表层土壤，经高空携运至遥远

的南方，形成严重的浮尘天气。这就导致浮尘发源地的地表土壤慢慢地被强风吹蚀掉一部分，增加了当地土层的不稳定性。

当水土流失现象出现时，局部山坡面、台塬边缘或者陡壁面就会出现数量众多的小微的冲蚀沟。随着流水冲刷、下切、拓宽过程的继续，冲蚀沟的规模逐步扩大——沟道变宽、加深和延长，水土流失量随之扩大。冲蚀沟的发展表现在三个方面：沟口扩宽、沟底下切和溯源侵蚀。沟口扩宽，是指在山坡、塬坡下部（坡底）冲蚀沟下泻水土之口逐渐被流水冲刷得越来越宽阔。沟底下切，是指在冲蚀沟发育过程中沟谷底部不断向地层深处侵蚀，使得冲蚀沟变得越来越深，沟壁十分陡峭的现象。溯源侵蚀，是指冲蚀沟的沟头（或称作沟脑）在坡面径流的冲刷下，随着水土流失的发展不断地向山坡或塬坡上部及山顶延伸。

当朝向相反的不同坡面冲蚀沟溯源侵蚀发展到极致之程度，就会形成两条沟壑相向溯源侵蚀到很近的距离，大部分坡面被深陡的冲蚀沟阻断，无法交通，唯有两条冲蚀沟沟头间狭窄的山梁，或者坡面可供人们通行，人们将这种夹在两个冲蚀沟沟头之间的狭窄陆地就称作“崾岘”。这是水土流失问题发展至极为严重程度时才出现的地貌类别。此种微观地貌在鄂尔多斯高原东南部、南部的黄河一级支流河川流域较为常见。

在水土流失渐趋严重，或已相当严重的地区，流水侵蚀地貌普遍分布。山坡、塬坡与塬面已经被地表径流切割得支离破碎，呈现出千沟万壑的状态。梁、塬、峁、圪堵、冲蚀沟、崾岘、陡崖、坪等微观地貌形态比比皆是。农业耕作土层丧失殆尽，土地贫瘠，濯濯童山，大多不毛，农业产出量极低，农业经济环境严重恶化，居民难得温饱。

（二）水土流失和流水侵蚀地貌的出现时间

历史时期鄂尔多斯高原的外流水系区域，水土流失与流水侵蚀地貌是在特定条件下得以发生、发展且日趋严重的。这并非从来就有的原始地貌形态，而是叠加在原始地形上的次生地貌。

依据历史时期人类经济活动的发展演变进程观察，水土流失问题出现得较晚，且大多发生在鄂尔多斯高原黄河一级支流河川流域。水土流失现象大量地出现在明代长城沿线地带，具体来说是在成化九年（1473）延绥镇构建长城防御工程体系之后。在明代，随着长城南侧区域不合理的农耕活动加剧，地势较陡的山坡被垦辟出来，水土流失问题逐渐凸显。这种自然灾变有一个缓慢发展的过程，伴随着人类的农业开发进程而发生、发展和演变。迄明朝末年，长城沿线地带水土流失现象已经成为明显的生态环境退化问题。

那么，人们的社会经济活动是如何导致水土流失的呢？

自明代起至清代末期，鄂尔多斯高原南部长城地带农业垦殖范围逐步扩展，其中局部不合理的经济行为引发水土流失问题。

在这个历史时期，高原南部农业垦殖范围的扩展呈现出逐步、分阶段的特点，经历了明朝初年至明成化九年（1368—1473）、明成化十年至清康熙三十五年（1474—1696）、康熙三十六年迄清末（1697—1911）三个阶段。

1. 明初至成化九年（1368—1473）间的农垦区域北界

明初继战争动乱之后，鄂尔多斯高原南部的陕西北部地区人烟稀少、经济凋敝。洪武二年（1369）以后，陕西北部地区迁入外地人口，政府设立准军事性质的卫、所，发展军屯、民屯和商屯等类型农业生产。当时在陕北设置延安、绥德二卫管理军户，加上陕北原有的延安府、绥德州、葭州、府谷、神木诸府州县的民户，虽然人口总数尚不算大，农业经济毕竟逐步恢复与发展起来了，农业垦殖的范围已相当可观。

然而，继永乐、宣德年间放弃大宁、开平、东胜诸地区而内迁卫所机构之后，若干游牧部落迁入鄂尔多斯高原，不时南下扰掠，明朝遂在延绥一带建立防区，建筑城堡，以资守御。为保障农业生产的安全，特意在农业区域北缘安置“种田界石”，作为延绥农垦区域北界标志。据记载，“正统二年，守将都督王祯始请，榆林城堡往北三十里之外，沙漠平地则筑瞭望墩台，虏窥境即举烟示警。往南三十里之外则埋军民种田界石，多于硬土山沟立焉。界石外开创榆林一带营堡，累增至二十四所。岁调延安、绥德、庆阳三卫官军分戍，而河南、陕西客兵助之。列营积粮，以遏寇路”[①]。正统二年（1437），这些屯田界石所在位置，就是成化九年（1473）延绥巡抚余子俊督筑的“夹墙”（亦称“铲削二边”）之所在。因为余子俊规划设计的“铲削二边”线状军事防御工程乃依循早年的军民种田界石分布，而且实际建造成功。如叶盛、王越和余子俊于成化八年（1472）三月联名呈交明朝中央政府的奏疏称：成化“七年六月内，因总兵、巡抚官之议，乃依界石一带山势，随其曲折，铲削如城，高二丈五尺；川口左右俱筑大墩，调军防守，为一劳永逸之计”[②]。成化七年（1471）七月，延绥巡抚余子俊在奏疏中写道：“延、庆边疆山崖高峻，乞役山西、陕西丁夫五万，量给口粮，依山凿削，令壁立如城，高可二丈五尺。山坳、川口，连筑高垣；相度地形，建立墩堠，添兵防守。八月兴工，九月终止，工役未毕则待来年，庶几成功，一

① 《榆林府志》卷二一《兵志·边防》，第410页。

② 《明宪宗实录》卷一〇二“成化八年三月”，“中央研究院”历史语言研究所，1962年，第1995页。

劳永役。”[①]此处的所谓“界石”即指正统年间（1436—1449）在榆林等二十四座城堡以南30里处安置的军民耕种农田的北界标志。当时规定军民屯田范围只能限制在界石一线以南，不许向界石之北的二十四营堡地带扩展。由余子俊的奏疏内容可知，他最初的构想是循界石所在地铲削山崖，建造线状军事防御工程，延至成化九年六月长城之工终于告竣。此后，正统二年树立的军民种田界石就被余子俊督建的“铲削二边”墙（即夹墙）所替代，成为农垦区域的北界标志。不久，农业用地分布的范围很快突破这一界限。

2. 明成化十年迄清康熙三十五年间（1474—1696）的农垦区域北界

明代成化十年（1474），延绥巡抚余子俊在“夹墙”以北40—60里之外再建筑一道大边长城。此后，在余子俊等延绥镇军政官员的策划下，延绥农垦区域范围始向北越过“铲削二边（夹墙）”北扩至大边长城一线。余子俊在成化十年闰六月向朝廷奏报大边长城工役概况时称：“其界石迤北直抵新修边墙内，地俱已履亩起科，令军民屯种，计田税六万石有余。”[②]如前所述，在起筑大边长城前，军民屯田限于界石以南，现在，军府已把界石以北的土地丈量分配，令军户、民户耕种，缴纳田税。“新修边墙”系指大边长城，并非位于界石一带的“铲削二边”，两者相距40—60里之遥。[③]

农垦区域向北扩展的范围抵达大边长城一线后，在此稳定了二百二十余年之久。时人称新扩展的农业区域作“夹道糜粮地”。因为它夹处在大边与“铲削二边”两道长城线之间，这个地带遂被称之为“夹道”，主要种植糜子、谷子、高粱等比较耐干旱的粮食作物。这里既是延绥镇近四十座驻防城堡的分布地带，又是榆林卫的军户、各城堡驻军屯田所在，因而农业的收成既依赖气候的风调雨顺，也受到军事形势的影响。延续至清康熙三十五年（1696），农区分布格局又一次出现变化。

3. 康熙三十六年（1697）后的农垦区域北界

1644年，清王朝接管明长城地带后继续对此地实行军事管制，维持前明的军事重镇体制、卫所军户制度。在鄂尔多斯高原南部的延绥镇、宁夏镇河东区域亦然。直至雍正九年（1731）才撤销军管制为民政制，改行正规的行政区划制度。在这期间，高原南部地区的农业用地再次向北扩展。这次农业用地分布范围的扩大，出于两方面的原因：其一是鄂尔多斯高原原先以畜牧业为生计的蒙古族对粮食的迫切需求；其二是

---

① 《明宪宗实录》卷九三“成化七年七月”，第1782页。

② 《明宪宗实录》卷一三〇“成化十年闰六月”，第2467页。

③ 艾冲：《明代陕西四镇长城》，第22—24页。

内地人口的增长引致对土地压力的增大，人多地少的矛盾突显出来。两方面因素的影响相结合，遂出现榆林镇、宁夏镇地区农业区域再度北移之趋势。

要搞清楚清代前期农业区域北移的前因后果，有几个名词值得我们注意，即“五十里禁留地”“牌界”“黑界”“伙盘”“伙盘地”“牛犋”等。

清王朝入关乃至接管陕西省后（明代西北地区唯有陕西行省，包括今陕西、宁夏、甘肃、青海、新疆东部等地），在鄂尔多斯高原与黄土高原间的明代宁夏、延绥大边长城之北，划定一个狭长的地带作为“禁留地”，由政府控制。“禁留地”南北宽达50里（折合25千米），实系农业区域和牧业区域的过渡带；它南依长城、北界“垒砌石堆以限之”（即牌界），东西抵达黄河。自清朝顺治皇帝至康熙皇帝中期，“五十里禁留地”一直扮演着重要角色。[①]

康熙三十六年（1697），鄂尔多斯高原的蒙古部落贵族人物——贝勒松拉普向清朝中央政府请示“于此地内伙同民人耕种，蒙（蒙古牧人）、民（内地农民）两有裨益等因，亦蒙恩准行。此即开垦之始也”[②]。在得到中央政府允许之后，榆林镇地区农民开始穿过长城诸关口沿着河川谷道来到“五十里禁留地”，开垦河谷川地、缓坡丘陵、荒芜原野、荒山荒坡，从事农业种植活动。延至康熙五十八年（1719），蒙古族贝勒达锡拉卜坦向清廷建议“以民人种地，若不立定界址，恐致侵占游牧等情，申请立定界址”[③]。清廷在审议其申请之后，因特命“侍郎拉都浑前来榆林等处踏勘，即于五十里界内，有沙者以三十里立界，无沙者以二十里立界，准令民人租种。其租项按每牛一犋，征粟一石，草四束，折银五钱四分”[④]。此次勘定农区界址，是在“五十里禁留地”范围内依据实际确定的。这是清代前期关于农业区北界的第一次定位。

到了雍正八年（1730），在清朝中央政府内部，经理藩院尚书特古忒奏议：“五十里禁留之地，蒙古何得收租。议令［所］征收粮草归［榆林］地方官贮仓”[⑤]。遂指示地方执行这项决定。两年后，因鄂尔多斯高原地域遭遇干旱而出现饥荒灾情，清廷遂撤销前项决定，即所谓“蒙特恩仍将所收粮草仍给蒙古养赡，并照旧

① ［清］王致云纂修：《神木县志》卷三《建置上・边维・附牌界》，清道光二十一年（1841）刻本，第6b页。
② 《神木县志》卷三《建置上・边维・附牌界》，第7a页。
③ 《榆林府志》卷三《舆地志・边界》，第56页。
④ 《榆林府志》卷三《舆地志・边界》，第56页。
⑤ 《榆林府志》卷三《舆地志・边界》，第56页。

界给租”[①]。

第二次确立农业区界址是在乾隆八年（1743）。因农民在从事垦殖过程中出现越出原定界址的情况，各个蒙旗的贝勒、贝子遂向中央政府理藩院建议，重新确定农牧界限。清廷合议之后，派出“蒙钦差理藩院尚书班弟，大学士公、川陕总督庆复，前诣榆林，会同各札萨克等定议：‘于旧界外，再展二三十里，仍以五十里为定界（笔者按，以“五十里禁留地”北界为准）。此外，不准占耕游牧［之地］。’并令民人分别新、旧界给租。其旧界（笔者按，此指康熙五十八年所定界），照依前议外；新界，按牛一犋，再加糜五斗、银五钱。又恐民人或有欠租等事，将安边、神木两同知作为理事旗员，管理民、蒙交沙事务；并于各界内选充牌甲，稽查民人春出冬归（先议秋归，后改冬归）等因，奏明立案遵守。至今民、蒙均沾利益”[②]。乾隆八年再次扩展界址后，清初划定的“五十里禁留地”就全部成为农耕活动区域，在行政上归陕西省榆林府及其属县管理，迄清末未曾变更。

实际上，一些内地农民“走西口”而奔赴鄂尔多斯高原腹地，甚至远达后套平原或阴山一带，从事农业者不乏其人。因而农业耕垦范围开始呈现向鄂尔多斯高原北部及其毗邻区扩展的势头。

所谓“五十里禁留地”，即指清代初年由中央政府划定的介于农耕区域和游牧区域间的过渡地带。所谓“牌界”，即黑界，“谓不耕之地，其色黑也。定议五十里立界，即于五十里地边，或三里、或五里，垒砌石堆以限之。此外即系蒙古（部落）游牧地方”。所谓“伙盘”，指的是“民人出口种地，定例春出冬归，暂时伙聚盘居，因以为名。……伙盘犹内地之村庄也”。所谓“伙盘地”，系指长城口外“伙盘”农民耕种的农业用地的泛称。所谓“牛犋”，是指长城“口外地土，并无亩数，以牛计犋”。每犋约（折合）二百七八十亩。换言之，此乃清代人们计算长城口外农业用地面积的计量单位。这折射出那时期那一带存在着最为典型的广种薄收而粗放经营的农业种植模式。这种生产方式成为后日当地水土流失问题日趋剧烈严重的根本驱动因素。内地农民“走西口”去从事农业经济活动，也带动了附近一些蒙古族牧民，使他们转而垦殖土地，经营农业经济，于是由原先“五十里禁留地”范围形成“口外民、蒙杂处”的局面。

清代榆林府管内诸县农民相继掀起“走西口”赴长城北侧区域垦荒耕种的浪潮。这与后来当地水土流失问题存在着直接的因果关系。其中，府谷、神木二县农民耕种

① 《神木县志》卷三《建置上·边维·附牌界》，第7a—7b页。
② 《神木县志》卷三《建置上·边维·附牌界》，第7b页。

口外伙盘地历史状况较为典型。在此特别对清代神木、府谷二县农业耕作区向北扩展进程略做深入探究。

首先，检视清代《府谷县志》所载长城以北的伙盘地农业种植概况如下：

黄甫［堡长城］口外，租种中贝子地，计牛四百五十二犋半，每犋租银二两五钱，租糜一石，共租银一千一百三十一两二钱五分，租糜四百五十二石五斗。伙盘［地］九十五处。

清水［堡长城］口外，租种中贝子地，计牛三百八十三犋半，每犋租银二两，租糜一石，共租银七百六十七两，租糜三百八十三石五斗。伙盘［地］七十七处。

木瓜［堡长城］口外，租种中贝子地，计牛三百二十五犋半，每犋租银二两，租糜一石，共租银六百五十一两，租糜三百二十五石五斗。伙盘［地］六十处。

孤山［堡长城］口外，租种中贝子地，计牛二百一十二犋；租种郡王札木阳地，计牛一百四十六犋。每犋租银均自五钱四分以至九钱五分不等，租糜均自三斗以至八斗六升六合不等，共租银二百［零］六两四钱四分，租糜一百八十六石六斗一升二合。伙盘［地］七十二处。

镇羌［堡长城］口外，租种郡王札木阳地，计牛七百六犋半，每犋租银自一两以至二两五钱不等，租糜自五斗以至一石五斗不等，共租银一千一百一十两七钱五分，租糜六百二十三石。伙盘［地］一百四十五处。

以上五堡［长城］口外，共租蒙古地计牛二千二百二十六犋，每年共租银三千八百六十六两四钱五分，共租糜一千九百七十一石一斗一升二合。此项地土租种时，蒙古地主皆立档子，与民人收执。每年收租，地主自来伙盘［地］，种地民人同该管总甲、牌头亲交。秋间，各总甲仍将种地民人姓名、牛犋、租银、租糜数目开载明确，到县投递，考核造册，申赍本道府理事厅暨驻扎神木理藩院部郎各衙门，以备查考。①

迄乾隆四十八年（1783），府谷县长城以北的伙盘地面积达至2226犋，若每犋按280亩的比率折中计算（1犋=275亩），总面积为612150亩，即6121.5顷（以下分别合计总数为6118.75顷，与此稍异）。若与明代弘治年间府谷县“官民田共一百四十四顷六十亩有零”②（144.60顷）数据相比，农地总面积的增加是相当显著的。其中，

① ［清］郑居中、麟书纂修：《府谷县志》卷二《田赋》，清乾隆四十八年（1783）刻本，第10b、11a、11b页。

② 樊高林、曹树蓬编著：《明弘治本〈延安府志〉》，陕西人民出版社，2012年，第267页。

黄甫堡长城口外、沿黄甫川河谷两侧的九十五处伙盘地，约有452.5犋，折合124437.5亩，即1244.375顷；清水营长城口外、沿清水川河谷两侧的七十七处伙盘地，约有382.5犋，折合105187.5亩，即1051.875顷；木瓜堡长城口外、沿木瓜川河谷两侧的六十处伙盘地，约有325.5犋，折合89512.5亩，即895.125顷；孤山堡长城口外、沿孤山川河谷两侧的七十二处伙盘地，约为358犋，折合98450亩，即984.50顷；镇羌堡长城口外、沿孤山川支流河谷两侧的一百四十五处伙盘地，约有706.5犋，折合194287.5亩，即1942.875顷。合计数为6118.75顷，与前统计数稍有差异。

府谷县境“五堡口外牌界，从东直西相连道路：黄甫口麻地沟起，直北至古城牌界四十里，直西由猛各什儿沟进高榆家梁，至东哈拉寨为清水牌界；由哈拉寨过仓房梁，下石拉沟，至木瓜儿沟二十里；上梁，过西哈拉寨十里，下孤山川，上敖包梁，为中贝子、郡王地界，至镇羌口外他儿坝川六十里；由那格不拉沟出生地，至石巴尔太六十里，即神木口外牌界”①。

麻地沟，即今麻镇；古城，在今古城乡驻地附近；东哈拉寨，即今哈寨镇；木瓜儿沟，即今木瓜川上游；上敖包梁，今地待考；他儿坝川，今地待考；石巴尔太，今地待考。牌界的位置，大略与今陕西府谷县北边界相吻合。

其次，据道光二十一年《神木县志》所载该县长城以北的伙盘地农业垦殖概况：

> 按神木（伙盘地），东自永兴堡边墙外、郡王旗之青阳路湾、张明沟、水窖沟、东木瓜山、大榆树梁，与府谷县交界；西自高家堡双墩儿边墙外、西偏五胜旗之桑树湾、巴子梁、臭柏掌沙梁、色令井子，与榆林县交界。分四路、四堡、八甲、三十二牌、三百五十伙盘。而凡边墙以北、牌界以南地土，即皆谓之伙盘，犹内地之村庄也。
>
> 按神木口外，分四路（笔者按，即指县城东路、县城东中路、县城西中路、县城西路口外）、四堡（笔者按，即指永兴、大柏油、柏林、高家四堡口外），共牛犋一千三百四十八犋半，均与蒙古交纳租银、租粟。各旗设立收头，按期赴各伙盘收取，内地不征，惟发时价，向冬归地户采买草束，以供驿马而已。②

由此可知，神木境长城以北的三百五十余处伙盘地，约有1348.5犋，按每犋折合275亩计算，口外农业用地总面积可达370837.5亩，即3708.375顷。若与明代弘治年间该县“官民地共四百五十顷六十亩有零”（450.60顷）比较，增幅虽然不如府谷县那么显著的，也仍然是相当大的。

---

① 《府谷县志》卷二《道路》，第4a页。

② 《神木县志》卷三《建置上·边维·附牌界》，第8a—8b页。

三百五十处伙盘地，面积有大有小。其中约二十七处重要的伙盘地所在位置可大致圈定。据《神木县志》记载：老龙池，距神木县城18里，即今麻家塔乡驻地东南的老龙池村一带，在麻家塔沟河南侧，清代道光中已遭流沙覆压。柴家梁，距县城15里许，“东临大川，西绕柴沟”，俗名墩焉，约在今麻家塔乡水磨河附近窟野河西岸。举人山，距县城70里，位于今麻家塔乡北境的考考乌素沟南侧，“大川西，山峰秀茂”。一杆旗峁，距县城50里，今地待查。寨峁山，距县城60里，约在举人山东南，因有明代旧寨而得名。磁窑沟山，距县城80里，大川（即窟野河）西北，在今大柳塔镇西北、乌兰木伦河东岸的磁窑湾。禾地山，距县城70里，“是处伙盘最多”，即今麻家塔乡北境、举人山村西南方的贺地山村附近。肯的令梁，距县城80里，在今麻家塔乡西北、肯铁令河村东南一带山梁上。孙元家梁，距县城110里，距永兴堡边墙90里，“直北地尽处即牌界”，与府谷（县）错壤，故地在今牸牛川与老高川之间的山梁上。双柏树梁，距县城130里，“东北与府谷镇羌堡口外伙盘地交界”，也在今牸牛川东侧山上。阿齐图山，距县城100里，在今大柳塔镇西南、乌兰木伦河西支流——活鸡沟东岸的活鸡兔村一带，或谓在今中鸡镇东南、考考乌素沟河上源一带。撒草湾，距县城50里、大柏油堡边墙30里，约在今西沟乡西部、城西沟上源一带。木瓜山，距县城120里，“出木瓜树”，在今店塔镇东北、黄羊城沟以北的木瓜山村一带。哈卜塔儿窑子，距县城100里、高家堡边墙85里，在今瑶镇一带。小保当，距县城140里，“地极平衍，周数十里，可以溉水种田”，即今大保当乡西北部小保当村一带，现今此地严重沙化。臭柏掌沙梁，距县城160里、高家堡边墙60里，“西与榆林伙盘地接界”，在今大保当乡西部的窑梁村一带。清水河，一名水磨河，即古柴沟，距县城15里，即今麻家塔乡水磨河村一带川地。磁窑沟河，距县城50里，大约即今窟野河西侧的常家沟河。可可乌素川，距县城60里，即今考考乌素沟河谷。牸牛沟河，距县城100里，即今牸牛川河谷川地。沙河川，距县城90里，约当今黄羊城沟谷地。沙河岔，距县城45里，“其河多淤泥，为牸牛、沙河两川合流处，即窟野河”，略当今骆驼场村附近川道。青草涧，东距县城70里，“为芹河发源处”。芹河，又名兔儿沟河，即今城西沟河。马跑泉，东南距县城70里，“源出芦草沟之西”，芦草沟就是麻家塔河上游河段，其西侧的五板石沟村一带，现已严重沙漠化。红水泉，东南距县城90里，即今瑶镇乡北部乌素村东北乌素海子一带。红柳沟河，东距县城130里、高家堡30里，“源出榆林县牛角湾边墙外沟掌，东南流至高家堡边墙，入秃尾河”，即今高家堡乡西部的红柳沟一带。采兔沟，东距县城150里、高家堡60里，“源出近界水掌，东南流五里入秃尾河”，今瑶镇南境、秃尾河西岸的采兔沟村一带。色令井子，东距县城170里、高家堡边墙70里，“东距采兔沟十五里，有井，故名”，其地在今采兔沟村以西、黑龙沟南方的沙漠中。

此外，今天神木市北部的许多地名，均以“××伙场”为名，显示出清代榆林地区农业经济北扩之轨迹。更有甚者，当年牌界所在地成为晚近村庄的名称，例如位于乌兰木伦河下游河谷的孙家岔乡驻地西南方山梁上有一个牌界村，该乡政府驻地东北方、乌兰木伦河东侧山上有一个梁界村，昭示着康熙五十八年（1719）第一次确定伙盘地北界时安置牌界之地点，即“垒砌石堆以限之”①的石堆所在地。

神木县伙盘地北限以第二次确定的牌界为标识，“神木牌界，东至郡王旗牸牛河西什板尔泰沟（笔者按，即府谷志所载石巴尔太），东南［至］大榆树梁，西历札萨克台吉旗至五胜旗臭柏掌沙梁，迤西巴子梁。共二百五十余里”②。

二、流水侵蚀地貌的空间扩展

如果说明代水土流失仅仅出现在长城南侧区域，那么从康熙三十六年（1697）起，随着农耕区扩展至长城口外，水土流失问题也逐渐地出现于新开垦的区域。这种渐进式的自然灾害起初并未引起人们的重视，当它不断扩展分布范围，流水侵蚀地貌就在水土流失处形成并逐渐发展起来。流水侵蚀地貌主要是分布在鄂尔多斯高原南部、东南部、北部诸多外流河川流域。

（一）黄甫川流域的流水侵蚀地貌

黄甫川流经内蒙古、陕西两省区，水土流失和流水侵蚀地貌至为典型。在1989年秋，笔者曾赴府谷县北部的麻镇一带考察，黄甫川流域的水土流失状况令人触目惊心。在黄甫川河以东的明代延绥镇长城的起始段南北，水土流失极其严重，长城所在的原始山坡已被降雨带来的坡面径流切割得面目全非，冲蚀沟纵横分布。夯土构筑的明代长城本身因所在山坡的水土流失趋重被破坏得仅余残迹。山坡边缘的冲蚀沟随着岁月推移而不断地被拓宽切深，并且随着溯源侵蚀而逐步向山坡顶部延伸。在这个过程中，当地水土流失现象愈演愈烈。时至今日，耸立在黄河与黄甫川河之间分水岭上的明代长城墩台——筑禄台西面的山梁，由于南、北两道沟壑的相向溯源侵蚀活动的发展，两道沟壑的沟头之间仅剩不足2米的距离，仅容牧羊头尾相衔通行。这种地形就是陕北居民称作“崾岘”。此处的明长城早已不复存在，就连残迹也无从寻觅了。由于坡面径流侵蚀、沟壑溯源侵蚀，以及崩塌、滑坡、塌陷等地质灾害的发生和发

① 《神木县志》卷三《建置上·边维·附牌界》，第8a页。

② 《神木县志》卷三《建置上·边维·附牌界》，第8a页。

展，就使得黄甫川河流域的水土流失现象日益加剧，成为黄河泥沙的重要来源地。究其形成时间，这种地理环境变化始于明朝营筑长城后。换言之，在构筑明长城之时，当地还未出现这种环境恶化的趋势。

黄甫川下游，河谷宽敞，两侧岸坡坡度平缓，水土流失程度较轻。其上游区域（包括内蒙古准格尔旗境内的纳林川、十里长川），则受自清代前期以来的农业垦殖活动北移的影响，大量天然植被遭到剪伐与樵柴而消失，水土流失遂成与时俱增之势。黄甫川也就成为向黄河输入巨量泥沙的沟槽。

明代延绥镇长城墩台——筑禄台所在地，今属内蒙古鄂尔多斯市准格尔旗马栅镇管辖，其东侧山坡面向滔滔黄河，因坡面被降雨之际的流水侵蚀、切割，呈现在人们眼前的是一派支离破碎的土锥、土棱、土脊、土坎与大大小小的侵蚀沟交错分布的可怕景象。原先坡面的土壤，在过往以泥石流或泥沙流运动的形式注入了黄河。黄河在此处向西绕了一个弯，它的东岸就是山西省河曲县城。那里的人们年复一年的面对黄河西岸的破碎岸坡，早已习以为常。清代乾隆中，此种破碎的地形业已存在，当地居民给它起了一个文雅的地名：莲花缠。清代《府谷县志》载："莲花缠，一名大缠，即黄甫边墙起筑处，折而西北七里，竺禄台（笔者按，'竺'应作'筑'）最高险，可望河曲；又八里至麻地沟（笔者按，即今麻镇），系边墙大口。"其南有紫城砦，"紫城砦，……黄河少曲，北迳其下，山半红白，沙石相间，横亘如虹，约长四里。砦北六里系花豹峁，顶有龙王庙，其石与紫城砦同，而间有黄黑色。峁形如豹，故名"①。所谓"山半红白，沙石相间，横亘如虹，约长四里"实为水土流失后暴露出来的地层。这就显示出，紫城砦、花豹峁、莲花缠等地水土流失十分严重。

（二）清水川流域的水土流失与流水侵蚀地貌

清水川河的发源地位于今内蒙古准格尔旗西南部大路峁乡、布尔敦高勒乡一带。清代前期以降，这里的天然植被也遭受破坏，但较他处缓慢。此处历史时期森林植被的孑遗，今天仍可看见。在清水川河源头与孤山川河源头的分水岭上（即准格尔旗大路峁乡与羊市塔乡交界地带），至今仍生长着高耸粗大的千年油松树（高26米，胸径1.34米）。② 这就无可辩驳地证明历史时期鄂尔多斯高原森林植被的存在。

清水川河在陕西境内河段沿岸水土流失比较显著，冲蚀沟壑，大小不一，随处可见，但其程度逊于黄甫川流域。

① 《府谷县志》卷二《山川》，第6b—7a页。
② 王成成：《中国奇树——油松王》，《万里长城》1998年第1期。

（三）孤山川流域的水土流失与流水侵蚀地貌

孤山川河发源于内蒙古准格尔旗西南缘的羊市塔乡、乌日图高勒乡一带，呈自西北趋东南流向，斜贯陕西府谷县西部，注入黄河。在今府谷县西北部、毗邻内蒙古准格尔旗羊市塔乡之地（庙沟门镇西部的代家梁村、古城焉村，以及老高川乡东北隅的大伙盘村），仍生长着成片的天然杜松，实在不可多得。由此可知，孤山川上游的天然植被遭受人为破坏，应当始于清代前期农垦活动在此地出现之后。

孤山川下游河谷川道，自明代始就成为人类农耕经济较为活跃之地。入清以后随着人口的增长，土地需求增大，原来不便垦辟的地方也被相继开发。于是天然植被逐渐消退、水土流失现象愈演愈烈，严重的水土流失迄今制约着本地居民的农业生产发展。

（四）窟野河流域的水土流失与流水侵蚀地貌

清代康熙三十六年（1697）后，农业垦殖活动越过明长城，首先在清朝政府划定的“五十里禁留地”发展起来。清代中期限制放松后，农耕活动更深入至鄂尔多斯高原腹地（今东胜一带）。

窟野河流域成为当时农业向北推移的主要场所。随着其上游河谷及附近山地的农业开发，植被快速消失，水土流失问题渐趋严重。加上早就存在的毛乌素沙漠东南向扩张而出现的土地沙漠化现象，致使窟野河中下游区域的自然环境不断恶化。如泥沙壅积河床，引起河流横向摆荡，进而威胁沿岸居民点的安全，尤其是神木县城，于是乎，清代当地官员不得不在县城西侧构筑防洪大堤，拦阻山洪泥石对县城的冲击。《神木县志》：“县境之内，童童者山，无林木之可采；浩浩者川，鲜水利之可兴，曷足志乎。”[①] 窟野河东侧、杨家城附近的明长城南北，水土流失相当严重，导致长城、墩台、墩院崩坍，仅留残迹，依稀可辨。

（五）秃尾河流域的水土流失与流水侵蚀地貌

秃尾河自北而南经行于神木市西部。沿河地带自明代后期以降就面临着自然环境退化的威胁。明代中后期，毛乌素沙漠不断扩张，致使土地逐渐沙漠化。清代前中期以降，地表植被遭到剪伐，耕作层的水土流失，更使农地肥力下降，产出量减少。

换言之，这条河流既存在中上游毛乌素沙漠东南扩张带来的风沙壅积、覆被农田的严重问题，也存在着中下游雨水侵蚀裸露地表引发的水土流失现象。[②]

---

① 《神木县志》卷一《舆地上·山川》，第13a页。

② 陕西省革命委员会民政局、测绘局编制：《陕西省地图集（内部）》，1976年印刷，第115—117页。

（六）其他河川

其他外流河川流域，诸如南部的无定河流域，北部的“十大孔兑”流域，东部的诸小河川，西南部的山水河、红柳沟，等等，都存在水土流失问题，只是程度不同而已。流水侵蚀地貌也就分布在这些地区。

在此必须论及，在鄂尔多斯高原中部的东胜梁南、北坡面，存在着南坡的皇甫川、清水川、孤山川、窟野河、秃尾河诸河川上游支流河川的溯源侵蚀，以及北坡的“十大孔兑”诸河川上游源头的溯源侵蚀。东胜梁南北两坡的相向溯源侵蚀始于清代中后期，经历民国时期，迄今仍在持续发展。随着水土持续流失，流水侵蚀地貌普遍存在于东胜梁地带，由此形成的短期而突发的洪水、泥流、沙石流等自然灾害，对各河川下游区域居民的生命财产构成重大威胁。

站在东胜梁东段的敖包梁、巴龙梁山顶远望，山坡的冲蚀沟密布，从山坡上部或顶部一直垂至底部，成为水土流失的巨大通道。东胜梁西段分水岭亦是这般景象。可见，流水侵蚀地貌分布之广。

三、水土流失发生发展的驱动因素剖析

水土流失作为自然地理环境退化的现象之一，无论是发生在过去，还是当今，都有其深刻的动力因素发挥作用。从明清时期鄂尔多斯高原外流河川流域发生水土流失问题的进程来剖析，其原因可分为自然因素和人为因素。

（一）自然因素

水土流失现象发生的自然因素包括：地表土壤质地因素、地势地形条件和地表径流及其流量。其中，前两者是基础与前提，后者则是主要驱动力。

1. 地表土壤质地因素

地表土壤质地因素是水土流失的物质基础，主要是指山坡、塬坡、塬面具有结构疏松的土壤层，例如黄土地层、沙土地层等，或者土层具有明显的节理与裂隙，或者土壤颗粒松散，黏结度不高，空隙较多，构成单一。属于此类型的地表土层易于遭受降雨期间流水冲刷而流失。鄂尔多斯高原北部、东部、东南部及其南部的外流河川流域，地表大多覆盖着厚度不一的黄土地层，一些地方黄土地层上又覆盖着大片的落沙，甚至形成沙盖黄土。这些土壤一旦遭受外力作用，部分土壤极易发生位置移动。

2. 地势地形条件

地势地形条件是水土流失的前提，主要是指地势较高的地理位置，以及倾斜的山坡、塬坡、塬面等地形。在这种位置较高、坡面倾斜的部位，地表土壤受到外力作

用——地表径流冲刷之时，就容易出现土、石、沙被搬运而移走的情况。倘若不是如此，例如处在地形平坦的地区，尽管存在疏松的土层，也不会发生土沙大规模位置移动的情况。因此，较高的地势和倾斜的地形成为水土流失发生的重要前提条件。不具备此种前提，就不易出现水土流失。

3. 地表径流及其流量

地表径流是指在降雨期间落在地表的雨水形成线条状的流动水体或者在坡面漫流的水体，由小到大地汇聚成小型溪流。这些流水在倾斜的山坡、塬坡和塬面流动而产生较大的冲刷能力，冲蚀坡面土层，带走一切可以搬运的物质——土壤、碎石、沙砾，形成冲蚀现象。地表径流冲蚀土壤的过程，也就是山坡水土流失的过程，其结果就是在较为陡峭的坡面形成一条条冲蚀沟，有的沟不断扩展而成为大型沟壑。这些出现在山坡、塬坡或塬面的冲蚀沟，犹如大自然用刻刀雕刻出来的艺术品。

此外，风力、重力、冬春冻融等因素也是流水侵蚀地貌产生的动力要素，理应引起人们重视。

（二）人为因素

人为因素，也称社会因素，主要是指历史时期人类社会在利用自然、改造自然的过程中运用生产工具对自然地理环境产生的影响。人类的经济活动对自然环境产生的影响可分成正面作用与反面作用两类。所谓正面作用是对自然环境产生积极的影响，使得自然环境继续维持其正常的物质运动与能量转换，与人类社会保持良好的和谐关系，有助于人类社会的可持续发展。所谓反面作用则是指人类过度的或者不合理的经济活动对自然环境综合体产生消极的影响，导致自然环境正常的物质运动与能量转换进程被打断，环境出现退化，阻碍人类社会经济的可持续发展。在鄂尔多斯高原外流河川流域，驱使水土流失问题不断加剧的人为因素应包括下列几类：

1. 过度开垦土地引致天然植被不断消亡

明清时期，由于政府政策的导向和人口增加的压力，当地农民对农业用地的需求上升，在这种情况下，农民自发随意地扩大耕地面积。长城以南区域的荒坡、梁、峁、塬、坪、嵝岘等地形先后被开垦出来，转为农业用地；长城以北的河谷川道、沟坡、荒原、丘陵、山梁、山头次第被垦辟为农业用地。这种随意拓垦土地获取一定收成的行为毁灭了大片的天然植被。农民的农具（镢、犁、锄、砍刀、镰刀、锯、斧等）使得植被荡然无存，更有甚者纵火焚烧植被，以图获得一定数量的农业用地。

天然植被的大面积消失，地表失去植被覆盖保护而裸露在阳光照射、风雨冲击、雪霜冻融之中，再加上鄂尔多斯高原在地质时期形成的地层属于沉积岩地层，土质疏松、湿陷性强，地表土壤不稳定。

2. 天然植被的消亡致使地表土壤裸露与干燥，因流水侵蚀而引发水土流失

随着农业用地面积的扩大，大片的天然植被随之消亡。广大区域内的土地失去植被的保护，在风吹日晒下土壤水分难以保持而变得干燥，在降雨冲击下地表土层极易遭到冲刷侵蚀，经受雪霜冻融作用陡坡土体则变得极为松散。土壤失去植被覆盖后，不能涵养水分，降雨期间就在山坡地表形成大大小小的径流，冲蚀切割山地表面，并挟带大量泥沙、泥石向山坡下的河谷运动，形成暴涨暴落的泥沙流、泥石流、山洪，最终造成山地水土流失。而流失的水体、泥沙体、泥石体则被搬运入黄河河道，流向河南、山东等黄河下游地区。由于河谷上游天然植被消亡，黄甫川、清水川、孤山川、窟野河、秃尾河均成为向黄河输送巨量泥沙的重要通道。这些河流“均自西北向东南汇入黄河，具有雨季暴涨、旱季断流以及含沙量大的特点”。譬如黄甫川在府谷县境流长45千米，平均流量6.7米^3/秒，最大流量8400米^3/秒，最大含沙量1480千克/米^3；孤山川在府谷县境流长57千米，平均流量3.57米^3/秒，最大流量5670米^3/秒，最大含沙量1140千克/米^3；窟野河在神木境流长141千米，最大流量14100米^3/秒，年输沙量达2.15亿吨；秃尾河在神木境流长132千米，最大流量3500米^3/秒。[①] 在榆林地区，水土流失愈演愈烈，丘陵、山坡、河谷的耕作土壤由深厚变浅薄、由肥沃变贫瘠，农作物产出量趋向低下。

3. 广种薄收的生产方式与无节制的生活方式推动着天然植被的持续消减

清代榆林地区农业用地的扩大，是因广种薄收、粗放经营的生产模式所致。最初的滥垦土地、广种薄收，短期效益较为明显，农民可获得养活一家人所需的粮食。之后，随着水土流失问题日趋严重，农地瘠薄，粮食收成剧降。相当长时期以来，当地农民深陷“越垦越穷，越穷越垦”的怪圈之中。显然，改革农业经营模式在当前和今后都是极之必要的。

农地的拓垦使天然草坡缩小，放牧畜群（羊、牛、驴）的空间范围受到压缩。重复而长期地在一个范围草场上放牧，畜群的践踏、啃咬、蹄刨，严重破坏范围内的草坡，牧草生长缓慢且稀疏，适合牧畜食用的优质草类消减，草坡趋于退化；导致草类植被消失，形成濯濯童山；进而加速了流水侵蚀和水土流失诸生态环境变化运动。

农民生产生活所需的燃料——薪柴、建材——木料、器具——木材，均取诸天然林灌草植物，随意剪伐植被，更加快了天然植被消减的速度。人类的经济活动在特定

① 陕西省革命委员会民政局、测绘局编制：《陕西省地图集（内部）》，第115—117页。

区域引发了水土流失类自然环境恶化现象。

在多种自然因素与人为因素的交错作用之下，水土流失这种环境退化问题逐步出现，其继续发展造就了流水侵蚀地貌。

四、鄂尔多斯高原水土流失的严重影响与危害

水土流失——环境退化的环境响应是对当地社会经济建设与发展的反作用。这种反作用带有消极意义，对区域社会发展产生了负面的影响。换言之，在流水侵蚀地貌的分布区域，水土流失引发的土地瘠薄、耕作层灭失、耕地减少、洪水及泥石流灾害频繁、植被覆盖度减低、农业产出量锐减诸多后续问题层出不穷。这就给区域居民的生产与生活带来无尽的困扰。

水土流失类环境退化是一种渐进式慢性自然灾害，轻者使耕地水土流失、肥力下降，农业产出量甚少，难于满足广大农民生活之需要；重者则导致山坡、塬面、梁峁、丘陵等地表支离破碎，沟壑纵横，农地被冲蚀殆尽，耕地减少。因此，农民失掉最基本的农业生产资料，生活逐渐趋于贫困。

当地的天然植被消亡，相关的林草副业（诸如林产品、采集中草药材、栽培药用植物、狩猎物、驯化饲养动物、畜牧产品等）也就无从经营。基本生活资料匮乏，经济收入减少，进而制约当地居民的文化生活与精神生活的改善。尤其是因物质生活水平所迫，这些地方民众接受科学文化教育的程度普遍偏低。受教育程度较低，或根本未受过教育，限制着居民的视野及判断力，思想就保守僵化。这些因素反过来又局限了人们改变自身生活状态的思考与努力。

因此，在这些地区治理水土流失，改造流水侵蚀地貌，终止其发展演化的进程，显得十分迫切。重建生态系统，恢复绿色植被，既十分必要，更迫在眉睫。唯有如此，才可能改善农业、牧业生产的生态大环境，才能使山岭披上绿装、河川流水四季常清，才能实现经济可持续发展与生态环境有效保护两方面协调结合起来的远景目标。

第二章　鄂尔多斯高原段黄河及其支流河川

在鄂尔多斯高原及其边缘地带，河流与湖泊依其分布区位及归宿的不同，基本可分为两大块——外流水系区和内流水系区。以黄河干流为框架、发源于鄂尔多斯高原中部东胜梁而流向四面汇入黄河的诸多支流河川，形成高原特殊的外流水系网络。至于以某个湖泽作为最终归宿地的河川与湖泊本身，则组成高原中西部的内流水系群体。奔流不息的黄河绕流于鄂尔多斯高原的西、北、东三方边缘地带，形成黄河的鄂尔多斯高原河段，还有诸多支流河川从不同方向流注其河道。

第一节　鄂尔多斯高原段黄河河道

鄂尔多斯高原外流河川水系的主干是黄河。它从西、北、东三面围绕着鄂尔多斯高原，接纳高原西部、北部、东部和南部的诸多河川，形成独特的水系格局。

一、鄂尔多斯高原西缘的黄河河道

滔滔黄河发源于青藏高原，由涓涓细流逐渐壮大为波涛汹涌的大河，奔腾而下，穿过黄土高原西部，而流向鄂尔多斯高原西缘。黄河穿过今甘肃省兰州市、榆中县、靖远县后进入宁夏，经过中卫市，流至中宁县鸣沙洲镇附近，接鄂尔多斯高原西南部的界河——红柳沟河（即徐斌水河），方流经鄂尔多斯高原西部边缘。

黄河经红柳沟河入黄口向北流去，穿行于青铜峡峡谷；出峡谷后流经宁夏平原，由于地势平衍，河水流动速度变缓，冲刷、淤积并存，于是宁夏平原段黄河就形成顺直分汊型河床，河道东西摆动的空间较大；流至宁夏北部惠农区的石嘴子，河道受到东侧鄂尔多斯高原与西侧阿拉善高原的约束，失去左右摆动的空间，于是在南起宁夏石嘴子北至内蒙古磴口县三盛公水利枢纽工程之间，保持其基本稳定的单一河道。

在历史上，黄河经今磴口县东部一直向北流到今杭锦后旗北部的沙海子乡，才转向东流。

二、鄂尔多斯高原北缘的黄河河道

黄河流过三盛公水利枢纽工程大坝之后，其流向偏往东北，进入后套平原；由于地势平衍，河水流速缓慢，冲刷、淤积并存，于是后套平原段黄河逐渐发展为连续弯曲型河道，流经鄂尔多斯市杭锦旗与巴彦淖尔市磴口县、杭锦后旗、临河区、五原县、乌拉特前旗之间，成为两个地级市的界河。黄河自今杭锦旗东北部的杭锦淖尔乡继续东流，进入前套平原，依旧呈现连续弯曲状的河道格局，流经鄂尔多斯市达拉特旗、准格尔旗与包头市九原区、东河区、土默特右旗、呼和浩特市托克托县之间，成为鄂尔多斯市和包头市、呼和浩特市市域间的界河。

黄河流至准格尔旗西湾村十二连城古城与托克托县中滩乡之间转向东南，至今准格尔旗东孔兑镇准孔兑沟入黄口与清水河县喇嘛湾镇间转而流向南方，进入山西陕西两省之间的黄河大峡谷。

三、鄂尔多斯高原东缘的黄河河道

黄河经由今准格尔旗东孔兑镇的准孔兑沟入黄口附近转向南流，先是流经内蒙古准格尔旗与清水河县之间，继而穿行在陕西与山西两省之间的大峡谷中，受到两岸陡坡、峭壁、悬崖的逼挡约束，基本成为单一河道，冲撞激荡，蜿蜒南流；经过陕西省府谷、神木、佳县、吴堡、绥德、清涧六县与山西省偏关、河曲、保德、兴县、临县、柳林、石楼七县之间，成为秦晋两省的界河。在流过无定河入黄口（今陕西省榆林市清涧县解家沟镇河口村南侧）之后，流出鄂尔多斯高原东南部边界，继续流向陕西潼关县港口镇北侧。

四、鄂尔多斯高原段黄河概略

鄂尔多斯高原段黄河，是指围绕着该高原西、北、东边缘流行的黄河河道。黄河自宁夏中宁县鸣沙洲镇流入鄂尔多斯高原西部边缘，一直向北流至内蒙古磴口县三盛公水利枢纽大坝；再转向东北而流向东方，至准格尔旗北缘的十二连城古城北侧，转为东南流向，至准格尔旗东孔兑镇的准孔兑沟入黄口转为南流；自此向南流经蒙、秦、晋三省区内约十五个县旗，成为秦晋两省界河，至陕西清涧县河口村南侧的无定河入黄口之南，流出鄂尔多斯高原东南边界。

第二节　鄂尔多斯高原段黄河的支流河川

在鄂尔多斯高原段“凹”形平面布局的黄河左、右两侧，汇入黄河干流的支流河川为数众多。本节重点论述黄河右侧诸支流河川的源流与走向，以期明了鄂尔多斯高原地域的水文概况。

一、鄂尔多斯高原西部的黄河支流

鄂尔多斯高原西部地势平缓，很少有大的起伏，自古以来河川较少，唯有五条河川可资称道。

（一）徐斌水河（红柳沟河）

徐斌水河发源于宁夏回族自治区同心县东北部的大罗山西坡徐斌水村附近，流向西北，经由今红寺堡开发区境内，至今中宁县北部的鸣沙洲镇附近，注入黄河。徐斌水河是鄂尔多斯高原西南部的边界，该河以北属于鄂尔多斯高原，其南则属于黄土高原区域。该河迄今成为季节性河川，夏季降雨期间河道形成洪水，雨停后即无流水，平水期间更无积水，基本上属于干涸山谷状态。

（二）山水河

也称苦水河，其上游分为东、西两条支流：西支流——甜水河，发源于宁夏回族自治区同心县东北部的大罗山东坡；东支流——苦水河，发源于宁夏回族自治区盐池县与甘肃环县边界上的分水岭。两条支流合流后，称作山水河，向北偏西奔流约180里，至吴忠市利通区北境的新华桥村注入黄河。其下游河段迄今有水，但水量甚小，更无水利可言。

（三）边沟河

该河发源于宁夏回族自治区灵武市东部的明长城南侧的清水营村之东，在长城之内流向西北，至红山堡附近穿过明长城，在其北侧继续流向西北，至横城堡村北侧注入黄河。边沟河迄今仍然有流水，但是水量十分有限，并无灌溉之利。

（四）兵沟河

兵沟河位于银川市黄河东侧，发源于内蒙古鄂托克前旗西缘，向西流去，逐渐形成兵沟峡谷。河谷深切而狭窄，流至银川市兴庆区月牙湖乡黄里岗村南侧，穿过沿黄公路，注入黄河。迄今该河入黄口附近峭壁直立，显然是受黄河河水向东侵蚀冲刷而致。其下游峡谷之中尚有涓涓流水，成为入黄口附近果园灌溉用水之来源。

（五）都斯图河

都斯图河亦写作都斯兔河，乃用字不同而已。其上游存在两个源头，东源出于鄂托克旗乌兰镇东侧草原地带，流向西南，至保乐浩晓村北侧转向西方，流至马新布拉格村附近接纳西支流；西支流源出乌兰镇西侧山梁南坡，流向南偏西，至马新布拉格村汇入东支流，合流后流向西方，至巴彦陶勒盖村南面汇入黄河。2014年10月，在都斯图河考察时发现，其河床尚有少量流水，下游河漫滩上生长着密密麻麻的红色植物——碱蓬。

（六）其他诸小河川

在都斯图河以北，黄河东侧分布着若干流程短促的小河溪，属于季节性的河沟。

二、鄂尔多斯高原北部的黄河支流

鄂尔多斯高原的北半部地势递降明显，生成诸多南北流向的黄河支流河川。这些北流注入黄河的若干支流河川，包括黄河南侧的毛布拉格孔兑沟、布日嘎斯泰沟、黑赖沟、西柳沟、罕台川、壕庆河、哈什拉川、母哈日沟、东柳沟、呼斯太河、大路沟、准孔兑沟，共计十二条小河川。其北侧又有昆都仑河、五当沟、美岱沟、大黑河（芒干水、金河）、耿夫沟、银号河（沙渠水）六条小河川。

黄河南侧的十二条支流河川的前十条，俗称“十大孔兑”（孔兑，即蒙语沟川之意）。各个河川由南趋北流向而呈现大体平行分布。此十条黄河支流河川的总流域面积约为7387平方千米，年输沙量约为3156万吨。它们皆属于季节性河流，径流量年内分配极不均匀，主要靠降水补给，水资源利用率甚低，而且皆发源于东胜梁地北坡，向北流去纵穿库布齐沙漠，河道比降大、洪峰高、水量小、含沙量大，暴涨暴落，下游沿河平原洪涝、泥石流等自然灾害频发。

（一）毛布拉格孔兑沟

毛布拉格孔兑沟，亦作毛不拉孔兑，发源于杭锦旗阿门其日格乡北缘的龙虎陶勒盖（龙虎陶来海、龙很陶勒盖）村西侧，向西流经阿日斯楞图苏木东北部的固日奔少仍村、巴音布拉格苏木东部、图固日格苏木东部，流至杭锦淖尔乡东北界，注入黄河。其下游控制断面在达拉特旗西北部的中和西镇乌拉沙村，流域面积约为1262平方千米，主干河道长约110.9千米，河道平均比降4.46‰，最大洪峰流量为1967年的1890

立方米每秒，年输沙量为210万吨。①

（二）布日嘎斯泰沟

布日嘎斯泰沟，亦音译为卜尔色太沟，发源于杭锦旗东部的塔然高勒镇郝家渠村北侧，向北流经达拉特旗西部的呼斯梁、蓿亥图、乌兰诸乡之地，至中和西镇东北，流注于黄河。其下游控制断面在中和西镇裴家圪旦村。流域面积约为546平方千米，河道长度约为73.8千米，河道平均比降为6.40‰，最大洪峰流量是1959年的734立方米每秒，年输沙量为150万吨。②

（三）黑赖沟

黑赖沟发源于东胜区泊尔江海子镇北境的布碌梁（博龙梁）、茶店梁北坡，向北流经达拉特旗呼斯梁乡东部、蓿亥图乡东部、乌兰乡东界，至乌兰乡东北境，流注黄河。其下游控制断面在达拉特旗西北部的四村乡西河头村。其流域面积约为944平方千米，河道长度约为89.2千米，河道的平均比降约为4.80‰，最大洪峰流量是1933年的1380立方米每秒，年输沙量为360万吨。③

（四）西柳沟（伊克孛尔布泰孔兑）

西柳沟，蒙古族语称作伊克孛尔布泰孔兑，发源于东胜区柴登乡宗兑壕村张家山北坡，向北流经柴登村西侧、杨树圪台村西侧、高头窑乡中部、展旦召苏木中部、昭君坟乡中部，流至昭君坟乡北界的河畔村东侧注入黄河。其下游控制断面在达拉特旗昭君坟乡昭君坟渡口附近。其流域面积达1194平方千米，河道长度约为106.3千米，河道平均比降为3.58‰，最大洪峰流量为1966年的3660立方米每秒，年输沙量约580万吨。④

（五）罕台川

罕台川发源于东胜区罕台庙乡苗家渠村南山顶，向北流经罕台庙乡东北部、青达门乡东界、展旦召苏木东界至沙角子以北，因为库布齐沙漠流动沙丘湮塞其下游河道而潴留成狭长的沙漠湖泊。但在未被流沙淤积流路之前，流经今解放滩镇南部的解放滩村、沙圪卜村、海子湾村、天义昌村（解放滩镇驻地），向北注入黄河。其下游控制断面在达拉特旗解放滩乡水泉坝村。其流域面积达875平方千米，河道长度约为77.4千米，河道平均比降为5.09‰，最大洪峰流量为1980年的2580立方米每秒，年输沙量

① 伊克昭盟地方志编纂委员会编：《伊克昭盟志》第1册，现代出版社，1994年，第558页。
② 伊克昭盟地方志编纂委员会编：《伊克昭盟志》第1册，第558—559页。
③ 伊克昭盟地方志编纂委员会编：《伊克昭盟志》第1册，第559页。
④ 伊克昭盟地方志编纂委员会编：《伊克昭盟志》第1册，第559页。

约为450万吨。[①]

（六）壕庆河

壕庆河，发源于达拉特旗耳字壕镇石拉台村附近的石拉台山东北坡，向北流经耳字壕镇东北部、树林召镇与王爱召镇的交界线，至树林召镇张铁营子村东北，因为库布齐沙漠的壅塞阻截而断流。然而，其下游河道在被壅塞之前，应流经今树林召镇东北境，至今德胜泰乡西部向北流注黄河。其下游控制断面在达拉特旗德胜泰乡巴前壕村。其流域面积达213平方千米，河道长度约为34.2千米，河道平均比降为3.22‰，最大洪峰流量为1952年的385立方米每秒，年输沙量约为108万吨。[②]

（七）哈什拉川

哈什拉川发源于东胜区东部的铜川镇（驻袁家壕村）神山豁子东山顶，向北流经塔拉壕乡东境、敖包梁乡、盐店乡西界、王爱召镇（包括旧新民乡官区）东境、榆林子乡西境，至德胜泰乡东境北注黄河。其下游控制断面在达拉特旗德胜泰乡白庙村。其流域面积达1089平方千米，河道长度约为92.4千米，河道平均比降为3.59‰，最大洪峰流量为1972年的4040立方米每秒，年输沙量约为590万吨。[③]

（八）母哈日沟

母哈日沟，即母化沟，发源于达拉特旗王爱召镇南部的庆丰台村东南方山坡，向北流经敖包梁村东境、盐店村东境、马场壕村西北、吉格斯太镇西境、白泥井镇西部、榆林子村东部，注入黄河。其下游控制断面在达拉特旗榆林子村与水隆泉村。其流域面积达407平方千米，河道长度约为77.2千米，河道平均比降为3.30‰，最大洪峰流量为1972年的936立方米每秒，年输沙量约为203万吨。[④]

（九）东柳沟

东柳沟河，发源于达拉特旗吉格斯太镇南部的马场壕村、旦家壕村附近山坡，北流经马场壕村、西大城村西侧、康家湾西侧、吉格斯太镇田家圪旦村西侧、柳沟村东侧、大明沙村东侧，转向东北流，经过石拉塔村西侧与北侧、辛二窑子村南侧与东侧、十二顷地村东侧，东北流注入黄河。其下游控制断面在吉格斯太镇北部的九服地村。其流域面积达451平方千米，河道长度约为75.4千米，河道平均比降为2.67‰，年输沙量约为260万吨。[⑤]

---

① 伊克昭盟地方志编纂委员会编：《伊克昭盟志》第1册，第559页。
② 伊克昭盟地方志编纂委员会编：《伊克昭盟志》第1册，第559页。
③ 伊克昭盟地方志编纂委员会编：《伊克昭盟志》第1册，第559页。
④ 伊克昭盟地方志编纂委员会编：《伊克昭盟志》第1册，第559—560页。
⑤ 伊克昭盟地方志编纂委员会编：《伊克昭盟志》第1册，第560页。

（十）呼斯太河

呼斯太河上游东支流河川——壕赖河发源于准格尔旗布尔陶亥乡点素敖包，流向北方。呼斯太河上游西支流河川——呼斯太河正源出于达拉特旗马场壕村东境，循着达拉特旗与准格尔旗的边界向北流至蓿亥图乡（驻蓿亥树湾村）海湾村北侧，与东支流会合，继续北流，经过兴胜店村西北侧转向东北流，至董三窑村北侧，注入黄河。其下游控制断面在准格尔旗蓿亥图乡丑人圪旦村。其流域面积达406平方千米，河道长度约为65千米，河道平均比降为3.61‰，年输沙量约为245万吨。①

（十一）大路沟

大路沟发源于准格尔旗大路乡西南部的头道崖沟村南山，起初呈现西北流向，至敖尔圪其村西侧，转为东北流向，穿越库布齐沙漠东部，经大路乡政府驻地——大路西村北侧、大树湾村西侧，再向东北流至大路沟门村附近，注入黄河。其流域面积达503平方千米，主要河道长约35.4千米，年输沙量约为350万吨。该河中上游穿行在库布齐沙漠东部，全流程皆为清水。②

（十二）准孔兑沟（准混兑沟）

准孔兑沟，亦写作准混兑沟，发源于东孔兑镇西南部，向东北流经羊市圪嘴村（东孔兑镇驻地）南侧、公家坝村北侧、何家塔村北侧，至前房子村北侧注入黄河。这是一条流程短促的小河川，其流域面积112平方千米，主要河道长约24.9千米，河道平均比降为8.30‰，年输沙量约为75万吨。③

三、鄂尔多斯高原东部的黄河支流

黄河在托克托县城附近向南转九十度弯后，进入山陕大峡谷河段，经过鄂尔多斯高原东侧流向潼关。在准孔兑沟至无定河口的鄂尔多斯高原东侧峡谷河段之西，存在源出鄂尔多斯高原中部山梁——东胜梁的诸多河川，向东或向东南流注黄河峡谷。自准孔兑沟往南，七条小河川分布在准格尔旗东部的丘陵山区。它们自北而南分别是布连沟（不连沟）、小金沟、窑沟、龙王沟、黑岱沟、罐子沟、七里沟等小型沟谷，流经高原东部丘陵沟壑区域，流程短、水量小。其次，依照自北趋南的排列顺序观察，还存在皇甫川、清水川、孤山川、窟野河、秃尾河、佳芦河与无定河等七条大型河川，皆呈现自西北向东南流向，直接注入黄河。它们在历史时期也存在一定的流域地

① 伊克昭盟地方志编纂委员会编：《伊克昭盟志》第1册，第560页。
② 伊克昭盟地方志编纂委员会编：《伊克昭盟志》第1册，第554页。
③ 伊克昭盟地方志编纂委员会编：《伊克昭盟志》第1册，第555页。

貌变化。

先秦至隋唐，在上述支流河川的发源地——今东胜梁区域，植被茂密地覆盖着山河，河谷水量丰沛，鱼虾众多，环境尚佳，河道面貌变化不大。至宋元明清时期，这些支流河川发生较为显著的地貌变化，主要表现在下列几个方面。其一，支流河川上游及发源地天然植被因人为砍伐而消失，导致涵养水源的能力降低，河川在一年的相当长时段缺乏流水或水量很少，成为季节性河川。其二，水源区天然植被盖度锐减，水位暴涨暴落，冲刷地表土层，渐次形成不断加重的水土流失问题、溯源侵蚀，进而导致沟头不断向上延伸，遂造就诸多嵝岘地形。其三，河川水源区天然植被盖度的锐减，使得当地居民失去诸多天然植物与动物资源，生态环境渐趋退化，甚至严重恶化。其四，唐代后期以降，库布齐沙漠、毛乌素沙漠相继东扩、南侵，给这些支流河川输送了大量的泥沙物质。这些泥沙湮塞河床，河水渗入地下，致使诸多河川转变成断头河。因此，这些河川流经地区气候干旱，天然植被消失，山高沟深、河川缺水、水土流失情况加重，沟道延长，缺乏自然动植物资源，土地贫瘠，产量低下、居民生活困难。

（一）布连沟、龙王沟、黑岱沟等小河谷

依照自北趋南的分布顺序，这些小河川分别是布连沟（不连沟）、小金沟、窑沟、龙王沟、黑岱沟、罐子沟、七里沟七条沟谷。它们流经高原东部丘陵沟壑区域，都是流程短、流量小的小型支流河川。它们对自然环境的影响力度相对较小，但是，作为黄河的一级支流还是应当提及。

除罐子沟、七里沟的流向为东南方向之外，其他五条河沟皆大体呈现自西向东流向，直接注入黄河，总流域面积达1479平方千米，总年输沙量约为1074万吨。

龙王沟，发源于准格尔旗东孔兑镇西南隅分水岭南坡，流向东南经过王青塔村南侧、薛家湾镇西侧、哈岱高勒乡东北隅，注入黄河。其流域面积260平方千米，主河道长约28千米，河道平均比降为10.10‰，年输沙量约为220万吨。[①]

黑岱沟，发源于今准格尔旗哈岱高勒乡西北部的大饭铺村附近，向东南流经哈岱高勒乡驻地李家圪旦村，继续流向东南注入黄河。其南侧支流河川发源于魏家峁乡西部的旗子嫣村附近，向东北流经营子梁村东侧，再继续东北流，汇入黑岱沟。其流域面积261平方千米，主河道长约32.6千米，主干河道平均比降为9.86‰，年输沙量约为210万吨。[②]

① 伊克昭盟地方志编纂委员会编：《伊克昭盟志》第1册，第555页。
② 伊克昭盟地方志编纂委员会编：《伊克昭盟志》第1册，第555页。

这七条小河现在皆属于季节性河川，同样出现水量变小、泥沙增多的河川环境退化问题。

（二）黄甫川、清水川、孤山川

黄甫川、清水川和孤山川为三条黄河西侧支流水系，发源于内蒙古境内，其下游河段则经流陕西省府谷县境而注入黄河。它们在历史时期的河道变迁基本近似或相同。

黄甫川，是流经内蒙古、陕西两省区的省际河川。它有两个源头，上游西支河流称纳林川，东支河流称十里长川。纳林川也有东、西两个源头。东支河沟称点什川，始于内蒙古鄂尔多斯市准格尔旗布尔陶盖乡西南部的坝梁村西北、窑子湾沟村西侧之山地；西支河沟称干昌板沟，源自准格尔旗德胜西乡西北境的何家圪楞村附近山梁南坡。两河流至碾房塔村东南合流后，称纳林川。纳林川向东南流经沙圪堵镇纳林村西侧、沙圪堵镇西侧，接纳诸多支流河沟来水，再流经陕西省府谷县北境的古城乡西侧，接纳东支流——十里长川。主河道长80多千米，流域面积为2154平方千米，河道平均比降为3.21‰，最大洪峰流量为6680立方米每秒（1972年7月19日，黄甫水文站实测值），多年平均输沙量约为3781万吨。每到汛期，洪水携带泥沙奔流而下，成为鄂尔多斯高原洪峰最大、每年输沙量最多的黄河二级支流河川。

黄甫川上游东支河流——十里长川发源于准格尔旗布尔陶盖乡东南部碾房梁村附近的点素敖包南坡，向南流经海子塔镇白大路村西侧、刘家塔村（旧巴润哈岱乡政府驻地）西侧、海子塔镇西侧、柳树湾村西侧、长滩乡驻地西侧、碾子湾村西侧，转向西南流入陕西省府谷县境，至沙坪村之西汇入纳林川。十里长川流经鄂尔多斯高原东部丘陵沟壑区，主干河沟长，支流河沟短，全流域平面呈标准的羽毛状。主河道长达62千米，流域面积为644平方千米，主干河道平均比降为4.03‰，多年平均输沙量约为1193万吨（或作1065万吨）。因此，十里长川也是鄂尔多斯高原仅次于纳林川的洪峰较大、每年输沙量较多的黄河二级支流河川。①

十里长川与纳林川两川合流后始称黄甫川。东南流经麻镇东侧、黄甫镇东侧，继续东南流，至下川口村南侧，汇入黄河。

黄甫川河道的变迁主要是宋明以降水土流失问题日趋严重，全流域地表被径流切割得支离破碎，大量泥沙在暴雨时被洪水搬运入黄河，再被黄河运输至华北平原，引起黄河下游年复一年的水患灾害。1989年秋季，笔者赴黄甫川流域实地调查，亲眼观

① 伊克昭盟地方志编纂委员会编：《伊克昭盟志》第1册，第553—554页。

察了由于水土流失而形成的千沟万壑。经过千百年的侵蚀冲刷，黄甫川河谷已被洪水下切侵蚀得更深、横向侧蚀冲刷得更宽。但是，其水量非常少，冬春季节几乎无水。多年来，黄甫川流域的水土流失一直是困扰政府管理层、历史地理学界的突出难题。

清水川，位于黄甫川西南侧，也是流经内蒙古自治区和陕西省的省际河川。它的主源头在准格尔旗南部的西营子镇西部的淡家坡村北山，向东南流经大路峁乡境、点儿榄湾村之东，接纳来自川掌镇（原名乌日图高勒川）东界的南支河川，再经五道敖包村（旧布尔敦高勒乡驻地）、五字湾村（旧敖斯润陶亥乡驻地）南侧，继续流向东南，经陕西省府谷县北部的哈镇（哈斯吉镇）、大岔乡驻地南侧、清水乡驻地东侧，至海则庙乡北部的沙尧则村之东，汇入黄河。该河上游称大路峁沟，哈镇以下河段称清水川。流经区域为丘陵沟壑地带，在鄂尔多斯市准格尔旗境内，主河道长约33.1千米，流域面积约为355平方千米，河道平均比降为3.73‰，年均输沙量为471万吨。全流域年输沙量为930万吨。[①] 若与黄甫川做横向比较，清水川的流程要短于前者。

孤山川，位于清水川西南侧，也是流经内蒙古自治区和陕西省的省际河川。其主源（北源）在今内蒙古准格尔旗南部的川掌镇东部的郝家梁村西北侧、乌日图沟村东南侧山梁，向东南流经川掌村东侧、羊市塔镇纳林庙村南侧、羊市塔镇北侧、辉吞沟村南侧；在川掌镇境的上游河段称作川掌沟，在羊市塔镇境的中游河段称羊市塔沟。继续东南流经陕西府谷县庙沟门镇西侧，至新庙村东侧接纳西侧支流三道沟，再流经孤山镇西部的五里墩村西南侧，又接纳源自新民镇西部山梁东坡（即南源）的西侧支流河川，转为向东流，被称作沙梁川，流过孤山镇南，称作孤山川，向东流经高石崖乡西南，转向东南流至府谷县城，注入黄河。孤山川河道在鄂尔多斯市境内长约25.1千米，流域面积293平方千米，主河道平均比降为3.87‰，年均输沙量为347万吨（或作381万吨）。

清水川、孤山川在历史时期的河道变迁过程，跟黄甫川的变化近似，具有共同之处，即河谷深峻宽阔，但日常流水极少，呈现干涸河床状态。虽然其发源地仍然存在少量的天然森林植被，但下雨时洪水骤来骤退，水土流失严重，地表耕作土层流失殆尽。

在府谷县南部，包括石马川等四条河川，皆属于小河沟。在此不再论及。

（三）窟野河、秃尾河、佳芦河

窟野河、秃尾河皆发源于今内蒙古自治区鄂尔多斯市境，干流河道至今陕西榆林

---

① *伊克昭盟地方志编纂委员会编：《伊克昭盟志》第1册，第553—555页。*

市神木市南境注入黄河；佳芦河流程较为短促，发源于陕西省榆林市榆阳区东部明长城南侧，向东南流，至今佳县县城南侧汇入黄河。

窟野河，是流经今内蒙古自治区和陕西省的省际较大河川。其上游分为东、西两支河流。西侧支流河川——乌兰木伦河，是窟野河的主源；东侧支流河川——牸牛川，是窟野河的东源。

乌兰木伦河又分为东、西两条支流，即东乌兰木伦河、西乌兰木伦河。西乌兰木伦河发源于今鄂尔多斯市伊金霍洛旗合同庙乡西北部的杨家壕村北山顶，流向东南，流经伊金霍洛旗北部的合同庙乡东部、康巴什区南界、阿勒腾席热镇（伊金霍洛旗政府驻地）北界、布尔台格乡东北部的转龙湾村东，接纳来自东胜区的东乌兰木伦河；继续向东南流经乌兰木伦镇东界的乌兰木伦庙，经今陕西神木市北境的大柳塔镇，至店塔镇北侧的皇娘古城西，接纳东侧支流牸牛川。据调查，乌兰木伦河主源头以下约有4千米干涸河道，其余河段常年有清水。乌兰木伦河发源地北与桃儿木海子内流水系隔山相望，西与“六湖”内流水系毗邻。在鄂尔多斯市境内，乌兰木伦河主河道长约103.5千米，流域面积3085平方千米，河道比降3.35‰，最大洪峰流量为1970立方米每秒（1985年8月5日，伊盟水文站数据），年输沙量为2343万吨（或作2501万吨）。①

窟野河上游东侧支流——牸牛川，也有东、西两个源头，其西源头是主源，起于今鄂尔多斯市准格尔旗西南隅的准格尔召镇西部的神山沟村与东胜区铜川镇（驻袁家壕村）贾家坡村交界的神山豁子，向东南流经铧尖村南侧、公沟村北侧、四道柳乡张家圪台村（乡政府驻地）西侧、二道柳村西南侧，流至头道柳村附近，与东侧的暖水川会合。暖水川发源于准格尔旗暖水乡西北隅的榆树壕村北侧，流向东南，经暖水乡西侧，称作暖水川，转而向南流，至四道柳乡东南隅的头道柳村附近，接纳牸牛川主流。继续南流，经川掌镇西侧，至伊金霍洛旗东部的新庙镇新庙村北，接纳其西侧另一支流，再流经新庙村东侧，至陕西神木市北部的店塔镇皇娘古城西侧，汇入乌兰木伦河。牸牛川流经鄂尔多斯高原东部的丘陵沟壑地区，河道特征表现为洪峰大、泥沙多、暴涨暴落。其主河道长约72.3千米，流域面积约为1567平方千米，河道比降3.61‰，最大洪峰流量为5570立方米每秒，年输沙量为2057万吨（或作2180万吨）。②

上游两支流河川合流后，其下游河段始称窟野河，流经今陕西神木市店塔镇、城关镇、沙峁镇、贺家川镇而汇入黄河。窟野河为黄河三条一级支流河川中流程最长者。

① 伊克昭盟地方志编纂委员会编：《伊克昭盟志》第1册，第553—554页。
② 伊克昭盟地方志编纂委员会编：《伊克昭盟志》第1册，第553—554页。

从当代视域观察，秃尾河是源出于陕西省神木市锦界镇西北部的一条河川，但是，在历史时期，它的发源地应在今内蒙古自治区鄂尔多斯市伊金霍洛旗南部。换言之，其上游河道在神木市锦界镇西北与今红碱淖尔相接，显然，注入红碱淖尔的札萨克河的发源地——今红庆河镇东南侧高地才是古代秃尾河的源头。

明代中期，由于地震，导致今锦界镇以北、尔林兔镇以南的地表隆起，阻断古代秃尾河上游的流路。因此今秃尾河源头向南退缩至今锦界镇西北部。如今秃尾河的源头始于尔林兔镇东南的公泊海子洼地，东南流为公泊沟，即为秃尾河上游正源与主流，向东南流至瑶镇乌鸡滩村西侧，接纳秃尾河西支流——源自沟掌村西侧沙地的各丑沟；流经瑶镇东侧、枣稍沟村西侧、桑树塔村西侧、喇嘛河村西侧、高家堡镇东侧、乔岔滩乡西侧，循着神木市与佳县交界流至万镇西南隅，注入黄河。作为其正源的公泊海子距离西北方的红碱淖尔甚近。①

佳芦河，其流程皆在今陕西省境，是跟清水川一样流程短促的小河。它发源于榆林市榆阳区东部麻黄梁镇（原先双山乡）东部的断桥村附近、明长城所在山梁南侧，向南流至段家湾村南侧，接纳来自西北方盘营界村的西支流，转向东南流去，经今佳县北部的王家砭东侧、通镇西侧等地，至今佳县县城南侧，汇入黄河。②

自元明以来，毛乌素沙漠在冬春季节逐渐向东南扩散，覆盖黄土地表，湮塞黄河支流河道；明清以降，农业经济空间自南趋北扩展，在客观上助长了风沙的危害。迄20世纪末年，毛乌素沙漠的风沙、流沙已经扩散至窟野河中游（黄羊古城至神木市区河段）西岸、秃尾河下游以西、佳芦河上游区域。三条黄河支流面临着植被锐减，河床下切，平常无水、雨季河水暴涨暴落的共同问题。由于这三条河川已经下切至基岩，因此其河道横向移动的幅度受限，没有明显变迁。

四、鄂尔多斯高原南部的黄河支流——无定河

无定河是鄂尔多斯高原东南部最大的黄河西侧一级支流水系，也是流经内蒙古自治区和陕西省的省际河川。它又有四条较大的支流——红柳河、芦河、榆溪河与大理河。

无定河上游主河道是红柳河。其主源位于今靖边县东南部的胡尖山乡西南部的白于山脉长虫梁北坡，流向东北循着定边县与吴起县交界流出山区，称为红柳河，向北偏东流经靖边县西部的梁镇（柠条梁镇）东部，经由二层河滩村进入内蒙古境，流

① 陕西省测绘局编绘：《陕西省地图册》，陕西人民出版社，1981年，第71页。
② 陕西省测绘局编绘：《陕西省地图册》，第66、73页。

经鄂托克前旗的城川镇东侧、乌审旗无定河镇南部巴图湾村、陕西靖边县北部的红墩界镇白城子村，转为向东流，经过榆林市横山区雷龙湾镇北界，先后接纳其北侧的纳林河、海流兔河，流至城关镇吴家沟村北侧，又接纳同样源出白于山北坡的芦河。芦河发源于靖边县新城乡南部的白于山主脉海拔1805米的分水岭（东西两坡），向北流经新城乡西侧、杨米涧乡西部、镇靖乡境，在此汇合东芦河后始称芦河，至靖边县城（张家畔镇）转而东流，经过杨桥畔镇北侧，至惠桥水库大坝北侧，转而向北偏东流去，经过横山区塔湾乡西侧、赵石桥畔乡西侧、横山区市区西，至吴家沟村北汇入红柳河。接纳芦河后，红柳河再流经波罗镇北侧、响水镇、党岔镇东侧，接纳源出于内蒙古乌审旗乌兰陶勒盖附近而东南流的榆溪河，继续流经榆阳区南部的鱼河镇、镇川镇、米脂县、绥德县四十里铺镇、绥德县城，接纳源出靖边县南部天赐湾、乔沟湾诸乡镇以东的白于山区的大理河，继续流经薛家峁、崔家湾、苏家岩等地，再经过今清涧县解家沟镇、高杰村镇西部，至河口村南，汇入黄河。①无定河上游河段流经毛乌素沙漠区，主河道下切基岩较深，携带的泥沙量较少。

无定河的北侧第一支流是纳林河。纳林河发源于乌审旗无定河镇陶利嘎查呼和芒哈村附近，流向东南，经陶利南侧、榆树壕村西侧、无定河镇西侧、庙滩村东侧，至无定河镇东南境的水清湾村东南，注入无定河。

无定河的北侧第二支流是海流兔河。海流兔河发源于乌审旗嘎鲁图镇（原名达布察克镇）南侧阿拉陶勒盖山梁，流向东南，经巴彦柴达木苏木神水台村西南侧、宋家湾村西南侧，进入陕西榆林市榆阳区西部的补浪河乡魏家峁村西侧、红石桥乡西侧，至柳卜台林场，汇入无定河。②

无定河的北侧第三支流是榆溪河。榆溪河上游支流河川又分作白河、五道河。白河发源于乌审旗乌兰陶勒盖镇附近，流向东南，经河口水库，经行于陕西榆林市榆阳区岔河子乡驻地南侧，至黑海子村西北，接纳东侧的五道河。五道河发源于榆林市榆阳区北部的刀兔海子，向南流经孟家湾乡驻地西侧、马家圪堵村西侧，汇入白河。白河与五道河汇合后，始称榆溪河，流向东南，经牛家梁乡驻地西侧、镇北台西侧、榆林市榆阳区市区西侧，至鱼河镇西侧汇入无定河。

无定河下游西侧支流河川——大理河，发源于靖边县天赐湾乡东部的分水岭东坡，南源（主源）在城子塘村北侧山区，北源位于靖边县小河乡王家峁村西侧山坡，流至谢家湾村西侧合为一河，东北流至青阳岔乡驻地西南侧，接纳北侧支流后，继续

① 陕西省测绘局编绘：《陕西省地图册》，第66—69、74—75、77页。

② 陕西省测绘局编绘：《陕西省地图册》，第66页。

流向东北，经过新庄峁村，进入榆林市横山区南部，流经石湾乡驻地、魏家楼乡驻地南侧，由麒麟沟村进入子洲县境，历经马岔、周岘、三眼泉、马蹄沟、城关镇、苗家坪诸乡镇驻地附近，再向东经行于绥德县田庄乡境内，至邓家楼村东南，注入无定河。

自明代中期以降，无定河流域的生态环境变化是相当明显的。近现代无定河河流地貌景观变迁主要表现在：天然植被不断消减，水土流失逐渐趋重，农业耕作层变薄，上游河道溯源侵蚀不断发展、中游受到毛乌素沙漠扩张而流沙覆盖面积越来越大。这些变化非常严重地制约着无定河流域内社会经济的可持续发展。

无定河主源所在的白于山区域由于过度农垦，天然植被消退，山区土石裸露，红柳河水量锐减。各个支流的沟头不断上移，冲刷下来的大量泥土顺流而下，给无定河中下游河谷造成灾难。无定河的上游、下游河谷被山崖、基岩约束，失去横向拓展的空间，但是在中游，鱼河堡镇至绥德县城河段，形成宽阔河谷，河道有了横向摆动的空间。也是在无定河中游区域，毛乌素沙漠的风沙已从靖边县北部向东南方扩散至榆阳区上盐湾、镇川镇一带，以及榆林市横山区、子洲县的大理河谷区域。

如上所述，鄂尔多斯高原诸多黄河支流河川大多发源于高原中部高地，流向四方，最终汇入黄河干流河道，唯有无定河是个例外，其主源出于高原南部的界山——白于山脉北坡，流向几经转折而趋东南，最终也归入黄河。因此可见，鄂尔多斯高原诸多外流水系分布在其四个边缘部位，内流水系则分布在其核心主体的部位。

第三章　鄂尔多斯高原段黄河干流河道的历史变迁

本章探讨历史时期鄂尔多斯高原区段黄河干流河道的空间演变过程，以及其支流河道的变迁。环绕着鄂尔多斯高原西、北、东三面的黄河干流河道，经行于三个地势平缓的凹陷盆地地段，因而其河道在历史时期发生过明显的空间移动，河床形态也发生过明显的变迁。

为便于论述，我们将环绕鄂尔多斯高原西、北、东三面的黄河河道分为三段——青铜峡至石嘴子（惠农区驻地）的银川平原段、磴口至西山咀的后套平原段、西山咀至准孔兑沟口的前套平原段，至于石嘴子（惠农区驻地）至磴口、准孔兑沟口至无定河口两段黄河河道因为被两侧高原束缚而河道狭窄，摆动空间甚微，故忽略不计。本章重点对汇入这三段黄河峡谷的支流河道的历史变化进行探究。

研究鄂尔多斯高原区段黄河河道及其支流河道的空间演变过程，具有重要的历史学价值，同时可给今人提供改造黄河、利用黄河、使之为可持续发展、造福沿黄河人民的历史借鉴。因此，值得我们高度重视。下面，就对此重要的历史地理专题逐一展开探讨。

第一节　青铜峡至石嘴子段黄河河道的变迁

黄河以“善淤、善决、善徙”著称，然而又有“天下黄河富宁夏”之誉。黄河自宁夏回族自治区中卫市香山乡南长滩进入今宁夏回族自治区境内，至石嘴山头道坎流出境，全长397千米，孕育出卫宁平原、银川平原两大沃野。其中，卫宁平原东西长

105千米，南北宽10—20千米，地质构造为新生代断陷盆地，[①]以卵石质河床为主[②]，黄河河道摆动不是十分剧烈。但是在长170千米，宽40—50千米，[③]以砂质河床为主[④]的银川平原段黄河河道游荡摆动幅度尤为剧烈，相比于古代黄河河道，今河道位置变化颇大。因此，学界对银川平原段（青铜峡口至石嘴山）黄河河道变迁展开诸多探索，包括历史时期及晚近以来河道变迁历程。然而受文献资料、自然地理知识、考古文物资料及实地踏勘等系列因素影响，对各时期黄河银川平原段河道变迁的认识分歧较大。

一、战国至北朝时期银川平原段黄河河道

黄河银川平原段为平原型河流，比降在宁夏境内较小，水流平缓，河道迁徙摆动颇剧，引起了学界对此段河道变迁的关注。前辈学人在黄河银川平原段河道变迁研究中做出了巨大贡献。仁者见仁，智者见智，都具有一定的合理性，成为进一步探索该问题的学术基础。然而由于存在认识分歧，尚不确定战国至北魏时期银川平原段黄河河道的具体位置。

（一）《水经注》对黄河银川平原段的记载

北魏郦道元所撰《水经注》对银川平原段黄河河道记载最为详备，在此摘录如下：

> [河水]又北过北地富平县西，河侧有两山相对，水出其间，即上河峡也，世谓之青山峡。河水历峡北注，枝分东出。河水又北迳富平县故城西，秦置北部都尉，治县城，王莽名郡为威戎，县曰持武。……河水又北，薄骨律镇城在河渚上，赫连果城也。桑果余林，仍列洲上。……河水又迳典农城东，世谓之胡城。又北迳上河城东，世谓之汉城。薛瓒曰：上河在西河富平县，即此也，冯参为上河典农都尉所治也。河水又北迳典农城东，俗名之为吕城，皆参所屯，以事农甿。河水又东北迳廉县故城东，王莽之西河亭。《地理志》曰：卑移山在西北。河水又北与枝津合，水受大河，东北迳富平城，所在分裂，以溉田圃，北流入河，今无水。《尔雅》曰：灉，反入。言河决复入者也。河之有灉，若汉之有

① 《宁夏回族自治区》编纂委员会编：《中华人民共和国地名词典·宁夏回族自治区》，商务印书馆，1993年，第155页。

② 范小黎、王随继、冉立山：《黄河宁夏河段河道演变及其影响因素分析》，《水资源与水工程学报》2010年第1期。

③ 《宁夏回族自治区》编纂委员会编：《中华人民共和国地名词典·宁夏回族自治区》，第155页。

④ 范小黎、王随继、冉立山：《黄河宁夏河段河道演变及其影响因素分析》，《水资源与水工程学报》2010年第1期。

潜也。河水又东北迳浑怀障西，《地理志》浑怀都尉治塞外者也。太和初，三齐平，徙历下民居此，遂有历城之名矣，南去北地三百里。河水又东北历石崖山西，去北地五百里……[①]

郦道元在《水经注》中用多达1601字对宁夏境内自然、人文地理概况进行全面描述。尽管如此，对于郦道元本人是否到过薄骨律镇，学界聚讼纷纭。考究清楚这一点对探索战国至北魏时期黄河银川平原段位置就显得尤为重要。

郦道元于北魏孝明帝孝昌三年（527）十月被萧宝夤杀害于阴盘驿（今陕西临潼东北阴盘城）。在此之前，郦道元是否去过薄骨律镇呢？解决此疑窦，需从《水经注》成书时间入手。学者对这个问题的见解历来不一。近年来，徐中原根据《水经注》所载史实，发现书中所记历史事件最晚时间是孝昌元年（525），最终认为《水经注》应成书于孝昌元年与孝昌三年十月之间。[②] 笔者赞同此说，那么就以此为前提进行探究。

孝昌元年，萧衍遣裴邃再次寇淮南，北魏政府遣元琛、郦道元援救，“孝昌初，萧衍遣将裴邃等寇淮南。诏行台郦道元、都督河间王琛讨之”[③]。孝昌二年（526）正月，鲜于修礼反叛，郦道元又与元琛同往平叛，“会鲜于修礼反于中山……遣河间王琛为大都督，郦道元为行台”[④]。同年四月，因元琛与长孙稚不和，“鲜于修礼邀击稚于五鹿，琛不赴救，稚军大败，稚、琛并坐除名”[⑤]。从北魏行台的类型及性质来看，都督元琛免官除名后，郦道元当返归中央述职。的确如此。孝昌二年十月二日，元渊被葛荣所害，郦道元以御史中尉之衔推荐宋游道为殿中侍御史之举就是很好的证明。[⑥] 直到孝昌三年十月，郦道元因汝南王悦谗毁而出使关中，在此期间不曾有过长途出使。遍检史籍，在正光五年（524）八月，孝明帝最终下诏改镇为州，“诸州镇军贯，元非犯配者，悉免为民，镇改为州，依旧立称”[⑦]。《魏书·郦道元传》进一步指出：“肃宗以沃野、怀朔、薄骨律、武川、抚冥、柔玄、怀荒、御夷诸镇并

---

① 〔北魏〕郦道元著，陈桥驿校证：《水经注校证》卷三《河水》，中华书局，2007年，第74—75页。

② 徐中原：《〈水经注〉研究》，民族出版社，2012年，第17—18页。

③ 《魏书》卷五七《崔挺传》，第1266页。

④ 《魏书》卷二五《长孙道生传》，第647页。

⑤ 《资治通鉴》卷一五一《梁纪七》“武帝普通七年四月”，第4712页。

⑥ 张小稳：《魏晋南北朝时期行台性质的演变——兼论地方行台制度的渊源》，《人文杂志》2008年第3期；徐冲：《元渊之死与北魏末年政局——以新出元渊墓志为线索》，《历史研究》2015年第1期。

⑦ 《魏书》卷九《肃宗纪》，第237页。

改为州，其郡县成名令准古城邑。”同时，“诏道元持节兼黄门侍郎，与都督李崇筹宜置立，裁减去留，储兵积粟，以为边备”。[①]后因东西二部敕勒及六镇叛乱，“不果而还”。果真如此吗？史念海先生对此详加探研，最终认为：“不能说当时由于六镇尽叛和东西敕勒部的反叛，因使郦道元的改镇为州的工作，初未能有若干眉目。”进而指出：“‘时六镇已尽叛，道元不果行’的话就无着落了。”[②]据此，郦道元当在正光五年八月至孝昌元年（524—525）正月前到过薄骨律镇。做出如此判断，还基于其他佐证。首先，《魏书·地形志》记载，孝昌中改怀朔镇为朔州、武川镇为神武郡、薄骨律镇为灵州。孝昌共三年，孝昌中应为孝昌二年，《太平寰宇记》“灵州条”云：“孝昌二年置灵州。”[③]三镇均在孝昌二年改镇为州郡，当是郦道元出使传达中央决策的结果。至于其中的时间差，并不难理解，除受北疆形势影响外，行政区划的调整要有筹备过程。其次，《水经注》中的“访诸耆老”“今无水”，也符合郦道元所秉持“既在经见，不容不书”的理念，枝津“今无水”亦与郦道元所到时间，黄河处于枯水期暗合。

（二）对《水经注》黄河银川平原段注文的认识

从确定可信的文献出发是文献考证与历史研究的基本方法。[④]郦道元既已来过宁夏境内，《水经注》关于黄河银川平原段之记载当真实可信，也就成为探究古黄河河道变迁的主要文献依据。为准确理解此段文献资料，有必要对其再认识。

第一，黄河出上河峡（青铜峡）后，至吕城（北典农城）段一直呈北流趋势，流经廉县故城附近发生急转，拐向东北流，继而保持一段北流趋势与枝津汇合。两股河水合流后又转为东北流向，直至出境。黄河银川平原段流势总体上呈北北东向，这与银川平原北北东的地质构造有关。第二，黄河流出青铜峡后，“取北和北北东流向”[⑤]。在富平县城附近分汊为东、西两派，西河是主流，东河为枝津，两派在廉县故城东北、浑怀障西南汇合。第三，战国至北魏时期黄河河道与今相较，位置更偏西，但河型基本一致，为顺直分汊型河道。在两股河流间孕育一面积硕大的河心洲，先后建置县、镇、苑、林。第四，在黄河沿岸分布着一系列县治、城堡。西岸自南而北排列着南典农城（胡城）、上河城（汉城）、北典农城、廉县故城；东岸仅有富平

① 《魏书》卷八九《郦道元传》，第1925页。
② 史念海：《河山集》七集，西安：陕西师范大学出版社，1999年，第375页。
③ 〔宋〕乐史：《太平寰宇记》卷三六《关西道十二·灵州》，王文楚等点校，中华书局，2007年，第759页。
④ 成祖明：《卫宏作〈毛诗序注〉考》，《历史研究》2016年第6期。
⑤ 黄多荣：《汉、唐时期古黄河银川平原段河道迁徙及沿岸城镇初探》，《宁夏社会科学》1998年第6期。

县故城、浑怀障。此外，薄骨律镇坐落于河渚之上。

《水经注》反映了北魏后期，确切地说是孝明帝（516—528）时期银川平原段黄河的流向、位置。但从郦道元所记水道流向的特点——多以沿岸汉代县治、城堡、障塞等为参照物，及“因水以证地，而即地以存古”[①]的通则来看，战国时河道与北魏时相差无几，并未发生大幅度迁移。这一点也为大多数学者所认可，故在此统而论之。

（三）汉至北魏黄河故道位置探索

在对《水经注》再做分析后，基本了解战国至北魏时期黄河银川平原段河道概况，认识到战国至北魏黄河位置与今黄河流路的巨大差异，实有必要进一步探明战国至北魏黄河故道的具体位置。

1. 银川平原段黄河两岸县治、城堡的地理位置

银川平原段黄河沿岸分布有南典农城、上河城、北典农城、廉县故城、富平县故城、浑怀障等县治、城堡。探究清楚它们的具体位置，对判断战国至北魏时期黄河河道位置具有重要的参考价值。

（1）薄骨律镇城的地理位置

“河水又北，薄骨律镇城在河渚上，赫连果城也。桑果余林，仍列洲上。”薄骨律镇城位于黄河主流与枝津间的河渚上。《括地志》“灵州回乐县条”云：“薄骨律镇城以在河渚之中，随水上下，未尝陷没，故号曰灵州。初在河北胡城，大统六年于果园复筑城，以为州，即今州是也。”[②]薄骨律镇即唐代灵州州治回乐县城。2003年5月8日，在宁夏回族自治区吴忠市古城绿地园工地发现的唐墓中，出土一方墓志《大唐故东平郡吕氏夫人墓志铭并序》。墓志载墓主人吕氏去世后，“殡于回乐县东原”[③]。学界根据这一重要的发现，最终确定灵州城的位置在今吴忠市古城湾村西侧、黄河河心洲——今陈袁滩东侧黄河大桥之下，即古代河渚东部。[④]因黄河河道摆荡，灵州古城早已被湮没。考虑到河道变迁等因素，古灵州城（即薄骨律镇城）当位于古河渚东南部，即今古城湾村西至陈袁滩间黄河河道中。

（2）战国至北魏黄河“西河”西岸四城的地望

按《水经注》记载，银川平原有两个典农城，学界通常名其曰南典农城、北典农城。二城间还有一上河城。三城皆为冯参于汉成帝阳朔（前24—前21）中任上河农

① 郦道元：《水经注》，王先谦校，巴蜀书社，1985年，第42页。
② 〔唐〕李泰等著，贺次君辑校：《括地志辑校》卷一，中华书局，1980年，第45页。
③ 杨森翔：《城市记忆》，中国文化出版社，2008年，第125—126页。
④ 艾冲：《灵州治城的变迁新探》，《中国边疆史地研究》2011年第4期。

都尉时所筑，即“阳朔中，中山王来朝，［冯］参擢为上河农都尉”，颜师古注曰：“上河在西河富平，于此为农都尉。”[①]南典农城又名胡城。《元和郡县图志》“灵武县条”载：“本汉富平县之地，后魏破赫连昌，收胡户徙之，因号胡地城。……仁寿元年改为灵武县，移入胡地城安置。”[②]按胡地城，“地”为衍文。[③]胡地城即胡城，因安置胡户而得名。唐灵武县城“东南至［灵］州十八里”。《太平寰宇记》废灵武县城，在灵州“西北十八里”。[④]唐代一里相当于今540米，18唐里约合今9720米，即9.72千米。胡城故址当在今青铜峡市瞿靖镇东南的蒯桥村、新林村附近。在瞿靖镇银辉村西50米有一处汉代墓群——银辉汉墓群，“面积约1万平方米，有封土冢20余座”[⑤]。这当是汉代南典农城的重要遗迹。胡城遗址迄明代前期犹存，《宣德宁夏志》载：“灵武城，尚存，亦屯军居之。”[⑥]

上河城　上河城又名汉城，按《水经注》记载，其位于南典农城北，确切地说应在北偏东方向。《读史方舆纪要》“典农城条”载：“城有三：其西南城世谓之胡城；又东北有城曰上河城，世谓之汉城；又东北有城，世谓之吕城。”[⑦]顾祖禹的记载与银川平原北北东的地质构造相符，具有重要参考价值。参诸《元和郡县图志》，“保静县”下云：“西南至［灵］州六十里。本汉富平县地，后魏立弘静镇，徙关东汉人以充屯田，俗谓之汉城。”[⑧]《太平寰宇记》废保静县，载：“［灵州］东北六十里。三乡。本汉富平县地，按《隋图经》云：‘弘静县，本汉城，居河外三里，乃旧薄骨律镇仓城也。’后魏立弘静镇，徙关东汉人以充屯田。”[⑨]《武经总要前集》载：“灵武镇，河外镇也。南渡黄河，至灵州五十里，东至保静镇四十里，西至贺兰山六十里，北至怀远镇七十里。”[⑩]此处的“五十里”，严耕望先生指出，

---

① ［汉］班固：《汉书》卷七九《冯奉世传》，［唐］颜师古注，中华书局，1962年，第3306—3307页。

② 《元和郡县图志》卷四《关内道四·灵州》，第94页。

③ 《元和郡县图志》卷四《关内道四》，第119页。

④ 《太平寰宇记》卷三六《关西道十二·灵州》，第764页。

⑤ 国家文物局主编：《中国文物地图集·宁夏回族自治区分册》，文物出版社，2010年，第300页。

⑥ ［明］朱旃撰修，吴忠礼笺证：《宁夏志笺证》，宁夏人民出版社，1996年，第95页。

⑦ ［清］顾祖禹：《读史方舆纪要》卷六二《陕西十一》，贺次君、施和金点校，中华书局，2005年，第2950页。

⑧ 《元和郡县图志》卷四《关内道四·灵州》，第95页。

⑨ 《太平寰宇记》卷三六《关西道十二·灵州》，第764页。

⑩ ［宋］曾公亮等：《武经总要前集》卷一八下《边防三下》，郑诚整理，湖南科学技术出版社，2017年，第1134—1135页。

"'五十'盖'十五'之倒耳"[①]。由灵州至灵武县18里，又东北40里至保静县，里距之和约60里。前考灵武县在瞿靖镇蒯桥村、新林村附近，参照道里、方位，汉城当在今永宁县增岗堡东南刘家庄、增岗村之地。其西约10里有一处汉墓群——新桥墓群，"墓地分布在1平方公里的岗阜上，墓群区东南暴露有多座土坑墓葬，地面有许多绳纹砖瓦"[②]，证实了上述论断的合理性。

北典农城 北典农城亦名吕城，据《水经注》记载，当位于上河城东北、廉县故城东南。《水经注疏》引董祐诚语，北典农城当在今宁夏县（笔者按，今银川老城）东。汪一鸣、刘菊湘两先生指出，吕城即饮汗城，其后为赫连勃勃的丽子园城。笔者赞同此说。为何称为吕城呢？两先生所见不一，[③]均有一定道理，但笔者更倾向于汪先生的论断。"饮汗"的拉丁文拼法为"Irgai"。"gai"即城之意，而"Ir"则为"吕"字的转音。[④]《元和郡县图志》"怀远县条"载："南至［灵］州一百二十五里。［故城］在州东北，隔河一百二十里。本名饮汗城，赫连勃勃以此为丽子园。后魏给百姓，立为怀远县。其城仪凤二年为河水汎损，三年于故城西更筑新城。"[⑤]唐代新、旧怀远城东南至灵州里距相差仅5里，足见二城东西相距当在5里左右。《资治通鉴》胡三省曰："赵珣《聚米图经》曰：唐怀远镇在灵州北约一百余里。宋时西夏强盛，即其地置兴州，其西九十余里即贺兰山。"[⑥]怀远城即今银川老城，饮汗城当在其东5里左右之地。若以银川市老城东门为圆心，5里为半径画圆，可知饮汗城故址在今兴庆区大新镇马家庄、肖家庄、曹家庄、徐家庄所在区域。此区域之东紧邻一道南北向延伸的串状湖泊、沼泽，走向与今黄河流向平行，[⑦]当是黄河故道遗迹。因此，唐之怀远旧城，也即饮汗城、吕城，当在今兴庆区大新镇马家庄、曹家庄、徐家庄和肖家庄一带。

廉县县城 《汉书·地理志》"廉县"条云："卑移山在西北。莽曰西河亭。"[⑧]关于廉县故城的具体位置，学界一致认为即今平罗县崇岗镇暖泉村南1.5千米的暖泉古城遗址。该城址早已湮没，为更精确认识该城址面貌、规模等情况，在此

---

① 严耕望：《唐代交通图考》（一），"中央研究院"历史语言研究所，1985年，第213页。

② 国家文物局主编：《中国文物地图集·宁夏回族自治区分册》，第263页。

③ 汪一鸣：《银川城址的起源与变迁》，见中国地方史志协会编：《中国地方史志论丛》，中华书局，1984年，第143页；刘菊湘：《〈饮汗城城址考证〉质疑》，《宁夏社会科学》1993年第5期。

④ 汪一鸣：《宁夏人地关系演化研究》，宁夏人民出版社，2005年，第305页。

⑤ 《元和郡县图志》卷四《关内道四·灵州》，第95页。

⑥ 《资治通鉴》卷二八二《后晋纪三》"高祖天福四年"，第9200页。

⑦ 银川市地名委员会办公室编纂：《银川市地名志》，中央民族学院出版社，1988年，卷首第12页。

⑧ 《汉书》卷二八下《地理志下》，第1616页。

补充一条考古资料。早期考古探查显示，“遗址南250米处有一条东西走向的小排水沟，……东100米处有一拱形小桥、北面是大片荒地，西面有农田数顷。遗址平面呈长方形，南北长200米，东西宽约100米。遗址上已无建筑痕迹，仅存隆起的漫坡状土梁，土梁中心处高于地表1米左右。遗址地表有大量灰陶、黑陶及夹砂红陶残片，有些灰陶片上还钻有小眼。此外，还残存不少经过冶炼的劣质小铁块和铁矿渣，还有卷云纹瓦当和砖等建筑残件。五十年代初，当地群众在遗址范围内挖出过两件绳纹陶罐，……遗址附近还发现过五铢钱”①。

（3）战国至北魏黄河东侧两城的地理位置

富平县城　《水经注》载：“河水又北与枝津合，水受大河，东北迳富平城，所在分裂，以溉田圃，北流入河，今无水。”《魏书·刁雍传》载：“富平西南三十里，有艾山，南北二十六里，东西四十五里，凿以通河，似禹旧迹。”②《元和郡县图志》“回乐县”条又载：“本汉富平县地，属北地郡，在今县理西南富平故城是也。”综上，汉代富平故城当在上河峡东北、回乐县故址西南、西河与枝津分汊口东侧。艾山是今青铜峡两侧牛首山、青山的统称。③但据刁雍的奏书，艾山是指上河峡西的青山。其东北三十里，即今峡口镇草台子、谭桥、巴闸一带，区位与上述文献记载总体相符。墓葬是判断古城址分布的重要依据之一，在今峡口镇东方，以关马湖为中心的大型汉墓群总面积达4万平方米，已发现汉墓300多座。④可推知其附近汉代当有大型居民点存在。结合早期城市发展特点、黄河东岸及关马湖一带地形地势，富平故城址当位于汉墓群的西方。因此，笔者认为汉代富平县故城在今峡口镇草台子、谭桥、巴闸一带，关马湖等处汉墓群是其有机组成部分。

浑怀障　浑怀障位于银川平原段黄河的东岸，《汉书·地理志》云：“浑怀都尉驻塞外浑怀障。”浑怀障之名，据吴忠礼先生研究，“‘浑怀’是‘怀浑’的倒文（读），是中原封建统治阶级对少数民族怀柔政策的表示”⑤。一般认为浑怀障在今银川市兴庆区月牙湖乡黄里岗南、兵沟一带，其实不然。《元和郡县图志》“废灵武县”条载：“废灵武城，在县东北，隔河一百里。其城本蒙恬所筑，古谓之浑怀障即浑怀所理道，故谓之灵武。”浑怀障在怀远县城东北一百里处，即今平罗县陶乐镇附

① 宁夏回族自治区文化厅文管会编印：《文物普查资料汇编》（内部资料），1986年，宁夏回族自治区文物普查领导小组办公室，第62页。

② 《魏书》卷三八《刁雍传》，第867页。

③ 李令福：《论北魏艾山渠的引水技术与经济效益》，《中国农史》2007年第3期。

④ 国家文物局主编：《中国文物地图集·宁夏回族自治区分册》，第291页。

⑤ 吴忠礼：《秦塞河防军城“浑怀障”名源浅释》，《宁夏社会科学》2010年第6期。

近。《大清一统志》“灵武故城”条云：“一为隋县，即汉浑怀障。在今平罗县东北界外。”①最重要的是，将浑怀障定位于兵沟与《水经注》记载不符。“河水又东北迳廉县故城东，……又北与枝津合，……又东北迳浑怀障西”，廉县故城在今平罗县崇岗镇暖泉古城，而兵沟遗址则远在其东南。陶乐镇不仅在方位、道里上与文献记载相合，而且其东南有林场汉墓群、北有黄土梁汉墓群。依据黄土梁汉墓群紧邻黄河东岸分布的现状，以及黄河在平罗县境的变迁来看，浑怀障城当因黄河河道摆荡而冲毁。因此，浑怀障当在陶乐镇西侧黄河河道中。

由于对大自然的认识及社会生产力水平所限，同时出于生活用水方便，“使沿黄河分布的城镇具有沿河但不靠近河流的特征”②。上述诸县治、城堡也应遵循这一规律，至黄河尚有一定距离，但不会太远。这从薄骨律镇仓城“居河外三里”可见一斑。

据此，战国至北魏时期黄河河道应在沿黄河分布的东西两列古城址之间。

2. 银川平原黄河沿岸汉代墓葬的分布

考古学家在银川平原发现了诸多汉墓群。这些汉代墓葬的发现及分布位置为判定战国至北魏黄河河道位置提供了重要依据。

迄今在银川平原已发现、探知的汉代墓葬达十八处之多，分布于黄河西岸的有五处：青铜峡市的银辉墓群，永宁县的新桥墓群、东河墓群，银川市的平吉堡墓群，贺兰县的暖泉墓群。黄河东岸则有十三处：青铜峡市的余桥汉墓，吴忠市的关马湖墓群，李桥墓群，沙渠墓群，彬草湾墓群，小梁子墓群，莫茨墩墓群，巴浪湖墓群，灵武市的二道沟墓群、横城墓群，银川市的兵沟墓群，平罗县的林场墓群、黄土梁墓群。考虑到汉墓群与今黄河的位置关系，兹将其中七处（余桥汉墓、东河墓群、二道沟墓群、横城墓群、兵沟墓群、林场墓群、黄土梁墓群）紧临今黄河分布的汉代墓葬情况简单列表如下：

表3-1　银川平原黄河沿岸汉代墓葬分布简表

序号	名称	位置	距今黄河里程	备注
1	余桥汉墓	青铜峡镇余桥村西南3千米	距东岸约2.6千米	
2	东河墓群	永宁县望洪镇东河村一组西约400米	距西岸约2千米	
3	二道沟墓群	灵武市临河镇南下桥村东北200米	距东岸约1.7千米	
4	横城墓群	灵武市临河镇横城堡明长城北侧	距东岸约54米	

① ［清］穆彰阿、潘锡恩等纂修：《大清一统志》卷二六四《宁夏府一》，上海古籍出版社，2008年，第415页。

② 李陇堂：《黄河在宁夏城镇形成和分布中的作用》，《宁夏大学学报（自然科学版）》2003年第2期，第135页。

续表

序号	名称	位置	距今黄河里程	备注
5	兵沟墓群	兴庆区月牙湖乡黄里岗村南1.5千米	紧邻黄河东岸	由于河水冲击，可见塌墓、朽棺
6	林场墓群	平罗县陶乐镇东南林场场部西侧	距东岸约5.6千米	
7	黄土梁墓群	平罗县陶乐镇北石陶公路西侧，西临黄河约100米	距东岸约100米	

注：以上资料、信息根据《中国文物地图集·宁夏回族自治区分册》、宁夏回族自治区文化厅文管会编印《文物普查资料汇编》（内部资料）总结、整理。

上表清晰地反映出七处汉墓群与今黄河的相对位置。值得注意的是，这七处紧邻今黄河分布的汉墓群，除东河汉墓外，基本分布于黄河东岸。其中，兵沟墓群西部已被河水冲塌，棺椁裸露。春秋战国之际，“祖先崇拜的中心逐渐从宗庙转移到墓地”①，所以汉时墓葬绝不会如此紧邻黄河营建，因此黄河应远在汉墓西方。

3. 黄河主流与枝津的分汊点

战国至北魏黄河河道分东西两派，要探索其故道位置，还需考定两派分汊点所在，但史籍罕有记载，庆幸的是《魏书·刁雍传》略有述及。刁雍于北魏太武帝太平真君五年（444）出任薄骨律镇镇将，下距郦道元至该镇仅约八十年，故其所奏之事为探索分汊点问题提供了直接线索。

《魏书·刁雍传》载：“今艾山北，河中有洲渚，水分为二。西河小狭，水广百四十步。臣今求入来年正月，于河西高渠之北八里、分河之下五里，平地凿渠，广十五步，深五尺，筑其两岸，令高一丈。”②刁雍所凿艾山渠渠口在古高渠北八里、汊河口下五里，则汊河口位于古高渠口北三里、艾山渠渠口南五里处。艾山渠渠口在今青铜峡峡口北十三里处，③大致在今青铜峡市大坝营附近。由此地向南五里，即至今青铜峡市营门滩村东南中滩农场一带，北魏时期黄河两派分汊点应在此处。由于青铜峡内河道束紧，峡内比降约两千分之一。黄河流出峡谷后河道宽阔，比降约三千五百分之一，黄河流速骤然变缓，又受北西向、北东向大断裂④及北北西向牛首山等影响，黄河出峡后取北和北北东流向。黄河从青铜峡中流出后，挟带的砾石不可避免地沉积下来，进而发生分流。出峡口后北流，至今中滩农场一带分汊，既与刁雍

① 程义：《关中地区唐代墓葬研究》，文物出版社，2012年，第26页。
② 《魏书》卷三八《刁雍传》，第867页。
③ 鲁人勇、吴忠礼、徐庄：《宁夏历史地理考》，宁夏人民出版社，1993年，第60页。
④ 耿侃、单鹏飞等：《银川地区：过去、现在及未来——晚第四纪地理环境演变的过程、特征和规律》，测绘出版社，1992年，第22页。

所言“今艾山北，河中有洲渚，水分为二”相合，又与《水经注》所载河水流经富平县故城后分裂为两派相符。

此外还有两个佐证：其一，“根据地层钻孔和测年资料，在银川平原最南端，黄河出峡口形成了一个地下冲积扇，其范围北至青铜峡中滩，主要由一套河床相的砂卵砾石组成，厚度由南向北从10米渐变到300米，其分选磨圆较好，为典型的黄河冲积物”①；其二，从1946年黄河考察报告中亦可看到，“（黄河）出青铜峡东北流分为二支，西支曰西河，宽约一百五十公尺。东支为大河正流，至叶昇堡又复相会”②。因此，无论是文献分析、地质钻探，还是实地考察资料都显示，分汊口在今青铜峡市营门滩村东南中滩农场一带。

4. 银川平原古河道遗迹及湖泊、沼泽的分布

今银川平原与古黄河河道有直接关联的非古河道遗迹及星罗棋布的湖泊、沼泽等湿地莫属。因此，这成为判断黄河河道位置最直接的证据。

（1）古河道遗迹的分布

银川平原迄今发现至少两处与古黄河河道有关的遗迹，其一是在吴忠市黄河以西到小坝镇之间有一条名为“河筒子”的卵石带，卵石层厚达28米；其二是吴忠、灵武两市的“古河崖”，中华人民共和国成立初在左营村一带尚存3—5米高，崖下有洪水冲积的卵石堆积层。古河崖北侧、西侧，过去均为湖泊，现已开垦为农田，但名称尚存。其具体走向为“始于吴忠县秦坝关下的红旗乡枣园村，东北行，经古城乡的上古城湾，东到左营村（吴忠市北约1千米许），过包兰公路，至东塔乡七大队、五大队（俗称河崖头），然后东北行，进入灵武县境的崇兴乡，经胡一、台子、中北等村庄以后，由灵武县城西门前经过，北行至安家湖，又西北行与黄河汇为一流”③。关于河筒子，据杨森翔先生分析，“是其他号称‘黄河古道’的地方所未存的，这也证明，‘河筒子’即是黄河‘悠久的’主河道古道”④。至于古河崖，根据其走向及与古城湾村、灵武市的位置关系可以断定，古河崖是历史时期黄河东徙后的河岸，但具体是哪个时期的河道东岸，有待探索。因此这两处古河道遗迹，尤其“河筒子”是判定古代黄河位置的重要参考资料。

① 吴加敏、王润生、姚建华：《黄河银川平原段河道演变的遥感监测与研究》，《国土资源遥感》2006年第4期，第37页。

② 黄河治本研究团编：《黄河上中游考察报告》，水利委员会，1947年，第73页。

③ 许成：《宁夏考古史地研究论集》，宁夏人民出版社，1989年，第224页。

④ 杨森翔：《城市记忆》，第145页。

（2）湖泊、沼泽分布格局

历史时期银川平原湖泊棋布，按成因可粗略分为构造湖、扇缘湖、牛轭湖；若再细分则为河成湖、风成湖、泉成湖等自然湖泊，以及以灌溉退水湖、沟渠尾闾湖为主的人工湖。而牛轭湖与黄河河道变迁有直接关联，是河道变迁的遗迹。

《宁夏回族自治区水域面积调查报告》记载，1981年，银川平原湖沼面积共145272亩，其中湖泊面积143758亩。在如此大面积湖沼中，贺兰山东麓前缘受贺兰山现代构造运动、山洪刨蚀等作用，多为扇缘湖。“西河桥至平罗县暖泉，宁化桥至青铜峡，青铜峡至吴忠市马家湖、灵武县城、灵武县横城一线的大小湖泊即此类扇缘湖。”①排除上述区域的扇缘湖，查阅《银川市地名志》附图、《宁夏回族自治区文物地图集》可清楚看到，自青铜峡市向北经永宁县到银川市兴庆区大新镇一线，大新镇北经贺兰县至平罗县城一线，南北纵向分布着燕鸽湖、锅底湖、章子湖等串珠状湖沼。它们基本与今黄河河道平行，应当是过去河道变迁遗留下来的牛轭湖。巧合的是，这些串状湖沼恰和南部的河筒子同处于南北向延伸的直线上。这些足可说明，历史时期黄河确曾流经此区域。

还需强调的是，黄河在今银川平原北部的流路情况。此区域在地质构造上并存有北东、北西、东西三个方向的断裂，因此，今黄河在贺兰县东的通昌、平罗县东的渠口发生两次直角急转，而且这三个断裂也造就了贺兰山东麓锯齿状山麓。揣测历史时期黄河河道应受此断裂影响发生偏转。故参诸贺兰县境内湖沼分布，黄河当在贺兰县城附近向西北偏转，再北流经常信乡一带。黄河进入平罗县境，地势平坦开阔，河道宽展，以粉砂质河床为主，稳定性差，从平罗县城与黄河的距离可见一斑。成书于清初的《读史方舆纪要》载：“平虏所……东至黄河十五里。”②清乾隆四十五年（1780）编纂的《乾隆宁夏府志》载，黄河在平罗县东二十里。③民国十五年（1926）修撰的《朔方道志》载，平罗县东至黄河岸界30里。④卫星遥感资料显示，1987年至1997年十年间，黄河平罗县段最大东移距离为2.9千米。据此反向推算，汉至北魏黄河故道当在今平罗县城西侧，这亦是《水经注》所载黄河流经廉县故城东的缘由。

① 宁夏水文地质工程地质队：《银川平原水文地质图系（1:10万）及其说明书》，1974年；汪一鸣：《银川平原湖沼的历史变迁与今后利用方向》，《干旱区资源与环境》1992年第1期，第48页。

② 《读史方舆纪要》卷六二《陕西十一》，第2954页。

③ 〔清〕张金城修，〔清〕杨浣雨纂：《乾隆宁夏府志》卷三《地理二·山川》，陈明猷点校，宁夏人民出版社，1992年，第91页。

④ 〔民国〕马福祥、陈必淮、马鸿宾修，〔民国〕王之臣纂：《朔方道法》卷二《舆地志上》，胡玉冰校注，上海古籍出版社，2018年，第34页。

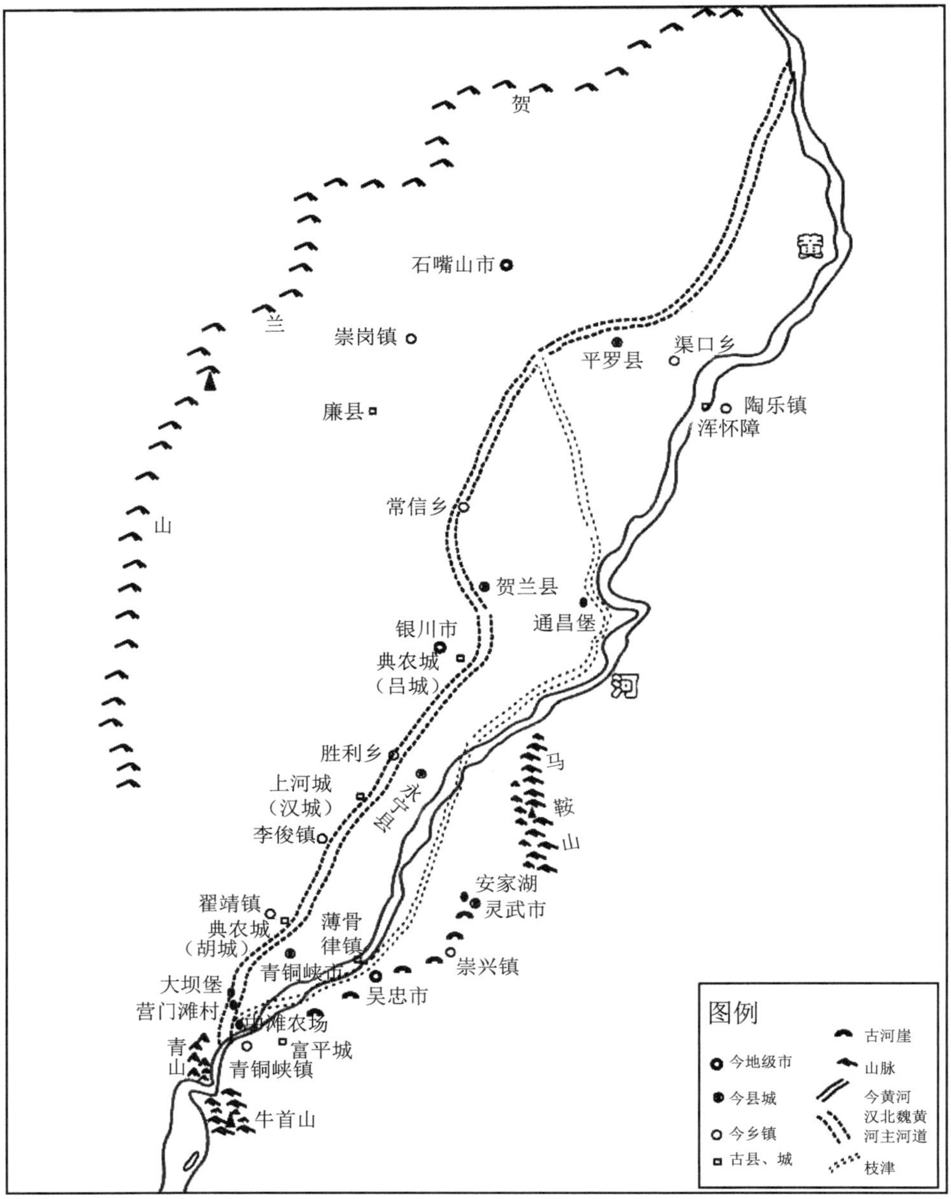

图3-1　汉至北魏时期黄河银川平原段河道示意图

综上所论，基于对战国至北魏时期黄河银川平原段河道位置的再认识，得出如下结论：

第一，战国至北魏时期，黄河流出青铜峡后，向北流经今青铜峡市王老滩，又北流至今青铜峡市营门滩村东南中滩农场一带，分汊为东西两派，西河为主流，东河为枝津。西河继而北流，经今青铜峡市营门滩村、大坝营，经富裕、新林（南典农城）东，又北流经邵岗镇、李俊镇，过永宁县西南刘家庄、增岗村（上河城）东，继而北流，经银川市兴庆区大新镇徐家庄、曹家庄等四庄（北典农城）东，又北流经贺兰县习岗镇，向西北偏转，又折而北流，经常信乡附近，后转向东北流，经暖泉村（廉县故城）东，又折北而流，在平罗县西南，枝津汇入，合为一股，向东北流经陶乐镇西，平罗县城西，继而东北流出银川平原。

第二，黄河东派枝津，自分汉口中滩农场附近东北流，经今吴忠市秦坝关、塔湾、枣园、古城湾村西侧，又东北流经灵武市党家河湾、新华桥、河忠堡，继而北流，经三道沟、下桥、二道沟西，又北流至平罗县城西南汇入西河。

第三，至于河心洲，考虑到黄河主河道（西河）与枝津的流径、流向，河渚当呈不规则的纺锤状，为一两端微广、中部略狭、南北纵长约100千米的沙洲。这从西汉政府在河渚上置县建苑得到佐证。灵州县位于洲渚东南部，“河奇”“号非”两个国家牧苑则分布于河渚北部，这也足见河渚北部的面积要稍广于南部。

简而言之，通过对战国至北魏时期黄河银川平原段河道位置的再探索，对区域黄河治理、生态环境改善、农田水利建设、城市规划布局等都具有重要的借鉴意义。

二、隋唐至宋元时期银川平原段黄河河道

下文以历史文献记载为线索，辅之考古学、地层学、自然地理等知识、方法，对隋唐至宋元时期黄河银川平原段河道位置予以探索。

（一）隋唐时期黄河银川平原段河道位置

史籍中关于隋唐时期黄河的记载相较其他时段略显贫乏，对于地处西北边陲，“绾毂南北交通，当华夷走集要冲”①的灵州地区（即今银川平原）的记载，更是罕有。其中缘由当如谭其骧先生所论，黄河有一个自东汉到唐代后期大约八百年的相对稳定时期，即“安流期”。②此外，从历代所修正史体例也可窥见些许斑迹。《隋书》、两《唐书》、两《五代史》均无河渠、沟洫或黄河专篇的辟置。这一举措也正可反证隋唐时期黄河处于相对“安流期”，并无大的改道、迁徙和决溢。如若不然，在浩如烟海的史籍中何以不书？岑仲勉先生曾将《水经注》有关黄河的记载与《元和郡县图志》对比，指出：“试与《水经注》互相比较，便知隋、唐的河道，仍是北魏时的一样。”③后又强调：“黄河为患，唐代当然免不了，不过从书本上搜集得的零

① 穆渭生：《唐代关内道军事地理研究》，陕西人民出版社，2008年，第338页。

② 谭其骧：《何以黄河在东汉以后会出现一个长期安流的局面——从历史上论证黄河中游的土地合理利用是消弭下游水害的决定性因素》，《学术月刊》1962年第2期。

③ 岑仲勉：《黄河变迁史》，人民出版社，1957年，第318页。

星资料来看，可信唐末以前，河道没有怎样大变动。”[①]隋代国祚短促，二世即亡，存续时间仅三十七年，且《隋书》等史籍中也未有关于此时段黄河变迁的片语记载，加之与唐代同样处于“安流期”，所以“我们总可相信隋、唐的黄河，大致是一样的”[②]。故在此将隋、唐两代统而论之。

对于隋唐时期黄河银川平原段流路，由于文献不足，在此只能从现有蛛丝马迹中做鳞爪之探，以期获抛砖引玉之效。

1. 隋唐时期黄河银川平原段地理要素与黄河的位置

“府州定而水道出矣”[③]，意即在确定河流沿岸州县等城镇的地理位置之后，通过地理志书的记载就可确定河流的位置及流径。刘献廷此论不啻在推断河流位置上具有重要的方法论指导意义。鉴于此，试对隋唐时期黄河银川平原段流路做一推论。

（1）隋唐时期黄河银川平原段县治、城镇的地理位置

唐代黄河银川平原段地带为灵州（灵武郡）辖下核心区域，分布着汉富平故城、回乐县城、灵武县城、保静县城、怀远县城、定远城、废灵武县城等县治、城镇。它们位置的锁定对探索该时段黄河位置提供了重要参照坐标。幸运的是，学界已对上列诸城做了深入研究，具体位置业已基本清楚，为行文所需，在此做一简要备录。

汉富平故城，故治今青铜峡市峡口镇巴闸村附近，因黄河河道迁徙摆荡故址现已不存。[④]

回乐县城，灵州附郭城，在今吴忠市利通区古城湾村西侧黄河河道中。[⑤]

灵武县城，位于今青铜峡市瞿靖镇东南的新林村附近，汉代南典农城、北朝胡城均建置于此。[⑥]

保静县城，西汉冯参建筑三座典农城的上河城，后亦名汉城，治今永宁县增岗堡东南刘家庄、增岗村之地。[⑦]

怀远县城，唐代怀远县城有二：怀远旧城即唐高宗仪凤二年（677）前的怀远县城，前身为饮汗城、吕城，大致在今银川市兴庆区大新镇马家庄、曹家庄、徐家庄、肖家庄一带；怀远新城，学界一致认为即今银川市老城。

---

① 岑仲勉：《黄河变迁史》，第318页。
② 岑仲勉：《黄河变迁史》，第318页。
③ ［清］刘献廷：《广阳杂记》卷三，汪北平、夏志和点校，中华书局，1957年，第158页。
④ 孟洋洋：《西汉北地郡属县治城考》，《西夏研究》2016年第2期。
⑤ 艾冲：《灵州治城的变迁新探》，《中国边疆史地研究》2011年第4期。
⑥ 《元和郡县图志》卷四《关内道四·灵州》，第94页。
⑦ 翟飞：《汉至北魏时期黄河银川平原段河道位置新探》，《宁夏大学学报（人文社会科学版）》2018年第3期。

定远城，故址目前尚存，坐落于今平罗县姚伏镇东南1.5千米的定远故城。[①]

废灵武县城，即秦汉时塞外浑怀障，位置约在今平罗县陶乐镇西侧黄河河道中。

上述七座县治、城镇中，灵武县城、保静县城、怀远县城、定远城坐落于黄河西岸，东岸则仅有汉富平故城、废灵武县城。至于灵州城，当依旧位于黄河洲渚的东南部。故而，黄河故道当从东西两列城市群间穿过。

（2）黄河银川平原段内诸县治、城镇与黄河的位置关系

前文业已就唐代黄河银川平原段诸县治、城镇地望做了简要梳理，明确了它们的大体方位。史籍文献中或多或少保留有诸聚落附近地理物貌的记载，这些细微之处对进一步确定黄河流径显得弥足珍贵，现对其做一解析。

第一，《元和郡县图志》“灵州”条载：“其城（灵州城）赫连勃勃所置果园，今桃李千余株，郁然犹在。”[②]该书修成于唐宪宗元和八年（813），不难看出，至少在元和八年，赫连夏时种植栽培的果木林依然存在，且规模相当可观，留存尚达千余株。这片葱郁的果木树林赫连夏时种植在黄河河心洲上，“河水又北，薄骨律镇城在河渚上，赫连果城也。桑果余林，仍列洲上”[③]。唐时此洲渚还存在吗？揆诸史籍，无明文记载。但根据尚存的千余株果树，同时参诸宋代图文资料的记载，唐代黄河河心洲当依旧存在，只是面积似不如魏晋以前那样大。既如此，唐代灵州城当仍坐落在河渚东南部。张多勇亦言：“由此看来汉代的灵州，唐代的灵州均在河洲之上。”[④]此外，从吴忠市西郊唐墓群[⑤]、北郊北魏唐墓群[⑥]的分布、发掘情况亦可佐证。

第二，汉代富平故城唐时仍赫然存在，即“回乐县，本汉富平县地，属北地郡，在今县理西南富平故城是也”[⑦]。富平故城位于今青铜峡市峡口镇一带，如今此地并没有发现古城遗址。据此，唐代时黄河出青铜峡后应是从富平故城西方北流，其流路当与北朝时期无太大差异，甚至近乎一致。这样，黄河出青铜峡后当顺北朝时期河道向北流，经今青铜峡市营门滩、王老滩一带。[⑧]

① 国家文物局主编：《中国文物地图集·宁夏回族自治区分册》，第283页。
② 《元和郡县图志》卷四《关内道四·灵州》，第91页。
③ 《水经注校证》卷三《河水》，第74页。
④ 张多勇：《西夏监军司遗址及军事布局》，中华书局，2022年，第417页。
⑤ 宁夏文物考古研究所、吴忠市文物管理所编著：《吴忠西郊唐墓》，文物出版社，2006年，第1—3页。
⑥ 宁夏文物考古研究所、吴忠市文物管理所编著：《吴忠北郊北魏唐墓》，文物出版社，2009年，第1—2、4页。
⑦ 《元和郡县图志》卷四《关内道四·灵州》，第93页。
⑧ 翟飞：《汉至北魏时期黄河银川平原段河道位置新探》，《宁夏大学学报（人文社会科学版）》2018年第3期。

第三，怀远县城位置的变迁。唐代存有两座怀远县城，其位置变迁则是在黄河直接作用下发生的。史载："其城（怀远旧城）仪凤二年为河水汎损，三年于故城西更筑新城。"[①]毫无疑问，唐代时黄河在此间有一向西摆荡的时段。大致情况是，仪凤二年（677）前，黄河当基本沿北朝河道，从今银川市兴庆区大新镇徐家庄、曹家庄等四庄东侧一线北流，仪凤二年向西略有摆动，此后又有反复，向东回摆。

第四，秦汉时期在今银川平原北部建置一座军事城镇——浑怀障，延至唐代其故址尚存。《元和郡县图志》"废灵武县"条载："在县东北，隔河一百里。其城本蒙恬所筑，古谓之浑怀障即浑怀所理道，故谓之灵武。"[②]时至今日，浑怀障故址早已湮没于陶乐镇与平罗县间黄河中。故可推知，唐代时黄河故道当在今陶乐镇黄河西岸与平罗县城间。

最后，《太平寰宇记》中保存着一条关于废保静县即唐之保静县与黄河道里方位的记载，寥寥数语却对确定黄河河道位置发挥着重大作用。"废保静县，［灵州］东北六十里。三乡。本汉富平县地，按《隋图经》云：'弘静县，本汉城，居河外三里，乃旧薄骨律镇仓城也。'后魏立弘静镇，徙关东汉人以充屯田。"[③]《隋书经籍志》著录为《隋诸州图经集》百卷，《旧唐书经籍志》与《新唐书艺文志》均著录为《隋图经集记》一百卷。是书一百卷，作者或为郎蔚之或为郎茂。《隋书·郎茂传》云："［郎］茂撰《州郡图经》一百卷奏之，赐帛三百段，以书付秘府。"[④]《隋图经》成书时间，《册府元龟》言："大业中，［郎茂］为尚书左丞。撰《隋州郡图经》一百卷。"[⑤]华林甫先生则将其精确到大业三年至十一年（607—615）。[⑥]若此，至迟隋大业年间，黄河从今永宁县增岗堡东南刘家庄、增岗村东三里的地方流经，大致沿今汉延渠北流。

隋唐时黄河自南而北纵贯银川平原，最终从贺兰山东北端流出，"［贺兰山］又东北抵河，其抵河之处亦名乞伏山，在黄河西"[⑦]。

在文献记载基础上，通过对黄河银川平原段内诸聚落附近地理物貌的分析、探究，隋唐时期黄河故道的位置已经基本明朗，但实有必要在考古学基础之上予以验

① 《元和郡县图志》卷四《关内道四·灵州》，第95页。
② 《元和郡县图志》卷四《关内道四·灵州》，第96页。
③ 《太平寰宇记》卷三六《关西道十二·灵州》，第764页。
④ ［唐］魏徵等：《隋书》卷六六《郎茂传》，中华书局，1973年，第1555页。
⑤ 《册府元龟》卷五六〇《国史部·地理》，第6425页。
⑥ 华林甫：《〈隋图经〉辑考》，见国家图书馆古籍馆编：《地方文献国际学术研讨会论文集（2004）》，北京图书馆出版社，2006年，第283页。
⑦ 《元和郡县图志》卷四《关内道四·灵州》，第95页。

证、补充。考古学有利于认识历史时期环境变迁信息，其方法在于对地层及人类活动遗存进行研究，以还原相应历史时期地理生态环境。

2. 黄河银川平原段隋唐时期考古遗址分布

古代遗址是人类生产生活所遗留下来的痕迹，是研究河流河道变迁演化过程的一把重要标尺。因此，在前文文献分析基础上，结合黄河银川平原段沿岸相关遗址分布，从而进一步判定隋唐时期黄河的流路。

银川平原隋唐时期古代遗址，迄今已探明的有吴忠市西郊唐代墓群、吴忠市北郊北魏唐墓群、玉泉营墓群、石佛寺遗址、唐定远故城址、哨马营遗址等。在这些遗址中首推吴忠西郊唐墓群。该墓群分布范围“东北至石佛寺，西沿西环路（原河崖子附近），东南临秦渠，东西长约5000米，南北宽3000米”[①]，主要由红星家园墓群、西部嘉园墓群、中央大道北段墓群、中央大道南段墓群及绿地园唐墓等组成。墓群位于海拔1120米左右的台原地上，地势明显高于东、西两侧，即是吕氏夫人墓志铭中所指出的“回乐县东原”。截至2004年7月，已在此台原地西部清理了120座唐代砖石墓，时代约当盛唐与中晚唐时期。[②]根据考古发掘，唐墓群地层中河积沙层占了相当比例，且墓葬多打破此地层。更者，在西部嘉园墓区五号基坑内地表2.6米以下发现了汉代灰坑和地层堆积。[③]在六号基坑地层第八层中发现有绳纹灰陶片，第九层发现大量炭粒、绳纹瓦片、陶片，并出土有货布1枚。在四号基坑中发现较多汉代灰坑，灰坑分布在地层的第五、第六两层，第五层包含大量绳纹陶片、瓦片。第八层有厚达2米的细沙堆积。墓道填土中也发现大量汉代及疑似汉代的绳纹陶片、瓦片和砖块。其他墓区大体亦如此。此外，在墓区还发现汉代的水井，同时从建筑工人手中征集有汉五铢钱、大泉五十、货泉、开元通宝等古钱币。“墓地上层土质黏结，下层即唐墓打破的地层为河积细沙层，厚5米以上，这说明东原的形成系黄河改道后冲积逐渐形成。”[④]

根据吴忠市西郊唐墓地理位置、唐墓基坑内地层状况，尤其是地层中河积沙层及汉代遗迹，同时有机地参诸灵州城的地理位置、“古河崖”的走向及北朝时期黄河的流径，笔者认为紧临吴忠市西环路西侧的“古河崖”段当是唐代黄河枝津的位置。无独有偶，此区域东北部的另一墓群为此提供了佐证。继西郊唐墓发掘后，2005年3

① 宁夏文物考古研究所、吴忠市文物管理所编著：《吴忠西郊唐墓》，第1页。
② 宁夏文物考古研究所、吴忠市文物管理所编著：《吴忠西郊唐墓》，第305页。
③ 宁夏文物考古研究所、吴忠市文物管理所编著：《吴忠西郊唐墓》，第128页。
④ 朱存世：《吴忠市区唐墓与唐灵州》，见《吴忠与灵州》，宁夏人民出版社，2006年，第82页。

月至2006年11月，又在西郊唐墓的东北——明珠公园人工湖和明珠花园商品楼建筑工地，前后两次共清理出墓葬123座，大部分是唐墓。①

如此，唐代灵州城附近黄河的流径是：西河自东北流转向东流，经灵州城西侧和北部；东河则沿今吴忠市段“古河崖”方向，流经灵州城南部、东部。西河是主河道，东河为枝津。

综上，通过对史志文献的分析和考古资料的充分解读，隋唐时期黄河银川平原段的流路已基本清楚，大体流路是黄河出青铜峡口后北流，经今青铜峡市王老滩、营门滩一带，沿今汉延渠与西河间东北流，继而在古城湾村与陈袁滩镇附近折东而流，绕经古城湾村和陈袁滩镇的西侧及北部，形成一河湾；后又折北流，经今增岗堡、刘家庄东汉延渠东侧，继而东北流经兴庆区大新镇徐家庄、曹家庄等四庄沿线；继续屈曲东北流，经今平罗县姚伏镇东，又东北流经陶乐镇与平罗县城间黄河西部，继而东北流，从贺兰山东北端出银川平原。此时期灵州城依然坐落在黄河河心洲的东南部，黄河枝津也即东河，大致沿今吴忠市段“古河崖”东北流，经灵州城南部和东部。

（二）宋夏时期黄河银川平原段河道位置

银川平原沃壤丰饶，负山阻河，宋代时为西夏所据，成为其立国根本和统治腹地，故而西夏在此间大肆营建，加之黄河纵贯其境，西夏因之大兴水利，广设津渡。颁行于西夏仁宗天盛年间（1149—1169）的《天盛改旧新定律令》辟有“春开渠事门”、“渠水门”、“桥道门”、“地水杂罪门”②、“库局分转派门”③、“渡船门”④等。遗憾的是该律令中并未有关于西夏对黄河治理的专条，然考虑到黄河在西夏腹地的重要地位及“西夏对宁夏平原实施着几近于精耕细作的经营”⑤，故西夏对黄河的治理、重视程度当是不言自明的。至于黄河本时段在此间的具体流径，因西夏腹地遭到蒙古军队毁灭性的破坏，“戈矛所向，耆髫无遗育”⑥，典籍文书焚毁一空，元代也并未专门修撰西夏正史，“一切西夏民族的象征均被有意识地消灭”⑦，致使西夏史实多无稽可考。所幸，宋代典籍中保留有西夏时黄河若干史实，尤其是在几次宋夏战争期间。这对把握宋夏时期黄河银川平原段河道位置显得格外重要。

---

① 宁夏文物考古研究所、吴忠市文物管理所编著：《吴忠北郊北魏唐墓》，第2页。

② 《天盛改旧新定律令》卷一五，史金波等译注，法律出版社，2000年，第505—509页。

③ 《天盛改旧新定律令》卷一七，第524页。

④ 《天盛改旧新定律令》卷一一，第392—393页。

⑤ 杨蕤：《西夏地理研究——边疆历史地理学的探索》，人民出版社，2008年，第390页。

⑥ 〔元〕柳贯：《师氏先茔碑铭并序》，见〔元〕柳贯：《柳待制文集》卷一〇，商务印书馆，1919年，第545页。

⑦ 胡小鹏：《元朝统治下的西夏故地》，《西北师大学报（社会科学版）》2000年第6期，第1页。

1. 史籍中对宋夏黄河银川平原段的记载

宋代黄河决溢频繁，河患加剧，“河为中国患，二千岁矣。自古竭天下之力以事河者，莫如本朝”①，因而宋代典籍文献对黄河的记载达到空前。尽管如此，具体到黄河银川平原段则寥寥无几，甚至屈指可数。这些仅有的记载，比较集中地保留在宋人李焘编撰的《续资治通鉴长编》中，这就给探索宋夏时期黄河流径提供了第一手资料，价值弥高。

宋太宗至道二年（996）五月李继迁率万余人寇灵州，宋廷围绕灵州城的弃守展开激烈争论。其中，张洎在奏书提到当时灵州城附近黄河的情况，言道：“况灵武郡城，介在河上，馈运艰阻……灵武地界与党项接连，自长安出鄜畤，度塞门，经盐州，抵回乐东阪，入灵武东门。”②

宋神宗元丰四年（1081）五路伐夏期间，卢秉上言：“镇戎军熙宁等寨申，灵州河水围城，官军去城一里累土囊成堤约二丈，灵州城高三丈，尽以毡裹水沃之。大军粮尽，人皆四散，汉蕃兵投灵州者甚众。”③

五路伐夏接近尾声之时，环庆路转运司向朝廷报告围攻灵州城的高遵裕军队的情状，言道：“泾原、环庆两路兵进攻灵州不下，两值大风寒夜，冻死及杀伤士卒不少。灵州绕城旧有黄河分水大渠三重及沟浍纵横贯注，水所溉田约二十里。前大军经过，渠皆干涸，自庚子贼决河水，渠渐盈溢，寨地卑下，势将渰浸。高遵裕已于辛丑（十一月十九日）领大军离城下，即有贼马出没邀截。至午，过一渠，人马涉水；至酉，再过大渠，虽有小桥，人马壅并，亦须涉水。其后泾原兵遇夜，止在渠北，与中军隔渠下寨。壬寅（十一月二十日），贼追及后军接战，两渠间水浸及寒冻，人马颇有死者。申时，至南州下营。”④

2. 对《续资治通鉴长编》录文的认识

《续资治通鉴长编》网罗宏富，取材精审，“除据北宋各朝《国史》《实录》《会要》等外，并采摭稗官野史、百家谱录、总集别集、传状碑志等杂史。往往一事用三四种资料纂成，取舍谨慎，考证详密”⑤，以至“洵为北宋记载之渊薮”。因

---

① 〔元〕脱脱等：《宋史》卷九三《河渠志三》，中华书局，1985年，第2310页。

② 〔宋〕李焘：《续资治通鉴长编》卷三九“太宗至道二年五月”，上海师大古籍所、华东师大古籍所点校，中华书局，2004年，第2版，第835页。

③ 《续资治通鉴长编》卷三二一“神宗元丰四年十二月”，第7737页。

④ 《续资治通鉴长编》卷三二一“神宗元丰四年十二月”，第7739页。

⑤ 顾吉辰、俞如云：《〈续资治通鉴长编〉版本沿革及其史料价值》，《西北师大学报（社会科学版）》1983年第3期。

此，《长编》所记内容应是十分可信的，足可以作为认识宋夏时期黄河银川平原段流路的主要依据。于是乎，实有必要对其再认识。

首先，宋夏时灵州城依旧坐落于黄河洲渚之上。“况灵武郡城，介在河上，馈运艰阻”，此处之“介”字有间隔、隔开、处于二者之间的意思。意为灵武郡城是位于黄河河心洲上，黄河在此分汊成东西两派。此外，卢秉在奏书中也提及，“灵州河水围城”，一个“围”字直截了当点明，灵州城被黄河河水包围其中。如此情形，灵州城只能坐落于黄河河心洲上。

其次，灵州所处黄河河心洲已有向陆连岛发育的趋势，且东枝河道淤塞河床抬升，冬季干涸无水，从元丰四年（1081）宋夏战争中可知。依据《续资治通鉴长编》记载，灵州城外当时有三条自黄河引水的大灌渠，灌溉着城外二十里的田地。起初高遵裕军队经此进攻灵州城时，灌渠中干涸无水，在围攻灵州城的第十八天即元丰四年十一月十八日，西夏人决开了灵州城南的七级渠[①]，遂致“渠渐盈溢”。加之宋军驻屯于稻塍之地[②]，地卑下，致使“河水浸营，难于驻留”[③]。为什么会出现这样的现象呢？实是银川平原特殊的灌渠管理方式所致。“每岁于河冻之时，以草闭塞渠口，名曰‘卷埽’。至清明征派民夫，挑渠垒坢[④]，官司监工，力役一月，名曰‘春工’。至夏至掣去所卷之埽，放水入渠，名曰‘开水’。开水之时，必闭塞上段陡口，赶水到梢，名曰‘封水’。又防水大冲决，一面将陡口开放一二分，名曰‘俵水’。”[⑤]的确如此。《天盛改旧新定律令》卷十五《春开渠事门》中对春季修整灌溉渠道的条文就足可说明西夏时银川平原冬季灌溉渠道和上述规定一样，冬季渠口处于封闭状态，渠道干涸无水，以便开春的水利修整。清楚了此现象，再回头看灵州城东部枝津的问题。在渠水侵逼下，高遵裕不得不从灵州城下撤围，随即“贼马出没邀截”。然史籍中并无关于宋军渡河东撤及士卒在西夏军队的追击下溺亡的片言记载，反而对宋军涉渡灵州城外河渠等情况做出详细记载。据此笔者认为，其时黄河枝津当处于无水断流的干涸期，而且枝津入水口亦当高于冬季黄河主河道水位。如若不然，何以要决七级渠而不是枝津呢？再有，西夏人决开七级渠后，渠水盈溢，漫延至灵州城下，致使宋军难以驻屯，如若枝津此时有水，河道深阔，七级渠水当不致侵及灵州城下。上

① 据汪一鸣先生考证，七级渠当为今秦渠。

② 《续资治通鉴长编》卷三二〇“神宗元丰四年十一月”，第7720页。

③ 《续资治通鉴长编》卷三二一“神宗元丰四年十二月”，第7738页。

④ 坢，宁夏方言读音为bai，意思为堤。见白述礼：《大明宁夏督储河东道工部尚书张九德》，《宁夏大学学报（人文社会科学版）》2011年第2期。

⑤ 《宁夏省水利专刊》，宁夏省政府建设厅，1936年，第2页。

述种种现象只能说明，其时灵州城东侧的黄河枝派处于无水期，且河道淤塞、河床抬升，已有或者甚至已在向陆连岛演变的态势。这从明代黄河与灵州城的位置关系即可看出，不再赘述。

最后，赫连夏时种植在洲渚上的桑、榆、枣、桃、李等果木大面积消失，代之而起的是灵州城外新植的柳树。高遵裕在围攻灵州城的过程中因缺乏攻城器具，“［高］遵裕旋令采木为之，皆细小朴拙不可用”[①]。忖之，灵州城外已无粗壮树木，赫连夏时的果木似已大面积消失。另外，跟随高遵裕来到灵州城的张舜民目睹了灵州城外的情况，有诗言：“灵州城下千株柳，总被官军斫作薪。”此前宋军置办攻城器具的木材“细小朴拙不可用”，那么张舜民所言灵州城下的柳树当是西夏新植，其极有可能是用来保护黄河堤岸的。然碍于西夏文献无存，只能借助宋代资料做一援引。宋太祖开宝五年（972）曾下诏：“应缘黄、汴、清、御等河州县，除准旧制种艺桑枣外，委长吏课民别树榆柳及土地所宜之木。仍按户籍高下，定为五等……”[②]宋太宗时，王嗣宗任澶州通判，“并河东西，植树万株，以固堤防”[③]。甚至在宋徽宗重和元年（1118），宋廷又下诏：“滑州、濬州界万年堤，全借林木固护堤岸，其广行种植，以壮地势。”[④]宋人已大规模用种植树木的方法固护黄河等河流堤岸，处处向中原王朝学习的西夏，在灵州城外种植柳树的目的亦当基于此。

综上所述，通过对《续资治通鉴长编》相关内容的分析，我们对灵州城周边黄河、沟渠、植被有了大体认知。即宋夏时期，灵州城坐落的河心洲依旧存在，黄河在此分汊为东西两派，西派是主流，东派为枝津；同时城外有三条自黄河引水的分水大渠；黄河河心洲已有或者甚至已在向陆连岛演变的态势，黄河东枝河道淤塞河床抬升，冬季时处于无水断流状态；灵州城外赫连夏时种植的果木树林已大幅消失，代之而起的是西夏出于保护加固黄河、沟渠等堤岸而新植的柳树等。

3. 东关镇、高台寺、省嵬城与黄河河道位置

东关镇、高台寺、省嵬城不仅在西夏时期的银川平原上占有举足轻重的地位，而且它们的空间位置和布局亦与本时段内黄河河道位置具有密切的关联，因此，又为探索宋夏时期黄河流路另辟了途径。

---

① 《续资治通鉴长编》卷三一九“神宗元丰四年十一月”，第7707页。

② 《宋史》卷九一《河渠志一》，第2257页。

③ 《宋史》卷二八七《王嗣宗传》，第9647页。

④ 《宋史》卷九三《河渠志三》，第2315页。

（1）东关镇与黄河河道位置

东关镇，宋夏时期灵州城东濒临黄河的重要战略据点，李焘在《续资治通鉴长编》中多次对其道里方位给予记载。其中据从李继迁处逃归的魏琼等人言：“继迁在灵州东三十里东关镇，树栅居之，所部人骑约三万。去岁伤旱，禾麦不登，又引河水溉田，功毕而防决。凡执役者，有小过则系头投于河，令人就下流接视，蕃人则援以出，汉人则否。”[①] 元丰四年五路伐夏期间，泾原路刘昌祚云：“前日磨脐隘之战，余众［西夏军队］皆保东关镇，东关在城东三十里，旁直兴州渡口，平时自是要害，今复保聚，若乘此急击之，外援既歼，孤城当自下。”[②]紧接其后的元丰五年（1082）高遵裕因宋夏战争失败而遭贬官之际，上书陈言失败的原因时指出：“又议者罪臣不能破贼外援，力下东关，盖东关贼之饵兵，军法勿食……盖灵州至东关四十里，仍阻七级渠，主客异势，难保万全……”[③]从以上三条记载探知，东关镇与其说位于灵州城东，毋宁说是东北30里的地方，七级渠阻隔其间，与灵州城成掎角之势。同时，东关镇一带地势平坦，黄河经其西部北流，灌溉条件优越，利于屯耕。再者其濒临黄河，扼守通往兴庆府的黄河渡口，战略位置极其重要。灵州城位于今吴忠市利通区古城湾村与陈袁滩镇间黄河河道中，若以该段黄河主航道为圆点，30里为半径画圆，可知东关镇在今灵武市崇兴镇台子村附近。恰在台子村南130米处有一西夏时期的遗址——台子遗址，“面积约6万平方米，地面可见方形建筑台基三处，夯筑而成，边长5—8米，高约0.6米。地表散布大量瓷片及建筑构件，瓷片有黑釉和白釉两种，器型包括罐、盆、瓮、高足碗等，具有典型的西夏风格。建筑构件有板瓦、筒瓦、兽头瓦当、槽形瓦等”[④]。此外，1976年，曾于台子村出土数百件西夏瓷器窖藏；1981年，又发现存有360斤宋代铜钱币的窖藏。[⑤]因此，东关镇当位于灵武市崇兴镇台子村附近。[⑥]

（2）高台寺、省嵬城与黄河河道位置

高台寺、省嵬城是目前银川平原有迹可寻的西夏时期古遗址。其中，高台寺遗址位于今银川市兴庆区掌政镇洼路村，省嵬城遗址在今石嘴山市惠农区庙台乡省嵬村东

---

① 《续资治通鉴长编》卷五四“真宗咸平六年五月”，第1194页。
② 《续资治通鉴长编》卷三一九“神宗元丰四年十一月”，第7700页。
③ 《续资治通鉴长编》卷三二二“神宗元丰五年正月”，第7763页。
④ 国家文物局主编：《中国文物地图集・宁夏回族自治区分册》，第267页。
⑤ 许成：《宁夏考古史地研究论集》，第225页。
⑥ 或称东关镇位于今灵武市河忠堡，乃西夏翔庆军驻地。见鲁人勇：《西夏地理志》，宁夏人民教育出版社，2012年，第45—46、95页。

南。根据明代宁夏地区四部地方志的相关记载，可以推知两宋时期的高台寺建于黄河河滨之地，省嵬城应位于古黄河的东岸。

还需提及的是，在省嵬城遗址西北不远处有一处西夏时期墓葬——西河桥西夏墓。从其保存状况及与省嵬城、黄河的位置关系综合考量，其当一直处于黄河西岸，并未受黄河摆荡游移侵扰。

综上，通过对《续资治通鉴长编》相关记载的系统分析、解读，宋夏时期黄河银川平原段河道位置的大致轮廓已基本清晰。然出于准确呈现历史时期黄河河道位置的目标需要，针对其中个别重要河段还须详加考究。

（三）《西夏地形图》呈现的黄河银川平原段流路

《西夏地形图》是迄今最早、最详备的一幅西夏时期地理形势图，所绘内容主要是西夏及其周边地区自然和人文地理，学界对其关注已久。据黄盛璋、汪前进两位学者研究，此图当是宋人所绘，绘制年代当是宋徽宗大观二年（1108），在研究西夏历史地理方面具有重要的参考价值。鉴于此，笔者借助此图对宋代黄河银川平原段河道位置试做补充研究。

迄今所见《西夏地形图》版本有三：第一种版本是清代张鉴《西夏纪事本末》卷首所附《西夏地形图》，广为人知；第二种版本是苏联国立列宁图书馆藏《西夏地形图》，由苏联学者克恰诺夫推介；[①]第三种版本是中国国家图书馆所藏明万历三十六年（1608）康丕扬刊刻《宋两名相集》与北京大学图书馆所藏万历三十七年（1609）毛九苞《重校范文正公集》所附图版，[②]即黄盛璋、汪前进发现的现存最早的版本。通过对比，三种版本的差异不容小觑，尤其是黄河灵州城段河渠的分布、绘制最为明显。《西夏纪事本末》本、俄藏本是后人依据旧本《范文正公集》改绘，内容多有变动，单就二者来说，差别就多达一百处左右。[③]再从成书时间和版本源流上讲，《宋两名相集》和《重校范文正公集》为明代刻本，是目前可见最早版本。综合考量，笔者在此以国家图书馆所藏善本——明万历时康丕扬刊刻的《范文正公集》附录的《西夏地形图》为底本进行研究。

---

① ［苏］克恰诺夫：《苏联国家列宁图书馆藏汉文西夏唐古特国地图册手稿》，李步月译，《西北历史资料》1980年第1期，第30—39页。

② 国家图书馆官网中华古籍资源库公布的信息显示为《范文正公集》，包括正文二十四卷、年谱一卷、补遗一卷、附录一卷，明万历三十七年（1609）康丕扬刻本。每半页9行，每行19字，白口、四周单边。善本书号是16658、09415、03255。

③ 陈炳应：《西夏文物研究》，宁夏人民出版社，1985年，第435、455—457页。

1. 宋西夏时期黄河灵州城段河渠分布

《西夏地形图》是目前唯一直观反映宋西夏时期黄河银川平原段流径的图文资料，尤其是灵州城近旁的人文地理格局和河渠形势表示得甚为详明。

在明万历三十六年康丕扬刊本《范文正公集》所附《西夏地形图》上，可明显看到黄河灵州城段南岸，自西向东（就图上所示方位而言，下文依此）有四条源自黄河的支汊。由南向北图示依次为“里仁瀑”“大绞瀑”“吴仁瀑”，第四条没有名称，仅能看到其东端汇入黄河，西端、中间部位被“大都督”“灵武郡”“朔庆军”“灵州”四个名词覆压。这一条无名分汊河道，笔者认为它应是黄河支派——东枝河道。史籍明确记载，灵州城被河水包围，位于黄河主流和枝津间的河渚之上，“况灵武郡城，介在河上”。同时，有三条从黄河引水的灌溉大渠。对照《西夏地形图》，灵州城近旁有三条以“瀑”为名的支汊，图上所注“瀑”皆应为“渠”[①]，如此，“××瀑”即“××渠”。那么，《西夏地形图》所示河渠信息正与文献记载吻合。据此可知，紧邻黄河主干道的那条支汊就是黄河的枝津。况且图中在“朔庆军”“灵州”侧旁标注“古灵州”之名，其位置恰处在黄河主流和东枝河道围成的河心洲上。

2. “两岔河”周边地理要素

在《西夏地形图》上，灵州城东、黄河南岸有一条支流——两岔河（详见后文），周边绘注的地理要素极为丰富。然而这些图文资料多不见诸史籍，那么它们对弥补文献缺失，判断黄河在此间流径是弥足珍贵的。惜文献不足征，笔者只能借助仅有的片语记载试做探索。

《西夏地形图》中“古两”“分山口”“宁令口”自右及左竖写于黄河支流西侧，于是，疑问产生了：这三个词语是指代三个地点还是同一个地名呢？《宋史·夏国上》载：“谅祚，景宗长子也，小字宁令哥，国语谓‘欢嘉’为‘宁令’。两岔，河名也，母曰宣穆惠文皇后没藏氏，从元昊出猎，至此而生谅祚，遂名焉。”[②]《西夏书事》亦言：“庆历七年、契丹重熙十六年、夏天授礼法延祚十年（1047）春二月，猎于两岔河，生子谅祚。”[③]谅祚，西夏毅宗，因生于两岔河而取小名“宁令两岔”。胡玉冰指出：“从《宋史》对谅祚小字的释意来看，小字应该是‘宁令两

① 黄盛璋、汪前进：《最早一幅西夏地图——〈西夏地形图〉新探》，《自然科学史研究》1992年第2期，第186页。

② 《宋史》卷四五八《夏国上》，第14000页。

③ 〔清〕吴广成撰，龚世俊等校证：《西夏书事校证》卷一八，甘肃文化出版社，1995年，第211页。

岔’。为纪念谅祚诞生在两岔河，所以取名中有河名，这样的小字才符合《宋史》对小字的解释。”[①]《西夏书事校证》进一步指出：“谅祚本名‘宁令两岔’，‘哥’字，乃宋版讹也。”[②]宁令亦见于《西夏地形图》，图中于黄河南岸支流旁标注有“宁令口”一名。同时，其旁还竖写有“古两”“分山口”两列字。根据《西夏地形图》图幅、地理要素绘注特征及语义，“古两”与“分山口”当连起来读作“古两分山口”才是。“分山”学界多认为是“岔”字，“很可能是在地图的传抄过程中，将‘岔’字上下结构的距离拉大分开而写成两字‘分山’”[③]。若此论无误，“古两分山口”当是“古两岔口”之讹。此外，还有一佐证，西夏辞书《文海》中对“岔”字做出释意，“岔，此者枝岔也、谷也、川之谓”[④]。结合谅祚名字的来历，“古两岔口”与“宁令口”当为同一地名，“两岔口”前冠一“古”字，正好体现出地名的沿革变迁。讨论及此，又产生一个问题，“两岔河”是黄河支流名称，《西夏地形图》怎么绘注为“两岔口”呢？破解此疑窦，首先须确定“两岔河”乃何所指。

《宋史·夏国上》言，元昊与没藏氏外出狩猎，至两岔河而生谅祚，《西夏书事》对此记载稍详：“曩霄尝顾没藏尼于戒坛院，臣下谏之不听。是时出猎，载没藏氏偕行，营于两岔河而生谅祚。”[⑤]既是狩猎，那么狩猎场所对环境、地形就有一定要求，诸如林地、草场之类。纵观银川平原河东地区，符合此条件的只有今灵武市东山一带。灵武市东山由自北而南的马鞍山、旗眼山、猪头岭、牛布朗山、面子山、杨家窑山等构成，面积约425平方千米。[⑥]其中猪头岭生长着24.5万亩的天然次生柠条林，磁窑堡地区分布有灌木林区，灵武市天然牧场388.31万亩集中分布在东部山区。[⑦]调查发现，灵武市境内野生脊椎动物约141个种和亚种，约占全区脊椎动物种数的32.4%。新中国成立前，磁窑堡居民多从事畜牧与狩猎，牧养骆驼、牛、马、羊，狩猎土豹、黄羊、狼、鹰等。此外还有一证据可说明灵武东山一带历史时期优越的自然环境。位于灵武东山的磁窑堡东北不足10千米的地方有一湖泊——鸳鸯湖，现已干涸。侯仁之先生曾到此实地考察，从当地老者口中得知，清末民国时期鸳鸯湖面积很大，水鸟众多，周围水草丰茂，湖中芦苇有一房子之高，村民多用来建造房屋。湖的

① 胡玉冰：《传统典籍中汉文西夏文献研究》，中国社会科学出版社，2007年，第319页。
② 《西夏书事校证》卷一八，第211页。
③ 胡玉冰：《传统典籍中汉文西夏文献研究》，第319页。
④ 史金波、白滨、黄振华：《文海研究》，中国社会科学出版社，1983年，第431页。
⑤ 《西夏书事校证》卷一八，第211页。
⑥ 灵武市志编纂委员会编：《灵武市志》，宁夏人民出版社，1999年，第28页。
⑦ 《灵武市志》，第66、100页。

西部有一出水口，流经旧磁窑堡南，向西汇入西天河即今大河子沟。在鸳鸯湖西南的五更山下曾有百十来棵大榆树，因环境恶化和村民过度砍伐，现已不存。[①]遥想在千年以前的宋夏时期，此区域生态环境优越，应是狩猎的首选区域。无独有偶，恰在此区域有一条河流——大河子沟，笔者推测，当是两岔河所在。大河子沟，黄河东岸支流，当地居民又称其为甜水河、西天河，发源于灵武市东南部马家滩的杨家窑山，全长约65千米，宽100—400米。沿途汇集了回民巷沟、红崖子沟、挂井子沟等支流。上游杨家窑山至跑马泉村段由南向北流，中游从跑马泉村直至灵武东山口段为西向流，下游出灵武东山口——马鞍山与旗眼山间山口，转向北流，后沿灵武东山山脚北流入黄河。[②]那么，马鞍山与旗眼山间山口当是两岔口无疑。

这一推论还可从宋太宗至道二年（996）秋宋军五路征讨李继迁的军事行动中得到佐证。至道二年春，李继迁赴浦洛河劫夺粮秣，宋太宗因此而调遣五路军队进攻乌池、白池一带李继迁驻地。其中，环庆路统帅李继隆战前对行军路线的抉择就很好地证明了前此推论。《宋史·李继隆传》载："是秋（至道二年秋），五路讨继迁，以继隆出环州，取东关镇，由赤柽、苦井路赴之。继隆以所出道回远乏水，请由橐驼路径趋贼之巢穴。"[③]《续资治通鉴长编》则对李继隆打算调整行军路线的缘由做了交代，环庆路钤辖卢斌对李继隆云："由灵州趋乌、白池，月余方至，若自环州抵贼巢（校勘记作"若自环州托驼路"），才十日程尔。"紧接其后又载："继隆因遣其弟继和驰驿上言：'赤柽路回远乏水，请自青冈峡直抵继迁巢穴，不及援灵州。'"[④]此役目的地是乌池、白池地区，乌池即今陕西省定边县西北部的苟池，白池在今内蒙古自治区鄂托克前旗与宁夏盐池县交界的北大池。宋太宗要求环庆路的李继隆从环州（今甘肃环县）经旱海（今宁夏盐池、同心、灵武、吴忠及甘肃环县交界地区）、浦洛河（盐池县惠安堡老盐池村）、耀德镇（灵武市石沟驿西）、清边镇（灵武市白土岗子）至东关镇，然后由赤柽、苦井路赴乌、白池。从环州到灵州共500里，灵州东至盐州又300里。李继隆计划的路线则是从环州出青岗峡（今甘肃环县洪德乡西北）经骆驼会直接抵达盐州（今陕西省定边县红柳镇北部沙场村古城），此段行程300余里。[⑤]两条道路相较，前者曲折迂回，达800里之遥，且经有"七百里旱海"之称的沙区，显然就是"道回远乏水"，耗时一月之余也是自然之事。如此，李继隆意欲由

① 侯仁之：《步芳集》，北京出版社，1981年，第168—172页。
② 杜灵通：《银川平原》，世界图书出版公司，2015年，第67页。
③ 《宋史》卷二五七《李继隆传》，第8967页。
④ 《续资治通鉴长编》卷四〇"宋太宗至道二年九月"，第851页。
⑤ 《武经总要前集》卷一八上《边防三上》，第1084—1085页。

环州直达盐州便不足为怪了。东关镇前已考证在今宁夏灵武市西南崇兴镇台子村。赤柽位于今灵武市东北部，苦井则在今盐池县天池子附近。[①] 这样，由东关镇东北行，穿越马鞍山与旗眼山间山口，溯大河子沟东行直达盐州。[②]如此看来，宋夏时期此线也是一条重要驿路。今盐池县通往银川的公路、铁路均经此线而过。《武经总要前集》“长城岭路”条载：“自［保安］军北归娘岭六十里，过长城岭，北至秦王井驿，入平夏，经柳泊岭、并铁市、白池、人头堡、苦井、三分山口（校勘记作‘三岔谷口’，笔者认为当是）、河北九驿，至故灵州怀远镇七百里。”[③]巧合的是此段驿路白池至兴庆府段不管从道路走向还是沿途地理要素都与《西夏地形图》所示完全一致，唯“三岔谷口”作“古两岔口”，但此并不影响对两岔口位置的判断。故李继隆指出的取东关镇后所走的赤柽、苦井路当非此无它。鲁人勇等学者亦认为，赤柽、苦井路大约就是今天灵武县（市）到盐池县的道路。[④]

究实而论，从历史实际、自然地形及《西夏地形图》标绘来看，大河子沟即两岔河乃适相符合。至于“古两岔口”“宁令口”，当指“两岔河”，即今大河子沟西出马鞍山与旗眼山间的谷口。[⑤]

综上所述，宋夏时期黄河银川平原段流路的具体情况如下：青铜峡口到灵州城段大致与唐时无大差异，基本可视为沿唐时故道畅流；在绕经灵州城后，东北流，经东关镇西，后转向西北流，进入今永宁县境，而后又东北流，经高台寺东；后屈曲东北流，经平罗县城与今黄河间，继而东北流经省嵬城西，又曲折北流经西河桥西夏墓东，进而东北流出银川平原。两岔河即大河子沟，在东关镇和高台寺间注入黄河。

元代黄河银川平原段河道位置的具体情状，因文献阙如，详情不可得知。但根据《元史》中世祖本纪、董文用传[⑥]、张文谦传[⑦]、郭守敬传[⑧]等记载，同时参诸元朝时期的气候状况[⑨]及明代初期此间黄河河道流路等，又考虑到元朝国祚短促，故而可以推知元代黄河的流径大致与明初无大差异。

---

① 鲁人勇、吴忠礼、徐庄：《宁夏历史地理考》，第154页。

② 艾冲：《唐蕃争夺的盐州治城新考》，见杜文玉主编：《唐史论丛》第16辑，陕西师范大学出版总社有限公司，2013年，第18—28页。

③ 《武经总要前集》卷一八上《边防三上》，第1070—1071页。

④ 鲁人勇、吴忠礼、徐庄：《宁夏历史地理考》，第154页。

⑤ 胡玉冰认为，由于后世传抄之笔误，致使原本是河名的“两岔”慢慢讹变成山口名称。见胡玉冰：《传统典籍中汉文西夏文献研究》，第319页。

⑥ ［明］宋濂等：《元史》卷一四八《董文用传》，中华书局，1976年，第3495—3501页。

⑦ 《元史》卷一五七《张文谦传》，第3695—3698页。

⑧ 《元史》卷一六四《郭守敬传》，第3845—3852页。

⑨ 葛全胜等：《中国历朝气候变化》，科学出版社，2010年，第436—492页。

（四）结语

通过对历史文献相关记载、舆图信息及考古调查资料等的综合与分析，进而对隋唐宋元时期黄河银川平原段河道位置有了新认识，得出如下结论：

第一，隋唐时期黄河出青铜峡口后北流，经今青铜峡市王老滩、营门滩一带，后沿今汉延渠与西河间东北流，继而在古城湾村与陈袁滩镇附近折东而流，绕经古城湾村和陈袁滩镇的西侧及北部，形成一河湾。而后又折北流，经今增岗堡、刘家庄东汉延渠东侧；继而东北流经银川市兴庆区大新镇徐家庄、曹家庄等四庄沿线，继续屈曲东北流，经今平罗县姚伏镇东，又东北流经陶乐镇与平罗县城间黄河西部，继而东北流，从贺兰山东北端出银川平原。此时期灵州城依然坐落在黄河河心洲的东南部，黄河枝津也即东河，大致沿今吴忠市段“古河崖”东北流，经灵州城南部和东部。

第二，宋夏时期黄河青铜峡口到灵州城段大致与唐时无大差异，基本可视为沿唐时故道畅流。黄河在绕经灵州城后，东北流，经今崇兴镇台子村（东关镇）西，后转向西北流，进入今永宁县境，而后又东北流，经掌政镇洼路村（高台寺）东，又屈曲东北流，经平罗县城与今黄河间，继而东北流经今石嘴山市惠农区庙台乡省嵬故城之西，又曲折北流经西河桥西夏墓东，进而东北流出银川平原。两岔河即大河子沟，在东关镇和高台寺间注入黄河。

第三，《西夏地形图》中灵州城东黄河支流当是宋夏时期的两岔河，相当今发源于灵武市东南部马家滩的杨家窑山的大河子沟，又名西天河、甜水河。“两岔口”则为今灵武东山马鞍山与旗眼山间的山口。

第四，元代时黄河的流径由于文献不足征，大致可推知与明初无大差异。

简而言之，通过对隋唐宋元时期黄河银川平原段河道位置的探究，总结历史经验、规律，对打造宁夏地区沿黄城市群建设、“黄河金岸工程”、农田水利发展都具有借鉴意义。

三、明代宁夏平原段黄河河道位置与变迁

黄河在历经东汉至唐八百多年相对“安流期”后[①]，至五代，又进入“不安流期”，且河道变化、决溢呈愈演愈烈之势。《宋史》《元史》《明史》三部官修史

① 谭其骧：《何以黄河在东汉以后会出现一个长期安流的局面——从历史上论证黄河中游的土地合理利用是消弭下游水害的决定性因素》，《学术月刊》1962年第2期。

书在《河渠志》中都辟有黄河专篇。[①] 这是前代史传不曾有的现象。尤其至明代，有关黄河决溢、迁徙的记载不绝于史。“平地成湖，一望弥漫”“千村万落漂没”等词句，屡见于正史、地方志及一些专著中。明代“［黄河］河道之紊乱，不下于金、元两代”，而且“［河道］忽南忽北，极不稳定”。[②]很明显，此时黄河处于“不安流期”。如是推论，是基于衡量黄河“安流”与“不安流”的两个标准：一是黄河河道稳定与否，主要是指主流平稳，未出现较大改道；二是黄河决溢的频次、范围与受灾程度。[③]黄河“不安流”的大趋势，同样可从明代黄河银川平原段河道频繁迁徙、决溢事件得到证实。

在此，对明代黄河银川平原段河道变迁情况试做探索。出于准确把握明代黄河银川平原段河道变迁梗概的需要，笔者将此段河道分为南、北两段予以论述。南段河道，指今青铜峡口至银川市的黄河河道；北段河道，则为银川市至石嘴山市境内黄河河道。

（一）明代银川平原段黄河南段河道位置

史籍中对明代黄河银川平原段记载最为详备的，当首推编修于明代的四部宁夏地方志。这些方志资料成为探究古黄河河道变迁的主要文献基础。

1. 史志文献对银川平原南段黄河河道的记载

明庆靖王朱㮵编修的《宣德宁夏志》载：“［灵州］故城居大河南，今犹存其颓垣遗址，其西南角被河水冲激崩圮。洪武间筑城于故城北十余里。永乐间亦被河水冲圮，今之新城，宣德间陈宁阳、海太监奉旨，相度地形，卜沙山西、大河东，西去故城五里余，命平凉卫指挥钟瑄、左屯卫指挥王刚督工筑者。地土高爽，视旧为胜。”[④]

《弘治宁夏新志》“灵州守御千户所”条载：“［洪武］十七年，以故城为河水崩陷，惟遗西南一角，于故城北七里筑城，编集原遗土民及他郡工役民夫之忘归者，为瓦渠、枣园、苜蓿、板桥四里，……宣德三年，其城湮于河水，又去旧城东北五里筑城。景泰三年，增筑新城。”[⑤]

《嘉靖宁夏新志》“灵州守御千户所”条下载：“［洪武］十七年，以故城为

① 《宋史》卷九一《河渠志一》、卷九二《河渠志二》、卷九三《河渠志三》，第2255—2316页；《元史》卷六五《河渠志二》、卷六六《河渠志三》，第1619—1626、1645—1654页；《明史》卷八三《河渠志一》、卷八四《河渠志二》，第2013—2045、2047—2075页。

② 《黄河水利史述要》编写组：《黄河水利史述要》，黄河水利出版社，2003年，第255页。

③ 闵祥鹏：《东汉至唐黄河“安流”问题研究述论》，《历史教学》2010年第16期。

④ 《宁夏志笺证》，第82页。

⑤ 胡玉冰主编：《弘治宁夏新志》卷三《灵州守御千户所》，胡玉冰、曹阳校注，中国社会科学出版社，2015年，第62页。

河水崩陷，惟遗西南一角。于故城北七里筑城，编集原遗土民及他郡工役民夫之忘归者，为瓦渠、枣园、苜蓿、板桥四里，……宣德三年，城湮于河水，又去旧城东北五里筑之，景泰三年，增筑新城。”①

《万历朔方新志》载：“灵州城……洪武十七年，城湮于河，移筑于城北七里。宣德三年，又为河崩，再城于东北隅五里。景泰三年，展筑之。”②

2. 对四部宁夏志录文的认识

四部明代宁夏地方志，按成书先后为《宣德宁夏志》《弘治宁夏新志》《嘉靖宁夏新志》《万历朔方新志》，之间多有因袭损益。编修者朱㮵是明太祖朱元璋第十五子，受封于宁夏的庆靖王；其后之胡汝砺、管律、杨寿等，都有仕宦或旅居宁夏的经历，且“博文有辞，通世故”。③再有，后出志多是出于旧志，因此，所记黄河银川平原南段河道情状，当是可信的。为更准确理解和把握录文所蕴含的有效信息，在此有必要对其再认识。

首先，对四部宁夏志录文的几处矛盾予以辨析。

矛盾之一：洪武十七年（1384）灵州城北迁里程的差异。朱㮵本《宁夏志》云：“筑城于故城北十余里。”后三部宁夏志均载于“故城北七里筑城”。笔者认为“七”当是“十”字之讹，因形近而误。在古籍中此种现象比比皆是，“是古书致误的最主要原因”。王念孙有言：“推其致误之由，则传写讹脱者半，凭意妄改者亦半也。”④ 此外，从四座灵州城间的道里（即今吴忠市至灵武市30里）亦可佐证“七”是“十”之讹。⑤

矛盾之二：灵州故城损毁状况的记述分歧。《宣德宁夏志》载：“其西南角被河水冲激崩圮。”弘治、嘉靖两部宁夏志却道：“［洪武］十七年，以故城为河水崩陷，惟遗西南一角。”如何解释这一分歧呢？学界存有不同观点。白述礼、吴忠礼认为《宣德宁夏志》所载遗失西南角的故城是古灵州城，为朱㮵亲眼所见。⑥ 笔者在全

① 〔明〕胡汝砺编，〔明〕管律重修：《嘉靖宁夏新志》卷三《所属各地》，陈明猷校勘，宁夏人民出版社，1982年，第181页。

② 胡玉冰主编：《万历朔方新志》卷一《地理》，胡玉冰校注，中国社会科学出版社，2015年，第7页。

③ 陈明猷：《嘉靖〈宁夏新志〉的史料价值》，见中国地方史志协会编：《中国地方史志论丛》，中华书局，1984年，第123页。

④ 〔清〕王念孙：《读书杂志·淮南内篇杂志》，江苏古籍出版社，1985年，第962页。

⑤ 杨森翔：《城市记忆》，第179—180页。

⑥ 白述礼：《今宁夏吴忠市有古城湾村吗？——与〈关于唐代原州的三个问题〉一文作者商榷》，《宁夏史志》2012年第6期。

面分析《宣德宁夏志》关于灵州城故址记载的基础上认为，在《宣德宁夏志》述及的三个“故城”中，“第一个‘故城’就是宣德年间仍可见其遗址的明代洪武年间迁建的灵州城址。第二个‘故城’才是洪武年间被黄河大洪水冲没的‘惟遗西南一角’的西魏北周隋唐宋元时期的灵州城址。‘洪武间筑城’之‘城’则是永乐年间被黄河洪水再次冲坏的灵州城，即第一个‘故城’。第三个‘故城’则是指永乐年间放弃洪武中所筑城池后再次迁建的灵州千户所城，亦即‘视旧为胜’的‘旧城’所在。而‘今之新城’就是宣德间迁建的今灵武市老城区”[①]。

矛盾之三：明代灵州城迁徙次数。《宣德宁夏志》所记为三次，即洪武、永乐、宣德间三次。其他三部志书均记为两次，缺载永乐年间的一次。遍检《明实录》《明史》及相关宁夏方志，发现些许蛛丝马迹。明代天启中（1621—1627），履职于宁夏的张九德在《灵州河堤记》中写道：“粤稽洪武甲子迄今，城凡三徙，皆以河故。”[②]“洪武甲子”，张九德在宁夏担任河东兵备道、按察使等要职期间，[③]组织官民修筑灵州河防工程、治理黄河，无疑对宁夏地方史了然于胸。此外，翰林院编修南居仁在《灵州三贤祠碑记》亦曰：“洪武以来，三徙城矣。”[④]因此，明代灵州城当由故址向东北三次迁徙。至于史志诸书失载永乐间的一次迁徙，吴忠礼先生认为：“永乐恰为朱旃（笔者按，“旃”当作“㮵”）亲身经历之时，亦不可不信。似为墙垣部分汛损，城址尚未危及，故未徙治或建新城。”[⑤]聊备一说。

其次，从史籍中我们了解到，从明初至宣德时，由于黄河不断东徙侵蚀，致使灵州城在明代三度迁移其址。第一次在洪武十七年（1384），第二次在永乐年间，具体时间阙载，第三次在宣德三年（1428）。经三次徙治，灵州城由今吴忠市利通区古城湾村西部迁至灵武市老城区，相距30里之遥。

最后，明代黄河银川平原段南段河道与今相较，位置更靠东，但河道类型基本一致，为顺直分汊型河道，且河道东西摆荡游移为历代罕有。

成书于明代的四部宁夏志，简要地勾勒出明代黄河银川平原段南段河道的流向、流路。后文将以此为着力点展开探索。

---

① 艾冲、刘冬：《亦论宁夏吴忠市有无古城湾村——与白述礼先生商榷》，《三门峡职业技术学院学报》2013年第1期。

② 《乾隆宁夏府志》卷一九《艺文二》，第741页。

③ 白述礼：《大明宁夏督储河东道工部尚书张九德》，《宁夏大学学报（人文社会科学版）》2011年第2期。

④ 《万历朔方新志》卷四《词翰·碑记序说》，第337页。

⑤ 《宁夏志笺证》，第91页。

3. 明代黄河银川平原段南段河道位置

对明代四部宁夏志有关黄河银川平原段南段录文做了再认识、辨析，基本澄清了明代黄河银川平原段南段河道概况，认识到明代黄河位置与现今及其前历史时期的巨大差异。因此，实有必要进一步究析明代黄河南段故道具体位置。

（1）灵州三迁与黄河银川平原段南段河道位置

明代灵州城三次迁徙都是在黄河“不安流”的大背景下的无奈之举。因此，探索灵州城三次迁徙具体地望，对推断黄河故道位置具有重要参考价值。

明代三座灵州城先后建置于洪武十七年、永乐年间、宣德三年。为方便行文，权将三城简要称作：洪武十七年灵州城、永乐灵州城、宣德灵州城。

洪武十七年迁建灵州城的地理位置。明代灵州城第一次迁徙肇始于明太祖洪武十七年，因黄河特大洪水致使古灵州城被冲没，只剩下西南一角。古灵州城被迫北迁十余里，另辟新址重建。洪武十七年迁建的灵州城在何处呢？《明史・地理志》载：“灵州守御千户所，卫东南。洪武十六年十月置，治在河口。”[①]《弘治宁夏新志》“灵州守御千户所”条载：“［洪武］十七年……于故城北七里筑城……又以来王土夷四百有奇，兼调宁夏前卫宋德等六百户，共为之十百户，置守御千户所，直属陕西都司。”[②]《嘉靖宁夏新志》亦如之。[③]《明太祖实录》却载：“［洪武十六年冬十月］癸酉置灵州河口守御千户所。”[④]史志关于灵州守御千户所建置时间截然不同。然此分歧的解决对考实洪武十七年迁建的灵州城地望十分关键。《明实录》是根据宫廷和政府各部门档案编纂而成，[⑤]通常情况下所记史事较一般史籍可信度高。但仔细揣摩文意，其中分歧，并不难理解：行政单位的调整、建置在做出决定与实际成立之间需要一段筹划准备时间。《明实录》《明史》所记时间当是政府下达筹建灵州守御千户所的时间。再者，十月份的宁夏地区已经天寒地冻，不适宜大兴土木，宣德灵州城的兴建就是明证。因此，灵州所城当是筹建于洪武十六年冬十月，正式兴筑于十七年。迁建后的灵州所城坐落在“河口”地方，且南距古灵州十余里。审视今吴忠、灵武地区，符合这一地理特征的只有至新华桥村附近注入黄河的苦水河（亦名山水河）[⑥]入黄之河口。但此处地表并未有古城遗迹发现。笔者曾亲赴实地考察，从灵武市文管

① 《明史》卷四二《地理志三》，第1012页。
② 《弘治宁夏新志》卷三《灵州守御千户所》，第62—63页。
③ 《嘉靖宁夏新志》卷三《所属各地》，第181页。
④ 《明太祖实录》卷一五七“洪武十六年冬十月”，第2433页。
⑤ 杨新才、吴忠礼主编：《〈明实录〉宁夏资料辑录・前言》，宁夏人民出版社，1988年，第1页。
⑥ 《宁夏回族自治区》编纂委员会编：《中华人民共和国地名词典・宁夏回族自治区》，第169页。

所主任刘荣安处得知，新华二组某户村民在其家农地栽植果树时曾在地表以下1.2米深处掘出青砖和人工开凿的大条石，据此判断，该处应是一座古城遗址。[①]据载，“上世纪（20世纪）70年代，人们在大搞农田基本建设时，还在双墩子及隔河相望的杨滩挖出不少条石、古砖瓦及一些陶器”。[②]因此，洪武十七年迁建的灵州城当位于今吴忠市利通区北部的双墩子村与新华桥村一带。

永乐年间迁建灵州城的地理位置。明成祖永乐年间（1403—1424），洪武十七年迁建的灵州城也遭到黄河洪水“洗礼”，“其西南角被河水冲激崩圮”。明政府无奈再次迁建灵州城。囿于史料缺失，对此次迁建的道里、方位均无明文记载。庆幸的是史籍中详细记载着明代第三次迁建的宣德灵州城与永乐灵州城间的道里、方位关系，此为探索永乐灵州城地望提供了一条线索。

宣德二年（1427），“阳侯鼓怒”，永乐灵州城危在旦夕。时任宁夏总兵的宁阳侯陈懋上表中央政府，请求第三次迁建灵州城。《明宣宗实录》“宣德二年十一月条”载：“庚戌，宁夏总兵官宁阳侯陈懋奏，灵州千户所城垣旧距黄河三里，今河水冲激，切近城下，恐致崩陷，难于守御。城东有地高爽宽平，请徙城于彼。”[③]宣宗皇帝对此高度重视，“命行在工部遣官覆视，果当徙，俟来春用工”[④]。宣德三年（1428）二月灵州城兴建竣工，即“［宣德三年二月］甲子，徙置灵州千户所于城［永乐灵州］东”[⑤]。《宣德宁夏志》进一步指明，永乐灵州城位于宣德灵州城西五里之地，“今之新城，……西去故城五里余”。众所周知，宣德灵州城即今灵武市老城区，由此向西（或西南）推量五里，则是永乐灵州城的位置。图上作业，以灵武市老城为圆心，五里为半径画圆，可知永乐灵州城在今灵武市西余家蒲滩、农场一站附近。

宣德年间迁建灵州城的地理位置。宣德灵州城是明代迁建的第三座灵州城，也是最后一座，建成于宣德三年二月。其位置学界一致认为在今宁夏灵武市老城区。笔者赞同此说，在此仅作一简单介绍。《大明一统志》载：灵州千户所“在［宁夏］卫南九十里”[⑥]。宣德三年后，城郭间有扩建，建制亦屡有调整。“景泰三年，增筑新城。弘治十三年……［改］置灵州，属陕西布政司。”弘治十七年（1504）又增筑南

---

① 艾冲：《灵州治城的变迁新探》，《中国边疆史地研究》2011年第4期。
② 杨森翔：《城市记忆》，第53页。
③ 《明宣宗实录》卷三三“宣德二年十一月”，第855页。
④ 《明宣宗实录》卷三三“宣德二年十一月”，第855页。
⑤ 《明宣宗实录》卷三六“宣德三年二月”，第901页。
⑥ 〔明〕李贤等：《大明一统志》卷三七《宁夏卫》，三秦出版社，1990年，第643页。

关城，“革州治，仍为灵州守御千户所，属陕西都司”[①]。万历五年（1577）又甃以砖石，增辟东门。[②]增筑后的灵州城，周回共七里八分，高三丈。据考古调查可知，“现城严重毁废，仅存西北一角城墙，东西长230米，南北长155米，存高10.3米，基宽9.8米，外包以厚0.7米的灰色条砖”[③]。

（2）洪武十七年至宣德三年（1384—1428）黄河银川平原段南段河道流径

明代迁建的三座灵州城的地望业已清楚，“灵州城的每次迁移，都与黄河改道有关”[④]，因此，三座灵州城的位置为锁定黄河故道流径提供了重要的参照坐标。

《明史·地理志》载：“黄河出硖东流。”[⑤]“硖”通“峡”，即今青铜峡。与战国至北魏时期“河水历峡北注”的流径全然不同。明代黄河不断东徙，致使古灵州城在洪武十七年“为河水崩陷，惟遗西南一角”。据此情状，当是黄河出青铜峡后东流，绕经古灵州城东与北侧，由东向西流，形成一河湾，即今古城湾，再转向东北流去。永乐时，又因黄河冲激，洪武灵州城“西南角被河水冲激崩圮”。其时，黄河当在流经古灵州城后，折向东北流，直逼洪武灵州城西南部。在吞没其西南角后，继续向东北流，经永乐灵州城西三里。在这一过程中，又形成两个河湾。其后，黄河逐渐东摆，至宣德二年逼临永乐灵州城下，即“灵州千户所城垣旧距黄河三里，今河水冲激，切近城下，恐致崩陷，难于守御”，灵州城只好向东迁徙五里，至今灵武市老城区。

在此，还需说明的是，黄河银川平原段南段为砂质河床，河流在摆荡迁徙过程中易形成弯道，“一弯既成，则上下数弯随现”[⑥]。灵州段河道即是如此。

（3）宣德三年后黄河的流路

明代灵州城自宣德三年迁建后，直至明熹宗天启元年（1621）黄河再次直逼城下，已安然度过近两百年。尽管如此，黄河还是逐渐向东摆荡，威胁着灵州城。

宣德三年之后黄河河道变迁详情，赖明张九德《灵州河堤记》、南居仁《灵州三贤祠碑记》及崔尔进《灵州张公堤记》三篇碑记得以窥视其概貌。《灵州河堤记》载：“粤稽洪武甲子迄今，城凡三徙，皆以河故，而河益徙而东。自不佞来受事，不一载，去城仅数十武矣。”[⑦]天启元年，黄河已到距今灵武市“数十武”的地方。

---

① 《嘉靖宁夏新志》卷三《所属各地》，第181页。

② 〔清〕杨芳灿监修，〔清〕郭楷纂修，张建华、苏昀校注：《嘉庆灵州志迹校注》卷一《城池堡寨志第四》，宁夏人民出版社，1996年，第24页。

③ 国家文物局主编：《中国文物地图集·宁夏回族自治区分册》，第268页。

④ 吴忠市地方志编纂委员会编：《吴忠市志》，中华书局，2000年，第105页。

⑤ 《明史》卷四二《地理志三》，第1012页。

⑥ 《宁夏水利志》编纂委员会编：《宁夏水利志》，宁夏人民出版社，1992年，第217页。

⑦ 《万历朔方新志》卷四《词翰·碑记序说》，第333页。

古时半步为武，以六尺为步。明代一尺约为32.7厘米，[①]一武约98.1厘米，黄河与灵州城近在咫尺。天启二年（1622）黄河鼓怒，“壬戌，河大决，居民屡夜惊，议他徙”[②]。在灵州面临第四次徙城移民的紧要关头，张九德力排众议，“若此，是无灵州也！城可徙而东，水独不可徙而西乎”[③]。于是张九德“相度水势，从十里外建石堤”。据《灵州河堤记》载，这道石堤“从南隅实地始，累石特坚厚为堤，首四十余丈，用遏水冲。余以此迤西而北，其累石亦如之，计堤长为丈者六千有奇”[④]。其成效是立竿见影，“功甫成，而河西徙，复由故道。视先所受啮地淤为滩，可耕可艺，去城已十数里矣”[⑤]。虽然黄河已回归到灵州城西十数里的故道，但河防工程并未停止，最终至天启五年（1625）四月竣工，耗时两年半。

宣德三年迄天启元年（1428—1621），黄河河道持续向东摆移，至天启初年，黄河河槽已至灵武城（今灵武市老城区）西数十武之地，强烈地冲刷着灵州城西南郊，且北延约十里的河段也对灵州城构成威胁。据此，黄河流径大致在今灵武市西南、西湖北至安家湖一线。其后，张九德率众在灵武城西十里外，即今灵武市西农场渠、银西高速一线修筑河防工程，迫使黄河回归城西十数里的故道。张九德的施工应是一种人工裁弯取直的工程。综合实际和史籍，经过明末的治理，黄河河道当位于河防工程以西。河堤堤首，据笔者研究，在清代被叫作猪嘴码头的地方。[⑥]该码头的位置，依据《宁夏省水利专刊》所附《灵武县秦渠流域图》，位于秦坝公所西北，今秦坝关。[⑦]防洪大堤由此向北迤逦40余里，纵亘于灵州城西黄河东岸。综上可知，宣德三年（1428）后，灵武市境内黄河流路初在灵武市西——南北向的农场渠、银西高速与河忠堡之间的故道。天启元年（1621），黄河已东徙到灵武市西数十武的地方，沿西湖、安家湖一线北流。至天启五年，黄河又回归故道。

（4）河中堡、高台寺与黄河河道变迁

河中堡、高台寺的空间布局和位置变化都与银川平原段黄河河道变迁存在密切的关联，因此，它们成为判断黄河河道位置的又一重要参照物。

---

① 中国科学院《中国自然地理》编辑委员会：《中国自然地理·历史自然地理》附录“历代度量衡换算简表”，第261页。

② 《乾隆宁夏府志》卷一九《艺文二》，第751页。

③ 《乾隆宁夏府志》卷一九《艺文二》，第748页。

④ 《万历朔方新志》卷四《词翰·碑记序说》，第334页。

⑤ 《乾隆宁夏府志》卷一九《艺文二》，第742页。

⑥ 艾冲：《张九德与宁夏灵武水利》，见中国水利学会水利史研究会编：《水利史研究会第二次会员代表大会暨学术讨论会论文集》，水利电力出版社，1990年，第115页。

⑦ 《宁夏省水利专刊》，第126页。

河中堡的位置变化。河中堡，今作河忠堡，“因原地处河中得名”[①]，位于今灵武市西约10千米黄河东岸。古今空间位置发生跳跃性的变化，实在是“三十年河东，三十年河西”的典型案例。故而，河中堡的空间位置变化是黄河河道变迁的充分表现。

稽诸史志等文献，河中堡似首见于嘉靖十三年（1534）成书的《九边图论》所附宁夏镇图中。[②]迄今有明文记载者，则首见于《嘉靖宁夏新志》，为宁夏卫所领十一堡寨之一。嘉靖时期河中堡位置，《九边图论》，嘉靖二十年（1541）完稿的《广舆图》[③]及嘉靖二十六年（1547）成书的《边政考》卷一《总图》、卷三《宁夏图》，均将其绘于灵州城西黄河河道中。[④]之后，霍冀等于隆庆三年（1569）纂修的《九边图说·宁夏镇分图》、《万历朔方新志》卷首《河西总图》和《南路图》，直至清乾隆元年（1736）的《甘肃通志》也明确将河中堡绘于黄河河道中。[⑤]然而，乾隆四十五年（1780）成书的《乾隆宁夏府志》卷首《舆地全图》河中堡已位于黄河东岸。纵观上述舆地图，可以肯定，嘉靖至清初河中堡一直位于黄河河心洲上。

明嘉靖以前，河中堡地区当是黄河西岸一块向东凸出的河湾半岛，为引水灌溉之需开挖了河忠堡渠，“渠昔受汉延渠之水”[⑥]。明代，汉延渠是银川平原河西灌溉区东部紧邻黄河的大干渠。揆诸史籍和实际，河中堡地区起初位于黄河西岸无疑。之后，在黄河大洪水的作用下被黄河汊道隔离于河道中。银川平原河西灌溉区地势低平、河渠棋布，一旦黄河洪水暴发，往往河决渠溢，河渠不分，甚者河水侵夺沟渠，乃至发展成新的黄河汊道。河中堡当是由此而沦于黄河河道中，河中堡渠当是在河水袭夺之下成为黄河一汊道。根据河道发育演化的特点，其时黄河主河道还是东河。延至清顺治初，黄河西汊河道已淤塞，河心洲已有向陆连岛发育的趋势。[⑦]东河则益徙而东，“顺治初，因黄河冲啮灵州，乃于［河中堡］西岸挑沟以泄其势，后竟成河，而河中堡遂在河中矣”[⑧]。顺治初这一举措实际上是“浚深淤塞的汊河”[⑨]。在人工干

① 《宁夏回族自治区》编纂委员会编：《中华人民共和国地名词典·宁夏回族自治区》，第77页。
② ［明］许论：《九边图论》，见《明代蒙古汉籍史料汇编》第12辑，薄音湖编辑点校，内蒙古大学出版社，2015年，第10页。
③ ［明］罗洪先：《广舆图》卷二《宁夏固兰边图》，明万历七年海虞钱岱刊本，第34b、35a页。
④ ［明］张雨：《边政考》卷一《边图》、卷三《宁夏卫》，明嘉靖刻本，第5a、2b页。
⑤ ［清］许容监修：《乾隆甘肃通志》卷一《图考》，文海出版社，1966年，第66—67、92—93页。
⑥ 《乾隆甘肃通志》卷一五《水利》，第1704页。
⑦ 何彤慧：《银川平原不同类型湿地的历史演变》，《人民黄河》2016年第4期。
⑧ 《乾隆甘肃通志》卷一五《水利》，第1704页。
⑨ 汪一鸣：《历史时期黄河银川平原段河道变迁初探》，《宁夏大学学报（自然科学版）》1984年第2期。

预下，河中堡再度被隔绝于黄河河道中，成为河中洲渚。直到乾隆中后期，洲渚东部与黄河东岸连接，原西汉河成为黄河主干道，河中堡遂成为黄河东岸的居民点。

高台寺与黄河河道位置。高台寺，西夏所建，史载："［天授礼法延祚十年］二月，起高台寺……至是，于兴庆府东一十五里役民夫建高台寺及诸浮图，俱高数十丈……"①西夏末年，被元军付之一炬，"兵燹之后，独荒基废础尚存"②。明初尚有遗迹可寻，位于宁夏城东十五里、大河之滨，台高三丈。庆恭王在此基础上进行重修，其"下有大湖万顷"，"登此以眺，极山河之伟观"。至嘉靖时，万顷大湖已萎缩至"大湖千顷"。这时高台寺的位置，根据考古调查和前辈学者研究，在今兴庆区掌政镇洼路村，尚有遗址存在。③至明后期，高台寺被黄河冲毁，"万历三十年重建，在红花渠东、丽景园内"④。明后期，高台寺由掌政镇洼路村向西移建于今红花乡高台寺村。足见，明前期至中期，黄河流路在旧高台寺东侧，即今掌政镇洼路村、镇河堡村东面。

此外，还有几点佐证。其一，明永乐时，高台寺与黄河间有大片河滩地可供畜牧，"每年四月，俱于高台寺至陆墩沿河一带地阔草蕃之处牧放"⑤。其二，从"套虏"渡河侵扰宁夏镇城，亦可看出高台寺位于黄河沿岸。《嘉靖宁夏新志》"镇河堡"条载："每冬黄河冰结，套虏乘夜长驱直抵永通桥，俟侵晨人畜出城，潜掠而还。……常分兵按伏高台寺，虏终不为忌，乃议筑堡以备之……［嘉靖］十七年，都御史吴铠始委指挥吕仲良城之，人以为便。"⑥其三，万历十八年（1590），明政府组织人力修筑镇河堡沿岸河堤，"以宁夏镇河堡堤坝、城垣工完，叙录在事诸臣"⑦恰在今镇河堡与清水湖间有一道土坎，高差在两米以上，正是这道堤防。⑧综上可知，明代黄河当在今掌政镇洼路村、镇河堡村至清水湖一线之东。

4. 黄河银川平原段南段沿岸明代及明以前遗迹分布

黄河银川平原南段迄今已发现大量明代及明以前古代遗迹，这些遗迹的分布在一定程度上为探索黄河河道位置提供着支撑。

---

① 《西夏书事校证》卷一八，第212页。

② 《宁夏志笺证》，第107页。

③ 许成、汪一鸣：《论西夏京畿的皇家寺院》，见中国古都学会编：《中国古都研究（第五、六合辑）》，北京古籍出版社，1993年，第244页；杨蕤：《西夏故都兴庆府复原的考古学观察》，《草原文物》2004年第1期。

④ ［清］陈梦雷编：《古今图书集成》卷五七六《宁夏卫部》，中华书局影印本，第7a页。

⑤ 《明英宗实录》卷一〇三"正统八年四月"，第2085页。

⑥ 《嘉靖宁夏新志》卷一《宁夏总镇》，第78页。

⑦ 《明神宗实录》卷二二三"万历十八年五月"，第4147页。

⑧ 刘菊湘：《〈饮汗城城址考证〉质疑》，《宁夏社会科学》1993年第5期。

黄河银川平原南段主要流经今吴忠市、青铜峡市、灵武市、永宁县，为准确把握黄河河道位置，现对三市一县境内黄河沿岸明代及明以前古代遗迹做一归纳整理（因此前已对战国至北魏时期银川平原遗迹做了介绍，在此主要整理隋唐至明代的遗迹）。

表3-2　黄河银川平原南段沿岸明代及明以前遗迹分布简表

县市	遗迹名称	位置	时代
吴忠市	东塔墓群	东塔寺乡塔寺村	北魏—宋
	石佛寺遗址	东塔寺乡石佛寺村	唐
	吕氏夫人墓	古城办事处红星村内	
	红星墓群	古城办事处红星村内	
	石佛寺墓群	东塔寺乡石佛寺村	唐、宋
	双墩遗址	市区古城办事处党湾村北500米	明
	紫园墓群	东塔寺乡紫园村清水沟西岸	
	古城墓群	古城村西南2千米	
	兴教寺	市区马路巷	
	太子寺	板桥乡早元村	
青铜峡市	叶升堡址	叶盛镇叶升村	明
	瞿靖堡址	瞿靖镇内	
	大坝堡址	大坝镇韦桥村	
	龙王庙	叶盛镇蒋滩村西南500米	
	地十大庙	叶盛镇地十村东50米	
	关帝庙	叶盛镇席庙村西500米	
灵武市	石坝银器窖藏	临河镇石坝村南200米	西夏
	红柳湾钱币窖藏	临河镇红柳湾村西南500米	
	横城堡址	临河镇横城村	明
	临河堡址	临河村北500米	
	灵州故城	灵武市老城区	
	六墩遗址	石坝村东	
	渔火烽火台遗址	临河镇上桥村七队	
	石坝烽火台遗址	石坝村西500米	
	下桥烽火台遗址	临河镇下桥村	
	火儿烽火台遗址	临河镇四队西7.5千米	
	果园明墓	东塔镇果园五队	
	高庙	东塔镇北	
永宁县	李俊堡	李俊镇内	明
	宋澄堡	李俊镇宋澄村内	
	长湖墓群	通桥乡长湖村南2.5千米	
	西佛寺	李俊镇西北	
	显圣寺	县城北2千米	

注：以上资料根据《中国文物地图集·宁夏回族自治区分册》、宁夏回族自治区文化厅文管会编印《文物普查资料汇编》（内部资料）整理。

5. 其他相关黄河银川平原段南段河道信息的记载

明代黄河银川平原段南段河道资料信息，除宁夏地区相关地方史志有集中记载外，亦零星见于其他文献典籍。这些记载弥补了宁夏地方史志的些许不足，为探索黄河河道位置提供了重要参考。兹作简要摘录与分析：

《皇明九边考》载：“［横城堡］三十里至黄河，三十里至宁夏城。”①

《读史方舆纪要》载：“黄河，［宁夏］镇东南四十里。”②横城堡在黄河东岸，“西三里即黄河渡”。③又载：“横城，红山堡西北四十里，西至黄河三里。”④

《陕西四镇图说·宁夏镇》（明残本）载：“横城堡，……西至黄河十里，至镇城四十里……中路灵州……西至黄河二百步……大坝堡……东至黄河五十步……”⑤

《明宪宗实录》“成化二年闰三月庚辰”条载：“改筑宁夏河西寨城于高阜之地，以旧城为河水冲决故也。”⑥

首先，对四部史籍涉及的古地名做一简单说明。横城堡位于今灵武市临河镇、黄河东岸约450米的横城村。“城平面呈方形，边长约280米。墙基宽7米，高8米，顶宽3.5米。城墙外侧包以青砖，南开的城门绕一长方形瓮城。现保存完整。”⑦大坝堡，在今青铜峡市大坝镇韦桥村，东距黄河4.5千米。河西寨，即今永宁县胜利乡永清村。⑧其次，《皇明九边考》的记载是有问题的。今横城村西去银川老城四十里，与《读史方舆纪要》、《陕西四镇图说》（明残本）互勘，《皇明九边考》中“三十里”显然是“十里”之误。再次，《皇明九边考》成书于嘉靖二十年（1541），此时黄河在今横城村西十里，银川老城东三十里，至清初《读史方舆纪要》成书时，黄河已向东摆动到西距银川老城四十里，东到横城村三里的地方。最后，大坝堡即今韦桥村，东到黄河仅五十步（约98米）。根据现今大坝镇附近地理实际，参诸《黄河上中游考察报告》《宁夏省水利专刊》等图文资料，明时黄河在出青铜峡后，似亦发生分汊，大坝堡旁的西河是支流，东河是主河道。

（二）明代黄河银川平原段北段河道位置

黄河银川平原段北段，地处银川平原北半部，今黄河流经平原东部，从石嘴山

① ［明］魏焕：《皇明九边考》卷八《宁夏镇·疆域考》，明嘉靖刻本，第1b、2a页。
② 《读史方舆纪要》卷六二《陕西十一》，第2946页。
③ 《读史方舆纪要》卷六二《陕西十一》，第2952页。
④ 《读史方舆纪要·舆图要览》卷三《宁夏固兰边》，第6104—6105页。
⑤ 《陕西四镇图说·宁夏镇十九》（明残本），台北图书馆藏本。
⑥ 《明宪宗实录》卷二八“成化二年闰三月”，第554页。
⑦ 国家文物局主编：《中国文物地图集·宁夏回族自治区分册》，第268页。
⑧ 鲁人勇、吴忠礼、徐庄：《宁夏历史地理考》，第220页。

头道坎麻黄沟出境。此区域地势平坦开阔、河势平缓、河道宽浅，断面达3000—3500米，狭窄地段也在1000米左右，以砂质河床为主，抗冲刷能力微弱。因此，河道东西游移频繁，淤滩塌岸交替出现，稳定性极差，实有探索的必要。

1. 史志文献对银川平原段北段河道的记载

明代随着驻防线内缩，宁夏地区在西北边疆的地位愈发重要，突出表现就是堡寨林立。史籍在强调这些堡寨的地理位置时，间涉黄河的些许情状。当然，黄河银川平原北段也不例外。

据《陕西四镇图说》（明残本）载："金贵堡……南至镇河堡一十五里，北至王澄堡一十五里，东至黄河五里……李纲堡……南至王澄堡一十五里，北至姚福堡二十里，东至黄河二十里……北路平虏城……南至周澄堡三十五里，北至威镇堡一十五里，东至黄河二十里……威镇堡……南至平虏一十五里，北至边墙三里，东至黄河二十里……"①

"府州定而水道出矣"②，即在确定府州位置之后，通过地方志书的数据就可定位河道走向。上面这段史料对推断银川平原北段河道位置极为重要，现对其进行简要剖析。在前辈学者研究基础之上，参考其他文献记载可知，金贵堡当今贺兰县金贵堡，其东5里约在今贺兰县芦家庄、通西村附近。李纲堡在今贺兰县立岗镇南丁、北丁两村间，东20里约在今立岗镇民乐村、永华村一带。平虏城，即今平罗县城，东20里约在今平罗县东贺家北庄、靳家新庄子一带。威镇堡，即今高庄乡惠威村，东20里在今平罗县东双庙村、头闸村、双渠村一带。银川城东30里，在今通丰村、通南村一带。以上地理坐标从卫星地图上可以清晰看到，呈南北纵向分布，只是在金贵堡东向西北偏转。之所以如此，是因为银川平原北部在地质构造上并存有北东、北西、东西三个方向的断裂，黄河在贺兰县东的通昌、平罗县东的渠口发生两次直角急转。这三个断裂也造就了贺兰山东麓锯齿状山体。③

2. 省嵬城的空间位置变化

省嵬城是宁夏迄今尚存的一座有较完整城郭的西夏古城遗址。④史载："［宋］天圣二年、契丹太平四年（1024）春二月，德明作省嵬城于定州。"⑤其后又言：

① 《陕西四镇图说·宁夏镇十九》（明残本），台北图书馆藏本。
② 《广阳杂记》卷三，第158页。
③ 耿侃、单鹏飞等：《银川地区：过去、现在及未来——晚第四纪地理环境演变的过程、特征和规律》，第22页。
④ 贠有强：《宁夏历史文化遗存和文物古迹》，宁夏人民出版社，2008年，第79页。
⑤ 《西夏书事校证》卷一〇，第122页。

“定州省嵬山，在怀远西北（笔者按，“西北”当作“东北”）百余里，土地膏腴，向为藩族樵牧地。德明于山之西南麓筑城，以驭诸蕃。”今石嘴山市惠农区庙台乡有其遗址，“城呈正方形，边长600米，总面积36万平方米。城墙现已颓圮不堪，最高处15米左右，基宽13米。南墙中部开有一门，门道长13.4米，宽4.1米左右。门前尚留瓮城城墙痕迹。城墙黄土夯筑，夯层明显，每层厚约15厘米左右”。① 省嵬城遗址现今位于黄河西岸，然而明代史籍却有不同记载。《大明一统志》载：“省嵬城在黄河东。”《嘉靖宁夏新志》卷首《国朝混一宁夏境土之图》、《边政考》卷三《宁夏卫》所附宁夏图②，甚至万历二十一年（1593）秋，由南京吏部四司刻的《乾坤万国全图古今人物事迹》③以及崇祯十七年（1644）金陵曹君义所刊印的《大明九边万国人迹路程全图》④，省嵬城也都标注在黄河东岸。对于史籍记载和实际位置的截然不同，学界颇有争议。《边政考》言道：“一路套虏自省嵬城透富平故城渡河，入犯平虏、镇河、周澄等城。”《嘉靖宁夏新志》则直言：“省嵬城，河东废城。”汪一鸣先生经过实地考察了解到，省嵬城西南有深沟，为黄河故道。⑤ 据吕春华介绍，他曾看到省嵬城中大都是盐碱地，还有一条南北向的沟渠直接通南北城门。⑥ 再有，从《宁夏平罗灌渠一览图》可以看到，省嵬城所在庙台乡一带全是盐碱地和沙地。⑦这些河沟、盐碱地、沙地当是在黄河河道东西摆荡中形成的。综上，可以确信明代省嵬城当位于黄河东岸，黄河经其西部而北流。

3. 黄河银川平原段北段沿岸明代及明以前古代遗迹分布

二重证据法是历史研究的重要方法。探究黄河河道变迁时此方法不可或缺。银川平原北部发现为数不少的明及其以前的古代遗迹，在前文文献分析的基础上，这些遗迹的分布位置为判定黄河河道位置提供重要线索。

迄今在银川平原北部已发现、探知的明及其以前的古代遗迹包括墓葬、古城址等常见遗迹，也有彰显地方特色的长城、墩台、清真寺等遗迹。考虑到这些遗迹与今黄河的位置关系，兹罗列其中部分。

---

① 宁夏回族自治区文化厅文管会编印：《文物普查资料汇编》（内部资料），第53页。
② 《边政考》卷三《宁夏卫》，第2a页。
③ 朱鉴秋、陈佳荣、钱江等编著：《中外交通古地图集》，中西书局，2017年，第145页。
④ 朱鉴秋、陈佳荣、钱江等编著：《中外交通古地图集》，第198—199页。
⑤ 汪一鸣：《历史时期黄河银川平原段河道变迁初探》，《宁夏大学学报（自然科学版）》1984年第2期。
⑥ 吕春华：《西夏古城今安在宁夏省嵬城遗址的前世今生》，《大众考古》2013年第6期。
⑦ 《平罗县水利志》编纂委员会编：《平罗县水利志》，宁夏人民出版社，2009年，卷首图4。

表3-3　黄河银川平原段北段沿岸明代及明以前遗迹分布简表

遗迹名称	位置	距今黄河里程	时代
定远故城	平罗县姚伏镇东南1.5千米	西岸约9千米	唐、西夏
新兴堡	姚伏镇东北2.8千米	西岸约9千米	明
姚伏堡址	姚伏镇西1千米	西岸约10千米	明
周澄堡址	姚伏镇周城村	西岸约13.5千米	明
平罗故城	平罗县城	西岸约20千米	明、清
省嵬城遗址	庙台乡省嵬村东南500米	西岸约8千米	西夏
哨马营遗址	下营子乡五渠村西南	西岸约15.4千米	唐—明
田州塔	姚伏镇东北1千米	西岸约9.6千米	明
宝丰清真寺	平罗县宝丰镇镇关村	西岸约11千米	明
西河桥烽火台	石嘴山市惠农区红果子镇西河桥村	西岸约6千米	明
西河桥西夏墓	红果子镇西河桥村东南2千米	西岸约3.4千米	西夏

注：以上资料根据《中国文物地图集·宁夏回族自治区分册》、宁夏回族自治区文化厅文管会编印《文物普查资料汇编》（内部资料）整理。

上表清晰地反映出各遗迹与今黄河的相对位置。为准确把握黄河河道位置，考虑到西河桥西夏墓与省嵬城址的位置关系，在此做一简单说明。西河桥西夏墓，“封土呈圆丘形，底径35米，顶部直径8米。四周有围墙，已倾颓，痕迹显示，平面呈方形，边长约78米”[①]。从墓葬保存状况看，其当一直处于黄河西岸，并未受黄河摆荡游移侵扰。

此外，在银川平原北部黄河东岸还存在明代长城遗迹，习惯上称其为河东长堤。

河东长堤，据《皇明九边考》载：“［嘉靖］十五年总制刘［天和］修复外边，防守黄河，东与外边对岸处修筑长堤一道，顺河直抵横城大边墙，以截套虏自东过河以入宁夏之路。”[②] 长堤从旧北长城终点（约今石嘴山市惠农区尾闸镇下庄子村）越过黄河，北起内蒙古巴音陶亥，过都思兔河，进入平罗县东境，沿河由北迤南，经红崖子乡、陶乐镇、高仁乡、月牙湖乡，直抵横城大边墙。《北虏事迹》记载，长堤由山嘴墩南至横城，全长185里，有墩台36座。[③] 至于长堤建筑的时间，《明宪宗实录》云：“［成化十五年十一月丁未］命筑宁夏沿河边墙……遂役一万人筑之。”[④] 这段长城因修筑简单，又是沿河而建，今多已不存。但依据现存遗迹的分布及长堤走向，对推断黄河河道位置还是有一定作用的。

① 国家文物局编：《中国文物地图集·宁夏回族自治区分册》，第268页。
② 《皇明九边考》卷八《宁夏镇·保障考》，第4a页。
③ ［明］王琼：《北虏事迹》，明嘉靖刻本，第39a页。
④ 《明宪宗实录》卷一九七，第3470—3471页。

考古调查显示，目前长堤在红崖子乡东北9千米王家沟村东北还保存有一段，利用自然山体修削而成，外陡内缓。同时，红崖子乡东还有石墩子、蛋墩子、十五里墩三座烽火台遗迹，西去黄河2.8—4.2千米。南部高仁乡至横城村亦存有遗迹。原陶乐县林场附近，黄河东侧200米处有烽火台一座，当地人称为“头道墩”。南3公里有一座二道墩，再往南3千米有一座三道墩，南北纵向分布。三道墩到月牙湖间尚残存长堤痕迹，但大部分已被推平做了路面。这段长堤基宽5—6米，路面高出地表0.5—1米不等。[①] 从月牙湖至横城亦有长堤遗存，一般残高2米左右。在横城堡长城外侧有一段西距黄河200米的南北走向夯土城墙遗址，坍塌成高于地面1米左右的土脊状。[②]

成书于嘉靖二十年（1541）的《皇明九边考》载，横城堡西距黄河10里。至顾祖禹《读史方舆纪要》完稿的1661年前后，黄河已移至横城堡西3里之地。一百年间，黄河东移7里，平均一年约0.07里。[③] 照此速率计算，《皇明九边考》上距长堤始建的1480年年底，已六十年矣。此期间，黄河东摆里距至多4里。若此，明前期，横城堡当在黄河东14里许。长堤主要是为防备“套虏”入侵河西地区而营建的防御设施，其与黄河间存在一定距离。依据黄河东移速率，长堤作用与现今分布、保存状况，笔者推算长堤平均距黄河约10里。若所推不误，以今长堤遗迹为参照，红墩子村长堤遗迹西10里，约在今黄河西岸的河滩村、杨家村、银川市牧场一线；黄泥岗长堤遗迹西10里，约在今通丰村至龙坑庄一线；二道墩村遗迹西10里，约在今谢家庄、南沙窝至幸福村一线。至此，黄河银川平原段北段位置遂基本清晰。

（三）结论

综上所论，通过对史志文献和考古调查资料的综合分析，我们对明代黄河银川平原段河道位置形成了新认识，并得出如下结论：

第一，明代黄河的总体流势。黄河出青铜峡后，向东流经今峡口镇余桥村西，曲折东北流，经金积镇秦坝关村西；继而东北流经青铜峡市刘滩至陈袁滩一线，在陈袁滩附近折东而流，绕经今古城湾（古灵州城）东侧、北部；又折北流，经党家河湾东，旋又拐向东北流，经新华桥村与双墩子村间（洪武十七年灵州城）；又东北流经河忠堡村东、赵家河口附近；又东北流经余家蒲滩、农场一站附近（永乐灵州城）；继而折北流，经灵武市老城区（宣德灵州城）西，在安家湖附近拐向西北流，经梧桐树乡西；又折向东北流，经永宁县城东；继续保持东北流，经掌政镇洼路村、镇河堡

---

① 宁夏回族自治区文化厅文管会编印：《文物普查资料汇编》（内部资料），第74页。

② 华夏子：《明长城考实》，档案出版社，1988年，第249页。

③ 考虑到两书撰修的材料来源，亦为方便计算，权作一百年处理。

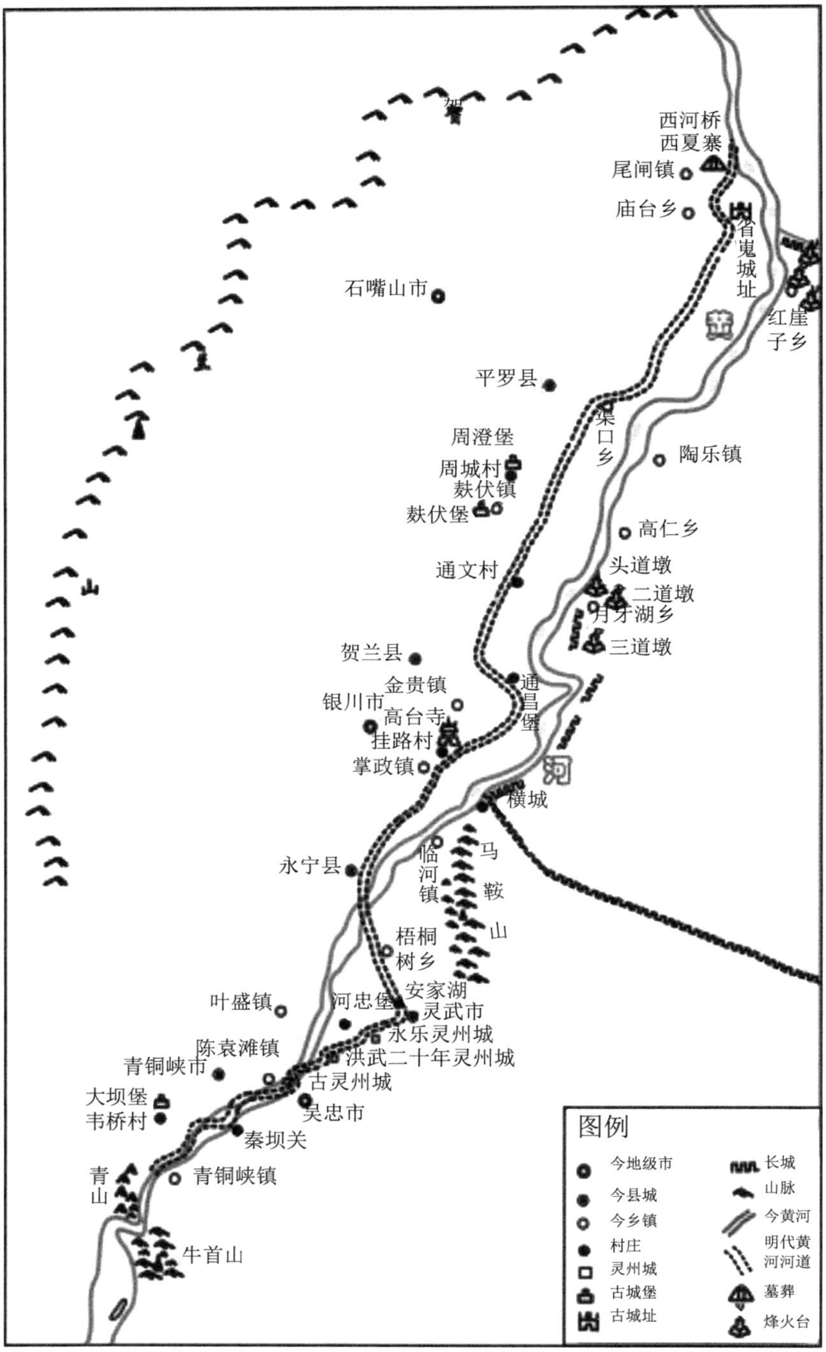

图3-2　明代黄河银川平原段河道示意图

与横城村段黄河西岸间，东北流经兴庆区河滩村、杨家村、银川农场西，通南、通丰村东，东北流经通贵村附近，折向西北流，经芦家庄、通西村一带；又折北而流，经贺兰县关渠至永华村一线；接着东北流经平罗县姚伏镇东，继续东北流，经平罗县城东双庙、头闸、双渠村一带；又东北流经石嘴山市惠农区庙台乡省嵬故城西，折向东北流，经下庄子村、惠农农场附近，进而向东北流出银川平原。

第二，永乐中，黄河东北流，进入今灵武市境，流经余家蒲滩、农场一站（永乐灵州城）西三里一线，即大体沿今农场渠、银西高速北流，然却一直向东逐渐推移。天启初年，已移至距今灵武市老城区数十武的地方，大约沿着西湖至安家湖一线北流。赖张九德督建防洪堤，天启五年（1625）后又向西回归农场渠、银西高速与河忠堡村间的故道而北流。

第三，今银川市老城区与横城村间的河道，在明代处于向东摆荡状态，明中期，位于银川市老城区东30里、横城村西10里的地方，至明末，已向东迁移至银川老城区东南40里、横城堡西三里之地。

简而言之，通过对明代黄河银川平原段河道位置的再探索，对区域黄河治理、银川平原段黄河沿岸城市建设与生态系统的改善，具有一定的借鉴意义。

四、清至民国时期黄河银川平原段河道变迁

历史时期黄河河道除下游广大冲积平原有过大幅变迁外，上游银川平原段河道的变迁一定程度上可与之相匹。历史时期黄河银川平原段河道变迁摆荡频繁、复杂，就整个鄂尔多斯高原段黄河河道来说难出其右。“黄河是中国的忧患”的历史特征，在历史时期银川平原段表现得淋漓尽致。此前笔者就战国至北魏、隋唐宋元、明代三个时段黄河银川平原段河道位置逐一进行了探索，黄河在此间摆荡、变迁的脉络已基本明朗。但为准确、系统地总结历史时期黄河河道变迁规律、治河经验，以便更好地改造和利用黄河，实现“尽得河之益，而祛其害”的愿望，实有必要对清至民国时期黄河银川平原段河道位置再做一专门研究。

（一）清代黄河银川平原段河道位置

银川平原地处西北，由于其特殊的地理区位，历史时期此区域的军事功能和地位异常突出，区域社会经济建设往往从属于军事发展的需要。至清代，银川平原地区迎来了难得的发展期，最为突出的表现就是水利建设方面，从而呈现出一派“川辉原润千村聚，野绿禾青一望同”[①]的秀丽盛景。清代银川平原地区水利的兴修，无疑在一

① 〔清〕通智：《昌润渠工竣恭纪》，见《乾隆宁夏府志》卷二一《艺文四》，第831页。

定程度上对探究黄河在此间的流径是十分重要的。

1. 史籍对清代黄河银川平原段的记载

清代文献资料中有关黄河河道变迁、黄河治理、黄河河患的记载多矣，其他时期望尘莫及。这一现象从黄河银川平原段的记载即可得到证实。由于资料烦冗，加之行文所限，在此仅就《清史稿·地理志》中关于银川平原段黄河的情况做一扼要摘录：

> 宁夏……黄河，西南自灵州入，东北至昌润渠口入平罗……惠农渠，雍正四年浚，汉延渠，雍正九年重修，皆南自宁朔入。唐渠，雍正九年重修，西自宁朔入。皆东北入平罗。东：高台寺湖。北：月湖。东北：金波湖、三塔湖……宁朔……黄河，南自宁灵、中卫入，东北至叶升渡入宁夏。惠农渠于县南上马家滩承黄河支流，东北入宁夏。汉延渠于县南下马家滩承黄河支流，东北纳数小渠，入宁夏。[①]大清渠，康熙四十九年浚，于汉渠南承河流，北过双塔湖合唐渠。唐渠于县南青铜峡首受河流，东北纳支渠十余，入平罗。南：长湖。西：观音湖……平罗，府北少东百二十里。故平罗所。雍正三年置县。乾隆三年省新渠、宝丰二县，以其地来属。黄河，西南自宁夏入，分为二派，东北流百余里复合流，北入鄂尔多斯。唐渠、惠农渠西南自宁朔入，东北至石嘴子，复入于河。昌润渠，雍正六年浚，即故六羊河故渎，疏流建闸；起县东南，北流迳宝丰故县［城］东，复入于河。边墙，县北，西起贺兰山麓，东讫河干……灵州……黄河，西南自宁灵厅来，东岸旁州西境。山水河出州南山中，西北流，入平远，复北入州境。苜蓿渠首受黄河，自西来会，支渠右出曰秦渠。山水河又北流，迤西北入黄河。支流北出曰涝河；北至三道桥又分二渎，一西北入黄河，一北流会秦渠入河。黄河又东北至横城口入宁夏……宁灵厅……府南二百里。故金积堡……西南：青铜峡。黄河，南自中卫入，行峡中；东北入宁朔、灵州。……汉渠自厅城西首受黄河，下流汇山水河。[②]

《清史稿》的记载大体描绘出清代黄河银川平原段的流径，为探究其期黄河河道位置提供了参考。

2. 对《清史稿·地理志》录文的梳理与解析

从上录文明显可以看到，清代黄河银川平原段沿岸灌溉渠道密布，其中修凿于黄河西岸的有唐徕渠、汉延渠、惠农渠、大清渠、昌润渠；位于黄河东岸的主要有秦

---

① 依据《宁夏省水利专刊》的图文资料，惠农渠开口于下马家滩，汉延渠开口于上马家滩，与此不同。

② 赵尔巽等：《清史稿》卷六四《地理志十一》，中华书局，1977年，第2116—2117页。

渠、汉渠。这些灌溉渠道多直接从黄河开口引水，灌溉周围田地。同时，它们的流向亦多顺黄河南北延伸。因此，其分布、走向为确定黄河在此间的位置提供了重要的参考坐标。

首先，黄河银川平原段西岸——河西区灌溉渠道的修浚、分布。清代，银川平原水利工程建设已经形成相当规模，此区域内河渠棋布，其中，河西区主要分布有唐徕渠、汉延渠、惠农渠、大清渠、昌润渠等主要灌溉渠道。唐徕渠，西夏时始有此名，又名唐梁渠、唐渠，"意亦汉故渠而复浚于唐者"[①]，是银川平原最长的灌溉渠道。"[渠]口开宁朔县大坝堡青铜峡，经府城西，而北至平罗县上宝闸堡，归入西河，长三百二十里七分一十三丈。"[②]其大体流径，据王全臣《上抚军言渠务书》之记载，从青铜峡内黄河西岸百八塔下开口引水，向北流至正闸，后又西北流经玉泉桥。自玉泉桥折向东北流，复微转西至良田渠口，后又西北至西门桥，又西北至站马桥，进而北至威镇堡。[③]唐徕渠自南而北纵贯整个银川平原。汉延渠，亦名汉源渠、汉渠，"[渠]口开宁朔县陈俊堡二道河，经府城东，而北至宁夏县王澄堡，归入西河，长一百九十五里八分"[④]，清代时屡有修浚。[⑤]大清渠，康熙四十七年（1708）宁夏水利同知王全臣开凿，"大清渠的开凿拉开了清代宁夏引黄灌区的水利建设的帷幕"[⑥]。大清渠由处于唐、汉两渠间的贺兰渠改建，渠口在"上距唐渠口二十五里，下距汉渠口五里"[⑦]的旧贺兰渠口之上三里的唐坝堡刚家嘴。此渠迎黄河水势直接开口，至马家庄流入原贺兰渠，又下流三四里至陈俊、汉坝两堡之交，重开渠道，改向西流，最终于宋澄堡汇入唐徕渠。惠农渠，雍正四年（1726）由侍郎通智、宁夏道单畴书奉旨所开，雍正七年（1729）五月完工。"[渠]口初在宁夏县叶升堡俞家嘴，并汉渠而北，至平罗县西河堡，归入西河，长二百里。"[⑧]乾隆三年（1738）平罗大地震中受损，后对其进行重修。乾隆五年（1740）、九年（1744）又分别对渠干进行加长。惠农渠的渠口也屡经改变，"乾隆十年，又改口于宁朔县林皋堡朱家河。乾隆三十九年，因河流东注，又改口于汉坝堡刚家嘴"。几经修整后，惠农渠"至平罗

---

① 《万历朔方新志》卷一《水利》，第30页。
② 《乾隆宁夏府志》卷八《水利·〔河西〕渠道》，第244页。
③ 《乾隆宁夏府志》卷八《水利·上抚军言渠务书》，第267页。
④ 《乾隆宁夏府志》卷八《水利·〔河西〕渠道》，第244页。
⑤ 《朔方道志》卷六《水利志上》，第162—163页。
⑥ 岳云霄：《清至民国时期宁夏平原的水利开发与环境变迁》，复旦大学博士学位论文，2013年，第40页。
⑦ 《乾隆宁夏府志》卷八《水利·上抚军言渠务书》，第273页。
⑧ 《乾隆宁夏府志》卷八《水利·〔河西〕渠道》，第245页。

县尾闸堡入黄河，共长二百六十二里”。[①]昌润渠，与惠农渠同时开凿，由黄河支流六羊河改建而成，直接从黄河开口引水。[②]六羊河介于西河与黄河之间，“口形如列指，溯游数里，复合为一，迤逦而北，经大小方墩，越葫芦细，历省嵬城，而仍归于大河”[③]。乾隆三年十一月二十四日平罗大地震，昌润渠渠道严重损毁，“惠农、昌润两渠俱已坍塌，渠底高于渠坝”。乾隆十年（1745）“疏仁义、官四、交济等渠，各分引惠农渠水，以益昌润渠之势”[④]。乾隆三十年（1765）起再次直接从黄河开口引水，“乾隆三十年，昌润渠士民自通福堡地方开挖新口，起名等水渠。因系沙底，进水微弱，乾隆三十五年复于通义堡地方另开新口，起名复兴昌润渠”[⑤]。《（嘉庆）平罗县志》载：“昌润渠一道，距城三十里，南自县属通义堡滘山子地方接入黄河开口起稍，至县北永屏堡地方归入黄河止，延长一百八十四里。”[⑥]此时昌润渠虽从黄河直接引水，但原自惠农渠引水的六墩、交济、仁义三支渠道并未荒废，这种一渠两源的状况一直持续到乾隆四十二年（1777）大力整修各渠渠道后。然清政府最终同意昌润渠自惠农渠脱离，是在乾隆四十四年（1779）昌润渠渠民赴京告状之后。“今既查明惠农渠之三道支渠已经壅塞，其昌润渠新开之等水、复兴渠口进水旺盛，是昌润渠已不受惠农渠水，自无须帮惠农渠之工。”[⑦]至此，昌润渠才真正结束了自惠农渠引水的历史，又正式开始独立从黄河引水。从上述灌溉渠道的分布、流向、渠口的开辟等可知，唐徕渠位于河西灌区的最西部，自青铜峡百八塔下北流，经今大坝堡（正闸）、玉泉村，折向东北流；又折北而流，经银川市老城区西，后向北流，经今常信乡，而后转为东北流，经姚伏镇、平罗县城东，最终从今上宝闸村汇入西河。惠农渠南段即今青铜峡市、永宁县、兴庆区、贺兰县境内渠段，濒临黄河而南北延伸；其北段在今平罗县境内，位于唐徕渠和昌润渠之间。汉延渠则处在唐徕渠和惠农渠之间。昌润渠，位于银川平原北部，紧邻黄河西岸南北向畅流。因此，清代黄河出青铜峡后，大致沿惠农渠南段北到昌润渠段的东侧及今黄河河道一线北流。

---

① 《乾隆宁夏府志》卷八《水利·〔河西〕渠道》，第245页。

② 《钦差兵部右侍郎通智等奏报修浚惠农昌润二渠等情折》，见中国第一历史档案馆编：《雍正朝汉文朱批奏折汇编》第20册，江苏古籍出版社，1991年，第495页。

③ 《朔方道志》卷二六《艺文志三·昌润渠碑记》，第558页。

④ 〔清〕徐保字：《平罗记略》卷八《艺文·重修昌润渠碑》，王亚勇校注，宁夏人民教育出版社，2003年，第237页。

⑤ 〔清〕札什嘉木磋：《奏为遵旨勘明宁夏渠道折》，见《宫中档乾隆朝奏折》卷四七，台北故宫博物院，1982年，第342页。

⑥ 〔清〕佚名：《（嘉庆）平罗县志·水利》，民国二十一年抄本，第17a页。

⑦ 《奏为遵旨勘明宁夏渠道折》，见《宫中档乾隆期奏折》卷四七，第342页。

其次，清代，黄河在银川平原有多条汊道并存，其主要分布于黄河西岸——河西区。第一条，宁朔县南马家滩西侧有黄河支流一道，大致流经今青铜峡市上滩、刘滩村东北到蒋滩、唐滩村西部一线。第二条，黄河在宁夏县与平罗县交界一带又发生分汊，汊河东北流百余里复入黄河。关于这一条支流的起讫、流向，成书于清乾隆二十六年（1761），系统记述全国河流水系的《水道提纲》云：“［黄河］又东北至宁夏府东南境之横城堡西，当长城断处，有托苏图河入边，复出西北流注之（笔者按，指黄河）。［黄河］又东北三十余里，分为二派，俱东北流百里复合，西当长城断处。”[①]揆诸史籍和实际，托苏图河当是发源于灵武市高立墩山的水洞沟，又名边沟，全长约40千米，东南—西北流向，明长城依岸修筑，于横城堡附近汇入黄河。[②]其东北30里大致在今通贵乡一带。如此，清代黄河在流经今通贵乡附近时发生分汊，枝分西出。继而东北流，于旧北长城终点约今石嘴山市惠农区尾闸镇下庄子村附近汇入黄河。第三条，平罗县境内介于西河与黄河之间的六羊河。第四条，“自宁夏县河西寨起，至平罗县东北入于河，长三百五十里”[③]的西河。西河，《平罗县志》载：“在县东五里，北流入黄河。”此时黄河主河道位于东部。

最后，清代黄河银川平原段河道与今相较，位置整体上已与今天黄河无大的差异，而且河型基本一致，为顺直分汊型河道，但清代时黄河河道中分布有诸多河渚滩地。

我们以《清史稿·地理志》为基础对黄河银川平原段河道位置及沿岸情况有了大略的认知，然为更精确地明晰黄河在此间的确切位置，实有必要对其中个别河段进行专门考究。

3. 其他相关文献记载与黄河河道变迁

《大清一统志》“大坝堡”条载：“在宁朔县南一百二十里，东至黄河五十步，城周二里。”[④]大坝堡在今青铜峡市大坝镇韦桥村，“堡平面呈方形，边长约400米。墙高6.5米，基宽10米，顶宽5米，黄土夯筑，东面辟门。原城内建有城隍庙、苏武庙等，今已不存”[⑤]。其东五十步（约98米）的黄河，应为《清史稿·地理志》中上、下马家滩旁的黄河支流。参诸《宁夏省水利专刊》、《十年来宁夏省政述要》、[⑥]《黄河上中游考察报

---

① 〔清〕齐召南：《水道提纲》卷五《黄河》，国家图书馆出版社，2017年，第82页。

② 《宁夏回族自治区》编纂委员会编：《中华人民共和国地名词典·宁夏回族自治区》，第171页。

③ 《乾隆宁夏府志》卷八《工程·西河》，第251页。

④ 《大清一统志》卷二六五《宁夏府二》，第418页。

⑤ 国家文物局主编：《中国文物地图集·宁夏回族自治区分册》，第299页。

⑥ 宁夏省政府秘书处编纂，宁夏少数民族古籍整理出版规划小组编辑：《十年来宁夏省政述要·建设篇》，宁夏人民出版社，1988年，第9页。

告》[①]、《调查河套报告书》[②]等图文资料可知，其应是黄河出青铜峡后分为东、西两派的西河。关于这一论断，基于行文所需，将于后文详论，在此不做赘述。

河中堡地理位置的变迁。河中堡，历经了由明嘉靖以前黄河西岸一块向东凸出的河湾半岛到嘉靖后沦为河中洲渚，再到清初向陆连岛发育的系列演替，至清顺治初地理区位业已发生了巨大变化。这一嬗变是黄河在此间摆荡、迁徙的例证。延至清代，河中堡的位置在黄河作用下还在继续发生变迁。经明末张九德对灵州城段黄河的治理，河势基本趋于稳定，但黄河依旧益徙而东，“顺治初，因黄河冲啮灵州，乃于［河中堡］西岸挑沟以泄其势，后竟成河，而河中堡遂在河中矣”[③]。顺治初这一举措实际上是“浚深淤塞的汊河”。在人工干预下，河中堡再度被孤置于黄河河道中，成为河中洲渚。直到乾隆中后期，洲渚东部与黄河东岸连接，原西汊河成为黄河主干道，河中堡才完全成为黄河东岸的居民点。清初这次威胁灵州城的河患，揆诸史籍，当与《镇河塔志》所记载的清初的一则河患为同一事件。《镇河塔志》载：“清初河患再次泛滥，由党家河湾泾（当作“径”）直而下，自余家蒲滩、安家湖向灵州城而来。危机中人们自东湖以下挑水入城北洼路沟经香火地入流黄河。”[④]

平罗县城与黄河的距离。成书于清初的《读史方舆纪要》载：“平虏所……东至黄河十五里。”[⑤]清乾隆四十五年（1780）编纂的《乾隆宁夏府志》载：“黄河，在［平罗］县东二十里。”[⑥]《（嘉庆）平罗县志》载：“黄河在县东三十里。”[⑦]道光《平罗记略》所引《县册》中的记载，亦言：“东至黄河为界，离城三十里。”[⑧]据此，黄河与平罗县城的位置便比较清晰了。在此需要说明的一点是，《乾隆宁夏府志》与后之《（嘉庆）平罗县志》、道光《平罗记略》中黄河与平罗县城间里距短时间内之所以发生如此大的变化，当与乾隆三年（1738）的平罗大地震有关，除此应别无他由。

此外，黄河银川平原段其他个别河段河势亦时有东西摆荡。其一，汉延渠渠口段。渠口初开在宁朔县陈俊乡（今大坝镇陈俊村）二道河，清代时一度因黄河东

① 黄河治本研究团编：《黄河上中游考察报告》，第73页。
② 安源主编：《调查河套报告书》，内蒙古大学出版社，2017年，第135—136页。
③ 《乾隆甘肃通志》卷一五《水利》，第1704页。
④ 王赞主编，王璞云执笔：《镇河塔志》（内部资料），2011年，第6—7页。
⑤ 《读史方舆纪要》卷六二《陕西十一》，第2954页。
⑥ 《乾隆宁夏府志》卷三《地理二·山川》，第67页。
⑦ 《（嘉庆）平罗县志·山川》，第26页。
⑧ 《平罗记略》卷一《舆地·方域》，第21页。

徙，遂将渠口改移至马关嵯（约在今大坝镇东一带）。[①] 其二，惠农渠渠口段。乾隆三十九年（1774），因黄河东徙，便将惠农渠渠口由宁朔县林皋乡（今小坝镇林皋村）朱家河再次改建于汉坝乡（今小坝镇）刚家嘴。[②] 光绪二十七年（1901）黄河又向西摆荡，“河流西趣，［惠农渠］外拜刷没二十余里，杨和乡渠身，亦被冲断，屡修屡圮，数年不得水泽，官民交困，［惠农］渠几全废。至光绪三十一年，宁夏知府高熙喆改筑渠口于林皋乡之东；又将渠身由杨和乡之东改向西北；再绕趣东北，长约二十五里，至李祥乡仍归旧道”[③]。宣统二年（1910），河水再次东趋，又上移渠口于林皋堡方家巷。[④]其三，秦渠猪嘴码头段。道光二十九年（1849）猪嘴码头（约在今峡口镇草河村附近）被冲毁，黄河逐渐向东侵蚀，“于是而向之恃以捍水者，今转尽为水没矣。朝犹桑田，暮成沧海”[⑤]。至光绪三十年（1904），河势益东，秦渠口至秦坝关段河岸崩塌日甚。[⑥]光绪三十四年（1908）清明，灵州知州陈必淮为遏制黄河东徙，再次兴工修筑猪嘴码头，“日投石数百艘，上覆以土，逾月始成，计宽十八丈，长八十余丈，斜亘河中，水始循流故道”[⑦]。其四，汉渠渠口段。汉渠渠口开凿于青铜峡峡口东岸，后因河势偏西，渠口进水困难，至康熙四十五年（1706）增长迎水拜，水乃足用。[⑧]

综上，清代黄河出青铜峡后，总体上沿惠农渠南段至昌润渠段的东侧及今黄河河道一线东北流。其具体流径：黄河出峡口后，当分为东、西两支，支流在西，主流在东。东河东北流，大致流经今峡口镇草河村西、吴忠市秦坝关村西、古城湾、党家湾、灵武市河忠堡村一带；继而沿惠农渠东侧东北流，经横城堡附近，后向北流，于银川市兴庆区通贵乡附近又分汉成东、西两派，主流依然为东河；东北流，经今贺兰县立岗镇通吉、通义村附近，进而沿昌润渠东侧东北流，经今平罗县城东30里，后屈曲东北流，经省嵬城东，又东北流。西支于石嘴山市惠农区尾闸镇下庄子村汇入。两河合流后，继续向北流，经石嘴山东北端出银川平原。

① 《宁夏省水利专刊》，第31页。
② 《宁夏省水利专刊》，第53页。
③ 《宁夏省水利专刊》，第53页。
④ 《宁夏省水利专刊》，第54页。
⑤ 马福祥、陈必淮主修，王志成总纂：《朔方道志》卷二七《艺文志四·规复秦渠猪嘴码头碑记》，上海古籍出版社，1991年，第349页。
⑥ 《宁夏省水利专刊》，第113页。
⑦ 《宁夏省水利专刊》，第113页。
⑧ 《宁夏省水利专刊》，第127页。

（二）民国时期黄河银川平原段河道位置

民国时期黄河银川平原段河道与历史时期相较，总体上相对稳定，这在一定程度上得益于马鸿逵主政宁夏时期对水利建设的大力发展和高度重视。民国时期黄河银川平原段河道位置总体上与今天一致，只是个别河段有所差异。为进一步探知民国时期此间黄河流路的具体情状，对其做一详细探索显得十分必要。

1.《调查河套报告书》对民国初期黄河银川平原段的记载

民国时期基于治理黄河的现实需要，政府多次组织考察团对黄河全线抑或局部河段进行真正现代意义上的科学考察，因而，涌现出一大批有关黄河河道、流径及沿线自然、人文地理等诸多方面的调查报告。这些调查报告保留了民国时期黄河河道、流径等方面的第一手资料，对了解该时段黄河概貌弥足珍贵。其中，1919年五月由潘复组织的考察团在国民政府授意下展开了对河套地区的考察，《调查河套报告书》就是此次考察最为重要的成果。其中详细记载了此次考察的目的、过程、内容、结果等，在报告中还专门辟有民国初期黄河在宁夏境内的流径，兹摘录如下：

> 河套黄河自青铜峡始。峡为两山对峙，河出其下。峡尽处，左澌一渠曰唐来，溉河西宁夏等属之地。右澌二渠曰秦、曰汉，溉河东金积、灵武各属之地。峡口左岸山坡有古塔一百八座，不知所始，今曰百八塔，北去宁朔县治一百四十里。又北偏东迳横城堡北。河水出峡北注，枝分二派，右曰东河，经金积县境。左曰西河，经宁朔县境。两河之间曰马家滩。西河自唐渠以下又澌为大清、汉延、惠农各渠。又北至叶升堡，两河复合。又东北，右岸入灵武县境，山水河从南来注之。左岸入宁夏县境。又东北迳横城堡北。河长凡一百八十里，西至宁夏县治三十五里……又北偏东迳溜山子西。河水过横城堡，又东出长城，右岸入鄂尔多斯鄂托克旗境。又北，左岸澌为昌润渠。又北，迳溜山子西。河长凡七十里，西南去宁夏县治七十里……又北偏东迳红崖子西。河水过溜山子，又北，左岸经昌润渠旧口入平罗县境。又北，至旁渠口。河中洲渚丛生。又北，经六中堡，西去平罗县治二十里。又东北，经东永惠堡。河道屈曲，迁徙无常。右岸沙梁或远或近，视河道之曲折为转移，岸边小淤地已垦不少。又东，左岸经河沟西渠至河沟官渠。又北，迳红崖子西。河长凡一百八十里，红崖子当黄河右岸，临河壁立，崖石作红色，故名。每当晚阳斜照崖石，红光耀射，远见数十里……又西北迳石嘴山东。河水过红崖子，又北，右岸苦水河由东南来注之。又西北，左岸惠农渠水来注之。又北至石嘴山。河长凡七十里，石嘴山在黄河左岸，东临黄河，崖石突出加（笔者按，“加”应作“如”）嘴，故名。右岸山脉亦临河，石

质中含有铁矿，又产炭。以上河道，自青铜峡至石嘴山，总方向为北偏东约十五度，河长五百里，宽自四分之三里至五里，深自五尺至二丈不等。左岸宁夏区域，右岸自长城外为鄂尔多斯，即前套区域。河水之宣节，以青铜峡、石嘴山为关键，以故宁夏水利独占天然之形势。①

2. 对《调查河套报告书》黄河银川平原段录文的剖析

《调查河套报告书》是潘复考察团队利用近代科学技术和考察方法进行实地考察后的结论性报告，不管从考察团队人员的组成还是从考察的方式方法上来看，这份考察报告无疑是具有极高的可信度和参考价值的，因而，其对了解民国初期乃至整个民国之世黄河在银川平原的流径显得尤为重要，故有必要对其再认识。

首先，民国初期黄河出青铜峡后，总体上呈东北流向，中间个别河段受地形及水势的综合作用，曲折迂回，弯曲过甚，如黄河横城堡段（今横城堡）、六中堡段（今平罗县渠口乡六中村）、东永惠堡段（今平罗县头闸镇东永惠村）都形成了弯度较大的河湾。其中东永惠堡段河道相对曲折，迁徙摆荡也尤为强烈。针对河湾地带，尤其是有害农业生产、靡费护岸工程之处，民国时期著名水利专家李仪祉先生有言："似有裁直之需要，然亦不可不慎。"②言外之意，裁弯取直要视河湾具体情况，而不是逢弯必裁。

其次，黄河河道中洲渚丛生。民国初期黄河河道中洲渚棋布，主要分布在两个河段，青铜峡口至叶升堡（今青铜峡市叶盛镇）段，通吉堡（今贺兰县立岗镇通吉村）溜山子③到石嘴山段，然这两个河段中的洲渚特点迥异。其中青铜峡口至叶升堡段，洲渚面积较大、数量略少。此段以面积硕大、西南—东北走向的马家滩为主体，周围环布着几块面积略小的沙洲。东南部为青龙滩，西部有刘家滩，西南分布着沙野滩、迎门滩、马关嵯，陈家滩、袁家滩分散于东北部，北部则是南北排列的沙把湾、西河滩、唐家滩等洲渚。至于通吉堡到石嘴山段，河道中洲渚面积整体较小，鱼贯分布，粗略统计达20多个。④

最后，黄河出青铜峡后分为东、西两派，以马家滩为主体的河心洲处在二者之间。马家滩东侧为东河，是黄河主流。西河则是支流，位于马家滩西侧，但西河之水多用来浇灌河西田地，沿岸开凿有大清渠、汉延渠、惠农渠三渠的引水口。东、西两

① 安源主编：《调查河套报告书》，第135—139页。
② 李仪祉：《李仪祉全集》，中华丛书委员会，1967年，第604页。
③ 溜山子，位于通吉、通义两堡分界之地，故其归属文献前后不一，但两者均可。
④ 这些洲渚的名称分布、走向及数量数据均来自《宁夏省水利专刊》。

河于叶升堡附近汇合。在此还需要明确的是，黄河东、西两派分汊点的位置。《十年来宁夏省政述要·建设篇》各渠概况之“汉延渠”条载：“汉延渠口位于西河口下，约八公里处，渠口亦筑堆石迎水坝一座，长约四百公尺，自渠口至进水闸，长约九公里，进水闸位于小坝堡，其间亦建有溢水道一座，退水闸三座，退水均泄入西河，闸门与唐徕渠同。”[①]民国时汉延渠渠口在大坝乡之九道沟，进水闸在小坝堡即今之小坝镇，如此从小坝堡向西南反向推算17千米则为西河口所在，大约在今大坝镇营门滩村附近。对此，有资料显示唐徕渠从沙野滩南端到正闸段，“无大曲折，左为荒滩，右为倒流河（即收容跳水及各退水闸之小河），河外隔以迎门滩，即黄河之西河也”[②]。此亦可在《宁夏全省渠流一览图》中得到佐证。[③]

3. 1919年之后银川平原段黄河河道变迁

《调查河套报告书》记载的是民国八年（1919）黄河的流径，根据民国时期其他文献、档案、考察报告等资料显示，其后黄河银川平原段河道在一些河段略有摆荡变化。

第一处，东、西两河分流段。“黄河出青铜峡，分为东、西二河，往昔水势均衡，近年（笔者按，指民国二十二年至三十一年，即1933—1942年）以河床变迁河流渐东，河西各渠水量顿减，遂形成严重问题，二十八年春工，集合汉农清三渠建设迎水长玶一道，至今遂加修做，各渠水量赖以增加。”[④]

第二处，猪嘴码头与上、下蒋家湾段（约今峡口镇上、下马咀子村一带）。猪嘴码头承具有抑制黄河东徙的巨大作用，“若非此码头，则水势即倾向东流，西河水量，即感缺乏”[⑤]。1935年秋，黄河发大洪水，码头数处被冲毁，“各方感受影响，特于翌年春，拨发巨款，大加补修一次，迄今数年来，已无顾虑”[⑥]。上、下蒋家湾段，即秦渠口至秦坝关段，“外临黄河，势极危险，每逢河水大涨，该段渠身即有冲决之虞”，宁夏省政府，每年都大力修筑漕河滩，上、下蒋家湾及蔡河口等处的护岸工

① 宁夏省政府秘书处编纂，宁夏少数民族古籍整理出版规划小组编辑：《十年来宁夏省政述要·建设篇》，第10页。
② 《宁夏省水利专刊》，第2页。
③ 《宁夏省水利专刊》，附图《宁夏全省渠流一览图》。
④ 宁夏省政府秘书处编纂，宁夏少数民族古籍整理出版规划小组编辑：《十年来宁夏省政述要·建设篇》，第41页。
⑤ 宁夏省政府秘书处编纂，宁夏少数民族古籍整理出版规划小组编辑：《十年来宁夏省政述要·建设篇》，第59页。
⑥ 宁夏省政府秘书处编纂，宁夏少数民族古籍整理出版规划小组编辑：《十年来宁夏省政述要·建设篇》，第59页。

程，民国二十四年（1935）秋黄河大洪水，“即遭河渠不分之危急现象”[①]。

第三处，古城湾段。古城湾“在灵武大镇吴忠堡之西南（笔者按，“西南”当作“西北”），不惟上河来船之停泊港湾，且为吴忠堡一大屏障。其关系之重要，揣想可知”[②]。1933年后，“因河岸之崩溃，塌陷民房民田无数”。至1935年，河岸在黄河向东侵蚀之下，塌陷更为严重，已有危及吴忠堡之势，于是宁夏省政府“筹拨巨款，责成金灵河工处，修筑护岸长堤一道，自南迤北，长约三里，以逼水势，又虑功效和缓，复沿堤建筑大石码头十数座，用以阻抗猛水”。大堤竣工后，“近数年来，虽因大水倾注，尚未远避，而河岸已不复崩陷”[③]。

第四处，宁朔县段。民国时期宁朔县县治前后有所迁徙。1929年宁夏省正式成立时，宁朔县治设在宁夏省城西5千米的新城（满城），1931年新城建机场后，县治移驻王洪堡（今永宁县望洪镇），其后迁至城北约25千米的养和堡（今永宁县城）。黄河至宁朔县叶升堡东、西两派汇合，河势进而发生了变化，对沿岸造成了极大威胁，“［黄河］至宁朔县，正流日渐西向，以致左岸溃塌不已，右岸则日渐左移，现（笔者按，指民国二十二年至三十一年）虽是左岸筑工坝三道，但仍无济于事，每于伏汛，溃陷尤甚”[④]。其中尤以王洪段最为严重，“王洪河工因河岸陷塌剧烈，损害良田不计其数”，加之其又处于兰平公路交通要冲，关乎惠农渠存亡，宁夏省政府不断对其进行修缮，甚者在1941年调派兵工一团，“于河之东岸，挑挖深壕一道，计长一华里，宽十丈，深六尺，工作半月始告完成，预计西岸之水势必减，河患可除”。此举虽取得了一定成效，但并没有遏制黄河向西侵蚀，因此才有中华人民共和国成立后在此裁弯取直之举。

最后，还需提及一点，终民国之世黄河在青铜峡口至叶升堡段始终维持着东、西两派分流之势，这点从1946年六月开始的由水利委员会组织的黄河治本研究团对黄河上中游的考察报告中可以窥探。《黄河上中游考察报告》载：“［黄河］出青铜峡东北流，分为二支，西支曰西河，宽约一百五十公尺。东支为大河正流，至叶升堡又复

---

① 宁夏省政府秘书处编纂，宁夏少数民族古籍整理出版规划小组编辑：《十年来宁夏省政述要·建设篇》，第60页。

② 宁夏省政府秘书处编纂，宁夏少数民族古籍整理出版规划小组编辑：《十年来宁夏省政述要·建设篇》，第60页。

③ 宁夏省政府秘书处编纂，宁夏少数民族古籍整理出版规划小组编辑：《十年来宁夏省政述要·建设篇》，第60页。

④ 宁夏省政府秘书处编纂，宁夏少数民族古籍整理出版规划小组编辑：《十年来宁夏省政述要·建设篇》，第24页。

相会。”①

由上述几点可知，1919年之后，黄河银川平原段流径、河道位置与1919年时大体一致，只是在今青铜峡口至叶盛镇段，河势逐渐向东游移。然而在今永宁县段，黄河却不断向西侵蚀，尤其是今望洪镇河段极为剧烈。

五、宁夏平原段黄河河道变迁的原因与影响

通过对战国至北魏、隋唐至宋元、明代、清至民国四个时段黄河银川平原段河道变迁的系统探究，我们对历史时期黄河银川平原段河道位置及变迁已有明确的认知。为准确、全面地总结历史时期黄河变迁规律、治河经验，以便更好地改造和利用黄河，特就黄河河道变迁的个中原因及其影响，做一扼要归纳。

（一）历史时期黄河银川平原段河道变迁的原因

历史时期以来，黄河在银川平原大幅度摆荡、迁徙，但其总趋势是不断东徙，究其原因，有以下几点：

第一，黄河出青铜峡后，进入银川平原，地势骤然开阔，地形平坦，河道比降急剧下降。从青铜峡到石嘴山之间，整体比降约1/4000，地势起伏不到5米。其中青铜峡以下，仁存渡以上，比降为1/2800，仁存渡以下比降仅为1/6000。黄河水流速度逐渐变缓，搬运能力逐步减弱，从上游携带的质地较重的石子等最先沉积下来，泥沙则在水流的携带下继续向下游搬运、沉积。随着上游来沙沉积量的不断增加，久而久之河床逐渐淤积、抬升，使黄河成为高居两岸的悬河。在这种情况下，一遇霖潦，洪水来势迅猛，极易造成河水漫溢或冲垮堤防，进而引起河道的变更；若是遇到枯水期，黄河水量锐减，而河床淤高、河道阻塞，将导致行水不畅，这样黄河就会跟随水势，遵循就低的原则而改道；如此不断进行着淤积——改道——再淤积——再改道的自然循环。黄河在绕过淤高的河床后，向地势低洼的一侧流去，这就使地势较低一侧的河岸受到河水冲刷侵蚀，而相对另一侧河岸则出现了泥沙等堆积，此时就会产生横向环流，从而使河床在平面上呈现弯曲状态，这种弯曲有时是连续的曲流。曲流形成后，总是在凹岸侵蚀，凸岸堆积使得侧蚀加强，弯曲下移加大，使河床上、下邻段越靠越近，形成曲流颈。但这样的曲流不是无止境的，在黄河特大洪水到来时，河水就可能冲出弯道，截弯取直，使原来弯曲的河道被遗弃，再次发生改道。再有，银川平原的沙质河岸也是促使黄河不断迁徙的因素之一。自青铜峡以下，仁存渡以上，黄河河床

---

① 黄河治本研究团编：《黄河上中游考察报告》，第73页。

沉积物为沙砾，仁存渡以下河床为细沙土，抗冲能力小，河道摆动变化幅度较大。

第二，黄河洪水、地震等灾害的驱动。在诸多自然灾害中，洪水、地震最易导致黄河河道的变迁。大洪水暴发时，主流顺直而居中，造成河流决口，冲向沿岸低地，进而形成新的河道，河流故道遂遭废弃。历代不乏其例，最为典型的要数明代灵州城的三次迁建，其缘由就是黄河暴发大洪水致使河道东徙而做出的无奈之举。再者就是地震灾害，尤其是特大震级的地震，亦是诱发黄河河道变迁的原因之一。因银川平原黄河河岸多是沙质构造，特大地震往往造成河岸崩塌，或是填塞河道，导致流水不畅，迫使黄河流向低洼地带，造成河道变迁，或是河岸塌陷洪流中，使河道扩展，形成新的河道。同时，特大地震还会引起地壳运动，从而导致黄河河道的变迁，乾隆四年（1739）一月三日的平罗大地震就是典型案例。据史载，在此次地震中，平罗、宝丰、新渠等地地面开裂，宽数尺或盈丈，“水涌溢，其气皆热，淹没村堡”。三县城垣、堤坝、房屋全都倒塌，死者5万余人。其中新渠县城南门下陷数尺，北门门洞仅如月牙，县城中民房、仓廒全都陷入地中，足见此次地震之破坏力。同时，这次特大地震致使红果子长城两处错动，亦使平罗县段黄河向东摆荡约5千米，这一点从地震前后黄河距平罗县城的里距可以探知。

第三，人为因素对黄河河道变迁的抑制。人类主观行为在某种程度上延缓或抑制着黄河河道变迁的进程。这种行为主要通过护岸工程的修筑、人工裁弯取直两个方式表现出来。银川平原河岸多为沙质结构，质地疏松，透水性强，很难抵御河水的侵蚀及洪水的冲击，因此历代都十分重视河工建设，企图通过护岸河堤、挑水码头等的修筑来遏制水势，抑制黄河左右摆荡、游移。明末灵州城段黄河进一步向东摆移，于是乎，张九德在今灵武市西农场渠、银西高速一线修筑河防工事，迫使黄河远离灵州城，回归故道，成功阻止了此次黄河的东移。此外，民国时期宁夏省政府多次组织兴修的古城湾、王洪堡两处河工，也都起到了延缓甚至阻止黄河河道变迁的作用。挑水码头在抑制黄河水势、流向方面亦发挥着不容忽视的作用，以猪嘴码头为例。猪嘴码头的位置大致在今峡口镇草河村一带，对阻止黄河向东摆荡、保护秦渠等的安全发挥着重大作用，“若非此码头，则水势即倾向东流”。道光二十九年（1849）猪嘴码头被冲毁，黄河逐渐向东侵蚀，“于是而向之恃以捍水者，今转尽为水没矣。朝犹桑田，暮成沧海”。至光绪三十年（1904），河势益东，秦渠口至秦坝关段河岸崩塌日甚。光绪三十四年（1908）清明，灵州知州陈必淮为遏制黄河东徙，再次兴工修筑猪嘴码头，“日投石数百艘，上覆以土，逾月始成，计宽十八丈，长八十余丈，斜亘河中，水始循流故道”。民国二十四年（1935）秋，黄河大洪水，码头数处被冲毁，

“即遭河渠不分之危急现象”，于此之时“各方感受影响，特于翌年春，拨发巨款，大加补修一次，迄今数年已无顾虑”。在诱发黄河河道变迁的诸多因素中，人工裁弯取直也是不容忽视的。裁弯取直又称裁弯工程，是指在过度弯曲河段上的狭颈处，开挖引河，加速河道由弯趋直的工程措施。清初，黄河洪水再次直逼灵州城下，为抵御水患，在河中堡西“挑沟以泄其（黄河洪水）势”，随后黄河遗弃了河中堡东侧的故道，改由河中堡西侧的引河畅流，于是东河河道完全淤塞直接与东岸相连。

第四，银川平原特殊地质构造的促使。银川平原是一新生代拉张型断陷盆地，西与贺兰山相接，东与鄂尔多斯台地相邻。贺兰山其抬升的幅度远大于东侧的鄂尔多斯台地，从而“带动银川盆地做掀斜式运动”，促使黄河逐渐东移，河道不断变迁。

第五，地转偏向力，即科里奥利力的作用。地转偏向力，是由于地球自转而使地球表面运动物体受到与其运动方向相垂直的力。北半球地转偏向力向右，北流的河水在其作用下往往偏向河道东岸，长此以往致使河道东岸坍塌，河道进而东扩、东徙。黄河在银川平原总体上呈西南—东北流向，在地转偏向力的作用下，不断向东侵蚀，河水流速逐渐加快，原有河岸崩塌，河道不断向东扩张，西岸则因水流变缓，泥沙逐渐沉积，河岸进而日渐向东移动。

（二）历史时期黄河银川平原段河道变迁的影响

历史时期黄河银川平原段河道的变迁，给银川平原社会经济带来诸多影响，可归纳为以下几条：

第一，对滨河城市、城镇的影响。历史时期黄河银川平原段河道迁徙、摆荡剧烈，对滨河城镇造成巨大的威胁。这些城镇在黄河威胁下，或是另辟新址迁徙他处，或是人为对黄河进行改造、治理，消除水患。隋唐时期的怀远县旧城，唐高宗仪凤二年（677）因遭黄河洪水冲蚀而严重损毁，遂于仪凤三年（678）在其西方远离黄河之地另辟新址，更筑怀远县新城。这座怀远县新城即今银川市老城。隋代灵武县城，起初位于秦汉时的塞外浑怀障，约在今平罗县陶乐镇西侧黄河河道中。仁寿元年（601）前后，在黄河游移的影响下，遂迁移至北朝时期的胡城，即今青铜峡市瞿靖镇东南的蒯桥村、新林村附近。灵武县旧城延至唐代依旧存在，后却不见于史，当是最终也未摆脱被黄河吞噬的命运。黄河河道变迁对城镇的影响最为典型的案例非明代灵州城的三次迁建莫属，明代经洪武十七年（1384）、永乐年间、宣德三年（1428）三次迁建，灵州城最终从位于今古城湾村西部的西魏、隋、唐、宋、元时期的古灵州城而迁徙至今灵武市老城区，迁徙里距达30里。再有就是河中堡，其历经了由明嘉靖以前黄河西岸一块向东凸出的河湾半岛到嘉靖后沦为河中洲渚，再到清初向陆连岛发育的系列演替。这一嬗变是黄河在此间摆荡、迁徙的例证。延至清代，河中堡在黄河作用下还在继续发生变迁。“顺治初，因黄河冲啮灵州，乃于［河中堡］西岸挑沟以泄其势，后竟成河，而河中堡遂在河中矣。”清代顺治初，这一举措实际上是“浚深淤塞的汊河”。在人工干预下，河中堡再度被隔绝于黄河河道中，成为河中洲渚。直到乾隆中后期，洲渚东部与黄河东岸连接，原西汊河成为黄河主干道，河中堡完全成为黄河东岸的居民点。此外，还有诸如汉代的富平县城等一系列滨河城镇的消失，也都与黄河河道的迁移、摆荡有着莫大关联。

第二，对农业经济、水利设施的影响。银川平原因黄河贯穿全境而大力发展农业经济和水利工程，黄河在孕育银川平原的同时，也给其带来了诸多影响。黄河在流经银川平原时因地势平坦、河床宽展，流速变缓，从上游携带的泥沙逐渐沉积，促使河床抬升，河道发生变迁，进而在一定程度上扩大了平原耕地面积，河西灌区就是如此造就的。但历史时期黄河对银川平原产生的不利影响也不容小觑。首先，对水利设施的影响。黄河河道的变迁使直接从黄河岸边开口引水的灌渠渠口淤塞抬升，进水不畅，进而导致整个灌溉渠道因水量的减少而严重淤塞，甚至荒废。为保证引水通畅，只有随着水势不断调整渠口位置。同时，由于渠口从黄河岸边直接开凿，又容易受到河水的侵蚀而崩塌。民国时期汉延渠、惠农渠等不断调整渠口位置就是缘于黄河的不断迁徙、游移，致使来水量减小，渠口淤塞，进水不畅。黄河河道的迁徙，也对滨河灌溉渠道造成威胁。民国时期黄河王洪堡段因河道向西摆移而严重威胁到惠农渠的安全。其次，对农业生产的影响。黄河河道的摆荡，一方面导致河岸崩塌，沿岸农田塌陷入黄河。黄河古城湾段，河势东移，“因河岸之崩溃，塌陷民房民田无数”；永宁县望洪镇段，因黄河向西侵蚀，“王洪河工因河岸陷塌剧烈，损害良田不计其数”。另一方面，沿河滩地在黄河不时的左右摆荡下，也多被河水淹没，严重影响了农业生产。同时，在某种程度上，黄河河道的变迁也造成局部土地的盐碱化，以致无法耕种而废弃。

第三，对鄂尔多斯高原的影响。银川平原段黄河从鄂尔多斯高原西缘流经，因而其迁徙、摆荡对鄂尔多斯高原也产生着影响，尤其是对鄂尔多斯高原西缘河崖、陡坎的塑造及高原面积方面。汉至民国时期黄河总趋势是向东迁徙，鄂尔多斯高原西缘的红崖子乡南到横城堡一线在黄河的侵蚀下，沿河阶地逐渐消失于黄河洪流中，鄂尔多斯高原西缘面积因而大幅萎缩。最为典型的个案就是黄河与平罗县城、横城堡的里距逐渐缩小，以及河东长堤、兵沟汉墓群被冲毁。至于对高原西缘河崖、陡坎的塑造，从黄河东岸的红崖子及兵沟汉墓可见一斑。以兵沟汉墓为例，其本距黄河东岸有一定距离，后在黄河不断东移冲击下，形成了一道河崖，塌墓朽棺清晰可见。由于受黄河侵蚀切割的影响，鄂尔多斯高原西缘以陡崖地形与银川平原相连，地貌差异明显。

第四，对银川平原地貌的影响。黄河的迁移、改道和演化，对银川平原地貌发育起着重要作用。黄河变迁导致银川平原大面积土地湖沼化和沙漠化。首先是河东沙地的形成。河东沙地也即鄂尔多斯高原西部黄河沿岸沙地，具体指陶乐东部沙地（红崖子—月牙湖）、横城东部沙地（横城—毛卜喇—大处湖）、灵武东部沙地（灵武—磁窑堡），其平行于黄河呈带状分布。这些沙带的形成多与黄河河道的变迁有关。黄河河道的变迁，除致使原来河床干涸、河沙外漏之外，同时其摆荡经行之处也会有部分河沙沉积，这些河沙沉积区随着黄河的远去，地下水位下降，地表水贫乏，在长期干旱条件下，地表松散细轻物质遂连片起沙，进而在风力搬运下在河东地区堆积成为沙丘，继而湮没湖泊、河流、灌渠，覆盖农田等，致使宁夏平原河东地区日渐沙漠化。其次是平原上牛轭湖的出现。牛轭湖的形成都是黄河河道迁徙过程遗留下来的，如唐代灵武县北部长50里、阔10里的千金陂，明代高台寺东侧的高台寺湖，宁夏镇东北30里的三塔湖，东南35里的巽湖，等等。同时，灵武市境内的西湖、东湖、安家湖、戴家湖、梁家湖等都与黄河河道变迁有关。今贺兰县立岗镇潘昶村经金贵镇、清水湖、卢家湖到永宁县农场的大小二十多个湖沼呈带状分布，与现行河道平行，显系黄河在变迁过程中留下的古河道和牛轭湖残留水体。

第五，靡费人力、财力。黄河不断摆荡、迁徙，对沿岸城镇、水利设施、农田、民居等造成巨大威胁，为阻止黄河的迁徙，人们多修筑河堤、码头等河工以挑水势。然受社会生产力所限，及对黄河的问题缺乏正确、全面的认识，对黄河治理不可能采取综合措施，治理方法片面、单一，防洪工程质量低，一遇洪水就会溃决泛滥，需要不断维护、重修，但个别河段依旧于事无补，劳民靡财。

第二节　磴口至西山咀段黄河河道的变迁

在鄂尔多斯高原的西北边缘，磴口至西山咀段黄河，属于黄河的后套平原段。由于狼山以南的后套平原地区在地质时期是一个断陷盆地，经过古黄河经年累月地冲积、淤积，最终形成了今后套平原。这个平原呈由西南向东北倾斜的地势。在历史时期，黄河在后套平原形成南河、北河两条河道，基本上以北侧河道为黄河主河道，南侧河道为其支派。直至20世纪，由于受人类大规模农业经济活动的影响和黄河所含泥沙条件的变化，北河逐渐湮塞，南河成为现代黄河后套平原段的主河道。

一、战国至北朝时期后套平原段黄河河道

在古代文献中，关于战国至北朝时期（前475—580）的后套平原段黄河河道及其相关的湖泊有诸多记载，为我们的探究提供了可信的资料，包括《汉书》《水经注》《魏书》《周书》和《元和郡县图志》等等。

后套平原段黄河的支流河川大体有六条，包括源自狼山山脉（即古代阳山）的今呼勒斯太河、海流兔河、拜兴图高勒河、牧仁河（摩楞河）、石哈河、佘太川河。在古代早期，由于狼山山脉森林植被茂密，这些河流的水量、流程、河道皆未有明显的变化。那么，战国至北朝时期后套平原段黄河河道究竟行经于今日何地呢？可通过古代文献的相关记载予以分析。

东汉时期班固《汉书·地理志》载："朔方郡，武帝元朔二年开。西部都尉治窳浑。莽曰沟搜。属并州。户三万四千三百三十八，口十三万六千六百二十八。县十：三封，武帝元狩三年城。朔方，金连盐泽、青盐泽皆在［其］南。莽曰武符。修都，临河，莽曰监河。呼遒，窳浑，有道西北出鸡鹿塞。屠申泽在［其］东。莽曰极武。渠搜，中部都尉治。莽曰沟搜。沃野，武帝元狩三年城。有盐官。莽曰绥武。广牧，东部都尉治。莽曰盐官。临戎。武帝元朔五年城。莽曰推武。"[①]

北朝时期郦道元《水经注》载："河水又东北迳浑怀障西，《地理志》浑怀都尉治塞外者也。太和初，三齐平，徙历下民居此，遂有历城之名矣，南去北地［郡治］三百里。河水又东北历石崖山西，［南］去北地［郡城］五百里，山石之上，自然有文，尽若虎马之状，灿然成著，类似图焉，故也谓之画石山也。又北过朔方［郡］临戎县西，河水东北迳三封县故城东，汉武帝元狩三年置。《十三州志》曰：在临戎县西百四十里。河水又北迳临戎县故城西，元朔五年立，旧［为］朔方郡治，王莽之所谓推武也。河水又北有枝渠东出，谓之铜口，东迳沃野县故城南，汉武帝元狩三年立，王莽之绥武也。枝渠东注以溉田，所谓智通在我矣。河水又北，屈而为南河出焉。河水又北迤西溢于窳浑县故城东，汉武帝元朔二年，开朔方郡县，即西部都尉治［所］。有道，自县西北出鸡鹿塞，王莽更郡曰沟搜，县曰极武。其水积而为屠申泽，泽东西百二十里，故《地理志》曰：屠申泽在［窳浑］县东。即是泽也。阚骃谓之窳浑泽矣。

"屈从县北东流，河水又屈而东流，为北河。汉武帝元朔二年，大将军卫青绝梓

① 《汉书》卷二八下《地理志下》，第1619页。

岭、梁北河是也。东迳高阙南。《史记》：赵武灵王既袭胡服，自代并阴山下，至高阙为塞。山下有长城，长城之际，连山刺天，其山中断，两岸双阙，善能云举，望若阙焉。即状表目，故有高阙之名也。自［高］阙北出荒中，阙口有城，跨山结局，谓之高阙戍。自古迄今，常置重捍，以防塞道。汉元朔四年，卫青将十万人，败右贤王于高阙。即此处也。河水又东迳临河县故城北，汉武帝元朔三年，封代恭王子刘贤为侯国，王莽之监河也。

“至河目县西，河水自临河县东迳阳山南，《汉书注》曰：阳山在河北。指此山也。东流迳石迹阜西，是阜破石之文，悉有鹿马之迹，故纳斯称焉。南屈迳河目县，在北假中，地名也。自高阙以东，夹山带河，阳山以往，皆北假也。……北河又南合南河。南河上承西河，东迳临戎县故城北，又东迳临河县南，又东迳广牧县故城北，东部都尉治。王莽之盐官也。迳流二百许里，东会于河。河水又南迳马阴山西，《汉书音义》曰：阳山在河北，阴山在河南。谓是山也。而即实不在河南。《史记音义》曰：五原［郡］安阳县北有马阴山。今山在县北，言阴山在河南，又传疑之，非也。余按南河、北河及安阳县以南，悉沙阜耳，无它异山。故《广志》曰：朔方郡北移沙七所，而无山以拟之，是《［史记音］义》、《［广］志》之僻也。阴山在河东南则可矣。河水又东南迳朔方县故城东北，《诗［经］》所谓‘城彼朔方’也。汉元朔二年，大将军卫青取河南地为朔方郡，使校尉苏建筑朔方城，即此城也。王莽以为武符者也。按《地理志》云：金连盐泽、青盐泽并在县南矣。又按《魏土地记》曰：［朔方］县有大盐池，其盐大而青白，名曰青盐，又名戎盐，入药分，汉置典盐官。［大盐］池去平城宫千二百里，在新秦之中。服虔曰：新秦，地名，在北方千里。如淳曰：长安以北、朔方以南也。薛瓒曰：秦逐匈奴，收河南地，徙民以实之，谓之新秦也。

“屈南过五原［郡］西安阳县南，河水自朔方东转，迳渠搜县故城北。《地理志》，朔方有渠搜县，中部都尉治，王莽之沟搜亭也。《礼三朝记》曰：北发渠搜，南抚交趾。此举北对南。《禹贡》之所云析支、渠搜矣。河水又东，迳西安阳县故城南，王莽更之曰漳安矣。河水又东，迳田辟城南。《地理志》曰：故西部都尉治也。”①

在此，结合考古调查和实地考察，着重分析北魏后期成书的《水经注》关于今后套平原段黄河流径的记录，还原战国至北朝时期黄河后套平原段河道的地理位置。为达此目的，我们需要着重关注《水经注》记载中关于后套平原段黄河流路的如下节

① 《水经注校证》卷三《河水》，第75—77页。

点：在北河沿线“临戎县故城西”、铜口枝渠、“南河出焉”分汊点、窳浑县故城东屠申泽、“高阙南”、“临河县故城北”、“石迹阜西”、“南屈迳河目县”西、“河又南合南河”；在南河沿线，“临戎县故城北”、“临河县南”、“广牧县故城北”、“东会于河”之地、“马阴山西”、“朔方县故城东北”。北河与南河汇流且流经朔方县故城东北之后，转而向东流去，主要节点包括“渠搜县故城北”“西安阳县故城南”“田辟城南”。

关于“临戎县故城西”以及“三封县故城东”，现已勘察清楚。《水经注》所谓：“河水东北迳三封县故城东，汉武帝元狩三年置。《十三州志》曰：在临戎县西百四十里。河水又北迳临戎县故城西，元朔五年立，旧［为］朔方郡治，王莽之所谓推武也。”文献中的两个信息是，黄河流径位于三封县故城东100多汉里处，而三封县故城东距临戎县故城约140汉里。按照东汉里制，1里等于1800尺，1尺等于24厘米，1里等于432米。140汉里等于60480米，折合为60.48千米。100汉里等于43200米，折合为43.2千米。①依据北京大学侯仁之教授率领的历史地理野外考察队实地调查，以及陕西师范大学历史地理野外考察队于2014年的野外踏察，三封县故城遗址位于今内蒙古巴彦淖尔市磴口县西部哈腾套海苏木南部的麻弥图古城址，临戎县故城在今磴口县北部的补隆淖镇河壕村西侧河拐子古城。②而今黄河则从补隆淖镇河壕村河拐子古城东侧向东北流去，古今黄河流路距离相差十分明显。显然，战国至北朝时期黄河故道是从“临戎县故城”，即今河拐子古城西方向北流去。2014年7月，在实地调查河拐子古城址及其附近自然环境过程中，我们发现河拐子古城址地表已完全沙漠化，城址已被流沙覆盖。但在城址之西地表流沙之下，水位较高，水源丰富，而且愈向西行，地势逐渐下降，地表积水之处愈多。这就向人们昭示，此地在许多年前曾经是黄河河道所在地。

关于铜口枝渠、“南河出焉”分汊点，也是能够判断其位置的。《水经注》曰“河水又北，有枝渠东出，谓之铜口，东迳沃野县故城南，汉武帝元狩三年立，王莽之绥武也。枝渠东注以溉田，所谓智通在我矣。河水又北，屈而为南河出焉。”在今磴口县补隆淖镇河壕村河拐子古城西侧十数里处，黄河故道遗迹犹历历在目，因地势低下平缓，芦苇丛生，地下水时有出露。铜口位于临戎县故城（今河拐子古城）北方，是黄河分出一条小支派之地。据实地调查，其故址当在今磴口县北部的协城镇与

① 中国科学院《中国自然地理》编辑委员会：《中国自然地理·历史自然地理》附录“历代度量衡换算简表”，第261—262页。

② 孟洋洋：《西汉朔方郡属县治城考》，《西夏研究》2016年第3期，第91—92页。

隆盛合镇之间的两个村庄——召滩村、海子沿村一带。黄河枝渠自铜口（今召滩村、海子沿村）向东流去，经过“沃野县故城”之南，东注以溉田。沃野县故城，即今临河区黄羊镇脑高村二社南侧脑高古城（亦称黄羊木头古城）遗址。① 但是，黄河枝渠向东流经哪些地方，《水经注》并未记述，因此，其尾闾消失于何处就不得而知了。

黄河经铜口之地继续向北流行一段距离后，又歧出一条大的支派——南河向东流去。南河从西河分出之地，显然是在铜口之北方，推断它当在今磴口县北部的隆盛合镇、杭锦后旗查干敖包乡附近区域。

关于窳浑县故城东屠申泽、“高阙南”、“临河县故城北”、“石迹阜西”四个节点的位置，迄今基本调查清楚。《水经注》所谓“河水又北迤西溢于窳浑县故城东，汉武帝元朔二年，开朔方郡县，即西部都尉治［所］。有道，自县西北出鸡鹿塞，王莽更郡曰沟搜，县曰极武。其水积而为屠申泽，泽东西百二十里，故《地理志》曰：屠申泽在［窳浑］县东。即是泽也。阚骃谓之窳浑泽矣”。窳浑县故城，据侯仁之教授考证，即今磴口县西北部的沙金套海苏木南侧约3公里的土城子古城址，东距汉代黄河河道也约100里。② 位于窳浑县故城东北的屠申泽（亦名窳浑泽）西北依阳山（今狼山）、东南望大河，东西绵延120里（汉代里制）之遥。屠申泽是汉代以前黄河在后套平原西部泛滥改道后在旧日河槽形成的堰塞湖泊（牛轭湖），依靠黄河泛滥、狼山泄洪补给水源，在平水期与东侧的黄河干道以沙滩相隔。屠申泽至隋唐时期就已消失，其故湖盆在今杭锦后旗西北部召庙镇西部、太阳庙乡、沙海乡、磴口县公地乡之间区域。河水自今三盛公水利枢纽向北流至今召庙镇、三道桥镇和太阳庙乡之间地，于屠申泽东侧转而趋东流去。

《水经注》载：“河水又屈而东流，为北河。汉武帝元朔二年，大将军卫青绝梓岭，梁北河是也。东迳高阙南。《史记》：赵武灵王既袭胡服，自代并阴山下，至高阙为塞。山下有长城，长城之际，连山刺天，其山中断，两岸双阙，善能云举，望若阙焉。即状表目，故有高阙之名也。自［高］阙北出荒中，阙口有城，跨山结局，谓之高阙戍。自古迄今，常置重捍，以防塞道。汉元朔四年，卫青将十万人，败右贤王于高阙。即此处也。河水又东迳临河县故城北，汉武帝元朔三年，封代恭王子刘贤为侯国，王莽之监河也。”河水在屠申泽东侧转而向东流去，以下河段被称作北河。经过高阙之南，再流经临河县故城北侧。汉代高阙，即今乌拉特中旗西南隅的石兰计山口（亦称两狼山口）。临河县故城，即今五原县西部的塔尔湖镇西北五星村汉代古

---

① 孟洋洋：《西汉朔方郡属县治城考》，《西夏研究》2016年第3期，第93页。

② 孟洋洋：《西汉朔方郡属县治城考》，《西夏研究》2016年第3期，第91页。

城址，北距北河较近、南距南河较远。[①] 据此，战国至北朝北河的部分流路应在今乌加河之北侧。大致而言，汉代黄河河道自今杭锦后旗太阳庙乡驻地东侧转向东北流，基本与今乌加河流径一致，经过沙海乡、四支乡、联合乡、团结镇诸乡镇北方的乌加河河道，继而东循临河区古城镇北部的古城乡林场、东方红村、联合林场北侧的乌加河河道，进入五原县北部后，则从银定图乡前进村东侧循着乌加河以北的丰济干渠东段，流行于乌拉特中旗南缘，经过宏丰乡、乌加河镇、乌梁素太乡、牧羊海子、德令山镇诸乡镇南部，再向东南汇入乌加河。

《水经注》载："河水自临河县东迳阳山南，《汉书注》曰：阳山在河北。指此山也。东流迳石迹阜西，是阜破石之文，悉有鹿马之迹，故纳斯称焉。南屈［而流］迳河目县［故城西］，在北假中，地名也。自高阙以东，夹山带河，阳山以往，皆北假也。"河水流过临河县故城（五原县塔尔湖镇五星村古城址）之北后，在阳山（今狼山山脉）南麓顺直东去。抵达今乌拉特中旗德令山镇东南部的"石迹阜"西侧，因受到石迹阜的顶托，遂转而向南流去；经过河目县故城西而南去。所谓石迹阜，是指黄河转弯处东侧的一座石山，西临黄河之面为断崖，其位置在今乌拉特中旗德令山镇东南部。石迹阜因岩石表面留下原始社会先民刻绘的岩画而得名。所谓河目县故城，位于今乌拉特前旗额尔登布拉格苏木西南侧、乌梁素海东南岸的陈二壕村古城址。[②] 古代黄河河道在其西方向南流去。

关于北河与南河汇合地点，是个颇难定位的地望问题，但也是可以破解的。郦道元接着在《水经注》中写道："……北河又南合南河。南河上承西河，东迳临戎县故城北，又东迳临河县南，又东迳广牧县故城北，东部都尉治。王莽之盐官也。迳流二百许里，东会于河。河水又南迳马阴山西，《汉书音义》曰：阳山在河北，阴山在河南。谓是山也。而即实不在河南。"据此可知，北河与南河合流地点是在马阴山之西北侧。马阴山，即今乌拉山，其西端就是今乌拉特前旗驻地——乌拉山镇北偏东的西山咀。乌拉山延伸至西山咀而终止，西侧就是今已湮塞的黄河（今乌加河）故道。因此，战国至北朝时期的北河与南河合流地点是在今乌拉山西山嘴北偏西不远处。唯有如此，北河与南河合流后，才能"河水又南迳马阴山西"。那么，北河与南河合流地点究竟在今何处呢？约略推定在今乌拉特前旗新安镇驻地附近，基本接近历史实际。

---

① 孟洋洋：《西汉朔方郡属县治城考》，《西夏研究》2016年第3期，第90—91页。

② 白雪：《西汉时期五原郡诸县治城新考——以〈水经注〉的记载为中心》，《陕西历史博物馆馆刊》2014年第21辑，第136页。

接下来，关于南河沿线的“临戎县故城北”“临河县南”“广牧县故城北”“东会于河”的四个关键地点，也基本可以探明。首先，前已探明，南河自西河分出之地是在今磴口县隆盛合镇、杭锦后旗查干敖包乡区域。《水经注》记载的南河流经临戎县故城（今河拐子村古城）北、沃野县故城（今临河区黄羊镇脑高村古城）北、临河县故城（今五原县塔尔湖镇五星村古城址）之南、广牧县故城（今乌拉特前旗西小召镇西土城古城）北，向东流约200里之遥，至河目县故城西南方、马阴山北偏西方，汇入北河。临戎县故城，即今磴口县补隆淖镇河拐子古城址。沃野县故城，即今巴彦淖尔市临河区黄羊镇脑高村古城，因为沃野县故城位于铜口枝渠之北侧，因此，它必然是在南河之南。倘若沃野县故城位于南河之北，《水经注》在叙述铜口枝渠时就不会提及它。临河县故城，即今五原县塔尔湖镇五星村古城址。广牧县故城，即今乌拉特前旗西部的西小召镇西局子村西北的汉代古城址。[①]汉代边郡的□部都尉之名，是依据其在特定郡级政区的具体方位以命名；朔方郡西部的窳浑县城是西部都尉治所，而广牧县城位于朔方郡中部，实际应是朔方郡中部都尉治所，并非东部都尉治所。东部都尉治所是汉渠搜县城（详后），此乃史官之笔误也。

南河“东会于河”的地点，就是前述北河与南河的汇合地点，即今乌拉特前旗新安镇驻地附近之地，位于今乌梁素海西侧。

《水经注》记载北河接纳南河后的流径是：“河水又南迳马阴山西，《汉书音义》曰：阳山在河北，阴山在河南。谓是山也。而即实不在河南。……阴山在河东南则可矣。河水又东南迳朔方县故城东北，《诗［经］》所谓‘城彼朔方’也。汉元朔二年，大将军卫青取河南地为朔方郡，使校尉苏建筑朔方城，即此城也。……河水自朔方东转，迳渠搜县故城北。《地理志》，朔方有渠搜县，中部都尉治，王莽之沟搜亭也。……河水又东，迳西安阳县故城南，王莽更之曰漳安矣。河水又东，迳田辟城南。”马阴山，前已考定即今乌拉山，此指今乌拉山西山咀西侧。北河向南流经今西山咀西侧。此段河道流过马阴山西侧后，又流经三个重要节点：渠搜县故城北、西安阳县故城南、田辟城南。河水流过西山咀后转趋东南流去，经过朔方县故城东北，转而向东流过渠搜县故城北侧。朔方县故城，经过多年的实地调查，已可确定其位置在今杭锦旗独贵塔拉镇西南部的那林霍拉霍村东侧、库布齐沙漠腹地，即那林霍拉霍遗址。渠搜县故城，其遗址在今杭锦旗东北部的杭锦淖尔乡驻地附近，处在马阴山西端（今乌拉山西山咀）之南。[②]后套平原段黄河干道至此告一段落。至于黄河东流河段

① 孟洋洋：《西汉朔方郡属县治城考》，《西夏研究》2016年第3期，第93页。
② 孟洋洋：《西汉朔方郡属县治城考》，《西夏研究》2016年第3期，第94页。

必经的西安阳县故城南、田辟城南两个控制点，已经属于汉代五原郡河段，在此可不赘述。

《魏书》《周书》在个别人物传记中涉及后套平原段黄河少量信息，《元和郡县图志》也对唐代以前的后套平原段黄河河道有所记叙，在此从略。

综合上述古代文献关于黄河的记载可知，从战国至北朝时期，黄河在后套平原上形成了南、北两条河道的水系格局。北河是那个时期黄河主河道，南河则是其分出的支派。铜口枝渠分出地点在今磴口县东北部的协城镇与隆盛合镇间的两个村庄——召滩村、海子沿村一带。南河与北河两条河道的分汊地点当在今内蒙古磴口县东北部的隆盛合镇、杭锦后旗查干敖包乡附近区域。①

战国至北朝时期的南河在今隆盛合镇与查干敖包乡附近向东流去，先后流经临戎县故城北、沃野县故城北、临河县故城之南、广牧县故城北，向东流约200里之遥，至河目县故城西南方、马阴山北偏西方，即今乌拉特前旗新安镇附近，汇入北河。具体来说，南河在今隆盛合镇与查干敖包乡一带分出，流向东偏北方，历经杭锦后旗二道桥镇南部、临河区黄羊镇北部、城关镇北部、巴彦淖尔市市区之北、八一乡北部、隆胜镇东南部，再向东经行五原县天吉泰镇北部、复兴镇北侧、巴音套海镇北部、城南乡之南，继续向东流经乌拉特前旗西小召镇北部、北圪堵乡南侧、新安镇南部，汇入向南流来的北河。两河汇流地点，即在今乌拉特前旗新安镇驻地附近，位于今乌梁素海西侧。

而战国至北朝时期的黄河主道北河经由今隆盛合镇与查干敖包乡一带依旧向北流去，即河水自今磴口县东缘的三盛公水利枢纽向北流经补隆淖镇、协城镇之西，再经过今隆盛合镇与查干敖包乡一带，至今杭锦后旗中部召庙镇、三道桥镇、南渠乡和太阳庙乡之间地，在屠申泽东侧转而趋东流去。“河水”与西侧的屠申泽有沟道相通；屠申泽故湖盆在今杭锦后旗西北部的召庙镇西部、太阳庙乡、沙海乡、磴口县公地乡之间区域。在此尚需辨明北河与屠申泽的伴生和因果关系。所谓“河水又北迤西溢于窳浑县故城东，……其水积而为屠申泽，泽东西百二十里”，其中，“迤西溢于窳浑县故城东”而形成东西绵延约120汉里的屠申泽，是指战国以前的黄河北河在此地因流路淤塞而向东改道后的故河道潴留水体而成的湖泊。战国及其后，北河在平水期并不向西流“溢于”屠申泽，只是在洪水期河槽容纳不下过多的流水，才会向西溢出，流入该湖泽。既然是在战国以前北河古河道西端形成的

① 杨国顺：《宁夏银川平原、内蒙古河套地区黄河演变与地理环境变迁》，《人民黄河》1989年第3期。

牛轭湖，其平面布局应是随故河道弯曲的形状，绝对不是现时发行的地图集上所绘东西通直的形状。[①]汉代黄河河道自今杭锦后旗太阳庙乡驻地东侧转向东北流，基本与今乌加河流径一致，河水北流至狼山南麓转而东流，经过今临河区北缘、五原县北部、乌拉特中旗南缘。具体说来，经过杭锦后旗北部的沙海乡、四支乡、联合乡、团结镇诸乡镇北方的乌加河河道，继而东循临河区古城镇北部的古城乡林场、东方红村、联合林场北侧的乌加河河道，进入五原县北部后，则从银定图乡前进村东侧循着乌加河以北的丰济干渠东段，流行于乌拉特中旗南缘，经过宏丰乡、乌加河镇、乌梁素太乡、牧羊海子、德令山镇诸乡镇南部，再流向东南汇入乌加河。在此特别要注意一个重要控制节点——石迹阜。因为黄河在狼山南麓向东流至石迹阜西侧，受到石迹阜石质山体的顶托，阻断其东流之道，才转而向南流去。所谓石迹阜，是指黄河转弯处东侧的一座石山，西临黄河之面为断崖。那么，这个石迹阜在今何处呢？依据黄河北河自西向东流路的顺序判断，石迹阜应在乌拉特中旗南部的德令山镇东南部与今乌拉特前旗北部的苏独仑乡东部一带。换言之，黄河由石迹阜石山之西侧转向南流，经今乌拉特前旗苏独仑乡驻地附近、今乌梁素海中部、河目县故城（今乌拉特前旗额尔登布拉格苏木陈二壕古城），至今乌拉特前旗新安镇驻地附近与南河汇流。其后，向南流经过今乌拉山西端的西山咀下，转向东南流至今杭锦旗北部的独贵塔拉镇附近，在此转而向东流，经渠搜县故城（今杭锦旗杭锦淖尔乡驻地附近）北，向东流向前套平原。

战国至北朝时期后套平原段黄河北河左侧的支流河川并未见诸古代文献记载。其实，这些支流河川是客观存在的水文要素，包括发源自今狼山山脉的今呼勒斯太河、海流兔河、拜兴图高勒河、牧仁河（摩楞河）、石哈河、佘太川河。那时期，狼山山脉覆盖着茂密的森林植被，成为游牧民族——匈奴族牧民制作弓矢的材料来源地。正因为狼山植被茂密，可有效地拦阻降雨时节雨水对山坡土壤的冲击，不至于引发大规模的水土流失。因此，上述流程短促的山谷河川并未发生明显的位置、形态、水量诸多变化，在此从略。

二、隋唐至金夏时期后套平原段黄河河道

在隋唐至金夏时期（581—1227），后套平原段黄河仍然呈现南、北两河并行的格局，唯有湖泊发生变迁，原先位于后套平原西部的屠申泽趋于湮塞而消亡，但在后

① 谭其骧主编：《中国历史地图集》第2册，中国地图出版社，1982年，第17—18、59—60页。

套平原东部黄河沿岸相继生成两个新的湖泊——大泊、麦泊。这两个湖泊的出现，与黄河河道的变迁密切相关。具体来说，大泊与麦泊的出现是黄河在后套平原东部裁弯取直式河槽横向摆动的结果。于是，隋唐两宋时期后套平原段黄河呈现出与此前时段不同的河流、湖泊共生关系和空间格局。

在这个历史时段，后套平原段黄河的北河中段逐渐向北摆动，而南河则移动至今黄河河道之南侧。关于这个问题，唐代后套平原上若干城镇的迁移过程就是很好的证据。下面就采取以城论水的方法推究其真实面目。

（一）历史文献的相关记载

《元和郡县图志》载："丰州，九原。下府。开元户一千九百。乡五。元和户。今置都防御使。管州一，军一，城二：丰州，天德军，西受降城，中受降城。县二。其都防御使及天德军使，理在西［受降］城，今移理旧天德军城。"①

丰州"管县二：九原，永丰。九原县，中下。郭下。本汉之广牧［县］旧地，（中）〔东〕部都尉所理。其九原县，永徽四年重置。其城，周、隋间俗谓之甘草城。永丰县，中下。州西一百十六里。本汉临戎［县］旧地，后汉末废。北人又谓之贺葛真城。周武帝保定三年，于此置永丰镇。隋开皇五年废镇，置永丰县，［唐］武德六年省，永徽元年复置。废丰安县，在州［城］东南四十里"②。

"天德军，旧理在西受降城，权置军马于永清栅，元和九年诏移理旧城。本安北都护［府］……景龙二年，又移理西受降城。开元十年，又移理中受降城。天宝八年，张齐丘又于可［贺］敦城置横塞军，［安北都护府］又自中受降城移理横塞军。十二年，安思顺奏废横塞军，请于大同川西［侧］筑城置军，玄宗赐名大安军。十四年，筑城功毕，移大安军理焉。乾元后改为天德军。缘居人稀少，遂西南移三里，权居永清栅，其理所又移在［新］西受降城。［新西城］自后频为河水所侵，至元和八年春，黄河泛滥，城南面毁坏转多。［都］防御使周怀义上表请修筑，约当钱二十一万贯。中书侍郎平章［政］事李吉甫密陈便宜，以西城费用至广，又难施功，请修天德旧城以安军镇。其大略曰：'伏以西城是开元十年张说所筑，今河水来侵，已毁其半。……［西］城南面即为［河］水所坏，其子城犹坚牢，量留一千人，足得住居。天德军士，合抽居旧城，岂可更劳版筑，虚废钱物。……按天德旧城，在西城正东微南一百八十里，其处见有两城。今之永清栅，即隋氏大同旧城理，去本城约三里以下，城甚牢小，今随事制宜，仍存天德军额。北城周回一十二里，高四丈，下阔

① 《元和郡县图志》卷四《关内道四·丰州》，第111页。

② 《元和郡县图志》卷四《关内道四·丰州》，第112—113页。

一丈七尺，天宝十二载安思顺所置。其城居大同川中，当北戎大路，南接牟那山钳耳觜，山中出好材木，若有营建，不日可成。牟那山南又是麦泊，其地良沃，远近不殊。……诏从之，于是复移天德军理所于旧城焉。先是缘边居人，常苦室韦、党项之所侵掠，投窜山谷，不知所从。及新城施功之日，遂有三万余家移止城内。初，议者又虑城大无人以实，及是远近［居人］奔凑，边军益壮，人心遂安。沃野故城，在［天德］军城北六十里，即是后魏时六镇从西第一镇也。”①

“西受降城，旧［时］天德军理于此城，元和九年移理天德军城。在丰州西北八十里［黄河北侧］。盖汉朔方郡地，临河县故理处。开元初为河水所坏，至开元十年总管张说于故城东别置新城。今城（一本云‘其后城’）西南隅又为河水所坏。本末具天德军。”②

“先是朔方军北与突厥以河为界，河北岸有拂云堆神祠，突厥将入寇，必先诣祠祭酹求福，因牧马料兵而后渡河。时突厥默啜尽众西击突骑施娑葛，仁愿奏请乘虚夺取漠南之地，于河北筑三［座］受降城，首尾相应，绝其南寇之路。……六旬而三城俱就。以拂云［堆神］祠为中城，与东西两城相去各四百余里，遥相应接。北拓三百余里，于牛头、牟那山北置烽堠一千八百所，自是突厥不得度山放牧，朔方无复寇掠，减镇兵数万人。”③

（二）北河的流径位置

在隋唐至金夏时期，后套平原段黄河的主河道——北河位置有过较为明显的变动，其主要的证据是西受降城址的两度迁徙皆是黄河大洪水向北冲刷的结果。在此予以初步探究。

旧西受降城是由张仁愿于唐中宗景龙二年（708）创建于北河北岸的军事重镇与要塞，即“于河北筑三［座］受降城”。其中之一就是西受降城，唐代人简称其为“西城”，位置在今乌拉特中旗那寡妇圪旦村（原石兰计乡政府驻地）北侧1.5千米处，当地文物工作者称之为石兰计古城。古城遗迹已被当地村民铲毁，地表已无痕迹。旧西城沿用至“开元初为河水所坏，至开元十年总管张说于故城东别置新城”。换言之，唐开元初年（713），后套平原段黄河的北河曲流在今那寡妇圪旦村一线向北移徙，逐步冲毁了旧西受降城。于是，朔方军大总管张说在开元十年（722）“于故城东别置新城”，即在旧西城的东方、黄河北岸别建一座新西受降城。据内蒙古巴

① 《元和郡县图志》卷四《关内道四·丰州》，第113—115页。
② 《元和郡县图志》卷四《关内道四·丰州》，第116页。
③ 《元和郡县图志》卷四《关内道四·丰州》，第116—117页。

彦淖尔市文物工作者的实地调查确认，新西城的位置即今乌拉特中旗乌加河镇西南十余里的奋斗古城址。由于多年以来的农业耕作活动的破坏，迄今在地表，新西城已略无遗迹可觅。

这座新西城至安史之乱后，其军事政治地位发生巨大的变化，相继成为天德军都防御使司、天德军使的治城。但是，好景不长，至元和八年（813）春，新西城又逐渐遭到北河大洪水的侧噬冲刷。《元和郡县图志》载："今城（一本云'其后城'）西南隅又为河水所坏。"更详细地说，天安军在"乾元后改为天德军。缘居人稀少，遂西南移三里，权居永清栅，其理所又移在［新］西受降城。［新西城］自后频为河水所侵，至元和八年春，黄河泛滥，城南面毁坏转多"，即元和八年春天黄河解冻形成大规模凌汛，首先摧毁了新西城的西南隅，继而冲毁其大城的南半部；唯有新西城的大城北半部的子城（即小城）未遭破坏。正如唐代官员李吉甫所说："伏以西城是开元十年张说所筑，今河水来侵，已毁其半。……［西］城南面即为［河］水所坏，其子城犹坚牢，量留一千人，足得住居。天德军士，合抽居旧城，岂可更劳版筑，虚废钱物。"可见，至元和八年，新西城的大城南半部已被黄河洪水冲毁，已沦为北河河道，北半部的子城尚完整坚固。因此，新西城至此已无法驻扎上万的北疆驻防军，只好暂且留下一千名士兵屯驻于尚未毁灭的子城内，天德军的主力迁回天德军旧城。

而北河的东段也在向南向西移动，其变迁的直接证据就是大泊湖泽的出现。大泊是见诸《新唐书·地理志》的后套平原东北部的湖泽，即赴天德军的道路"又涉屯根水，五十里至安乐戍，戍在河西壖，其东壖有古大同城。今大同城故永济栅也。北经大泊，十七里至金河。又经故后魏沃野镇城，傍金河，过古长城，九十二里至吐俱麟川"①。其位置当在今乌拉特前旗乌梁素海北方、乌拉特中旗德令山镇东部。（详后）据此，隋唐时期北河东段转弯位置应在大泊湖泽的西侧，由此向南方的"牟那山钳耳觜"（今乌拉山西山咀）西侧流去。大泊的存在，是隋唐时期后套平原段黄河水系格局跟此前区域水系显著不同之处。

（三）南河，即屯根水的流径位置

后套平原段黄河的支派——南河，唐代被称作屯根水，其位置在今黄河主河道之南，大体相当于汉代铜口枝渠的流径。依据今黄河南侧一系列西东向分布的湖泊群，可推指唐代南河——屯根水的地理位置。首先，因为这些湖泊群体的排列方向，以及处在库布齐沙漠北部边缘的所在位置，表明它们很可能就是唐代黄河向北摆荡后的古

① 《新唐书》卷四三下《地理志七下》，第1148页。

河槽分段积水而成的湖泊。因此，可据之推断唐代后套平原段黄河屯根水的地理位置。其次，今黄河干道弯曲河段向北推进至唐代丰州故城（今乌拉特前旗西小召镇土城子古城）侧近；显然，在古代绝非如此。因为屯根水向北摆荡会存在一个较为漫长的时间过程，推论其位置在唐代距离丰州城还有一段较长距离。据此，唐代黄河支派屯根水远在今杭锦旗库布齐沙漠北缘，是可令人信服的判断。

隋唐金夏时期黄河南河的西端起始地——黄河分岔口，相当于汉代铜口枝渠分出地点，即在今磴口县东北部协城镇与隆盛合镇之间的召滩村、海子沿村一带。换言之，南河、北河两河的分汊点已不在今磴口县隆盛合镇与杭锦后旗查干敖包乡一带，已经南移至今磴口县协城镇西北部。

屯根水自今召滩村、海子沿村一带向东方流去，其故河道在今黄河干道之南面，横贯今杭锦旗北部诸乡镇地界。向东穿越今杭锦后旗南部头道桥镇附近，流经杭锦旗北境的呼和木都镇、吉日嘎朗图镇南侧，以及其东方库布齐沙漠中的七个小湖泊所在地、独贵塔拉镇沙圪塔淖尔、杭锦淖尔乡等地湖泊群，与东南流下的北河主道汇合。这些今黄河南侧的沙漠湖泊群实际是隋唐至夏金时期黄河南河北移后留下的河道残迹，成为我们再现该时期黄河故河道的实物证据。同时，由于战国至北朝时期黄河马阴山南侧的河道至隋唐时期已经向南移动至今杭锦淖尔一线，因此在隋唐黄河河道北侧、旧黄河河道出现一个湖泽——麦泊。

（四）隋唐至金夏时期后套平原湖泊的兴与废

关于隋唐至金夏时期后套平原上的两个湖泊——大泊、麦泊的地理位置，分别见于《新唐书·地理志七》和《元和郡县图志·天德军》的相关记载。而汉代湖泊屠申泽至隋唐时期业已湮塞，并不见于隋唐文献的记录。

唐代大泊的地理位置，当在今乌拉特前旗苏独仑乡东南侧区域。《新唐书·地理志七》："又涉屯根水，五十里至安乐戍，戍在河西壖，其东壖有古大同城。今大同城故永济栅也。北经大泊，十七里至金河。又经故后魏沃野镇城，傍金河，过古长城，九十二里至吐俱麟川。"唐代屯根水即后套平原段黄河之南河，在今黄河干流河道后套平原段南侧。过屯根水后北行50里抵达黄河（唐代黄河干流河道，今乌加河及其尾闾湖——乌梁素海）西岸的安乐戍。自宁远镇（今杭锦旗沙圪堵淖尔村西南）向北50里，大约相当于今乌拉特前旗新安镇。因此，推断安乐戍故址当在今新安镇东隅、乌梁素海西缘。[①] 在安乐戍东偏北，正是今乌拉特前旗额尔登布拉格苏木西北5

① 内蒙古自治区地图制印院编制：《内蒙古自治区交通图册》，第100页。

里的唐永清栅（或称永济栅），旧天德军城所在（今乌梁素海东部湖底的土城子古城遗址）。道路经此循黄河东岸北上，至大泊。大泊，乃唐代后套平原东北部的湖泽，位于今乌拉特前旗苏独仑乡东南，接纳从东北流来的金河。金河，即指源出今乌拉特中旗新忽热苏木北部的色尔腾山区、向西南流的牧仁河（也称摩楞河），穿过秦汉长城，西南流注今乌加河。至今，因该河谷上游建有哈布齐勒水库、二牛湾水库，河水已断流。大泊北至金河的里程是17唐里。金河北侧的北魏沃野镇城遗址，位于今乌拉特前旗苏独仑乡东部、根子场村南侧。[①] 道路经由大泊之畔（今苏独仑乡东南）转向东北，经沃野镇城旧址（今根子场古城），溯金河（今牧仁河）河谷北岸而上，至今乌拉特中旗巴音哈特太苏木东南隅的查汗温都尔村东侧，穿越秦汉古长城。自此东北行九十余里而至吐俱麟川，当在今达尔罕茂明安联合旗境。据此，大泊位于今乌拉特前旗苏独仑乡东南侧区域，当无疑问。

麦泊的位置当在今乌拉特前旗独贵塔拉镇东北、铁路南侧区域，基本上与此地的今黄河河道重合。《元和郡县图志·天德军》载，元和九年（814）春夏，李吉甫奏称："'[天德军旧城] 北城周回一十二里，高四丈，下阔一丈七尺，天宝十二载安思顺所置。其城居大同川中，当北戎大路，南接牟那山钳耳觜，山中出好材木，若有营建，不日可成。牟那山南又是麦泊，其地良沃，远近不殊。……诏从之，于是复移天德军理所于旧城焉。"[②]天德军城南方的牟那山钳耳觜，即今乌拉山西山咀。牟那山钳耳觜南侧的麦泊，是黄河河道在此南徙后在旧河道留下的牛轭湖。依据麦泊与牟那山钳耳觜的相对方位，可推知它的位置在今乌拉特前旗独贵塔拉镇东北、铁路南侧的黄河之区。由于元明清时期黄河河道再次向北摆动，唐代麦泊就被黄河洪流冲蚀殆尽了。

据上述资料可知，至隋唐金夏时期，后套平原段黄河流路在空间上发生明显的变迁。后套平原段黄河的主河道——北河与其前历史阶段纵向比较，在至少三个地段出现了变迁。其一，唐开元初年，在今乌拉特中旗邢寡妇圪旦村附近，黄河向北摆动达数公里之遥，直至该村北1.5千米的旧西受降城（石兰计古城址）之地。其二，唐后期，在新西城南侧，黄河在元和八年春天的凌汛期间，黄河洪水摧毁北侧河岸，冲毁新西城的大城区域南半部，河道遂向北推移，形成一个新的河湾。其三，在今乌拉特前旗苏独仑乡、乌拉特中旗德令山镇之境秦汉旧河道，唐代形成一个名叫大泊的湖泽。这就表明，其时北河由于河道自行裁弯取直的变动，是从大泊西南侧流向南

---

① 图家文物局主编：《中国文物地图集·内蒙古自治区分册》上，第270—271页。

② 《元和郡县图志》卷四《关内道四·丰州》，第114页。

方的。

隋唐时期后套平原段黄河之南河的流径，业已基本探明。大体自今磴口县协城镇召滩村、海子沿村一带流向东方，穿越今杭锦后旗南部头道桥镇附近，向东横贯今杭锦旗北部诸乡镇地界，其故河道在今黄河干道之南面。其流经地在今杭锦旗北境的呼和木都镇、吉日嘎朗图镇南侧，以及其东方库布齐沙漠中的七个小湖泊所在地、独贵塔拉镇沙圪塔淖尔、杭锦淖尔乡等湖泊群所在地，与东南流下的北河主道汇合为一股。这些位于今黄河南侧的沙漠湖泊群体实际是隋唐至夏金时期黄河南河北移后留下的河道残迹。

在此时段，后套平原段黄河左侧支流河川少数已见诸文献记载。例如由于论述夏州至丰州的道路经行地，涉及金河（今乌拉特中旗东南缘的牧仁河）的地理位置。再如唐人论述西受降城、天德军城、永清栅的空间格局时，提及大同川（今乌拉特前旗东部的佘太河）所在位置。直至宋代金夏并存时期，鉴于文献资料的匮乏，这些河川生态环境有何变化，其具体情况尚待继续探查。

三、元明清时期后套平原段黄河河道

在元明清时期，后套平原段黄河在大部分时段依旧呈现南河、北河并行的空间布局。也就在此时期，后套平原段黄河流路由原先的两派逐渐演变为以南河为单一河道的格局。正如个别研究者所言：“清康熙以后，北河流势渐弱，南河逐渐变为主流。道光时，北河淤塞，全河之水始悉经南河下泄。”[①] 第一，至清代中期，由于开发土地资源和水力资源的缘故，北河的水流量则逐渐缩小，甚至季节性断流，遂被世人称作乌加河或五家河。这是元明清时期后套平原段黄河最大的变迁事件。第二，由于黄河水沙运动的变化，南河与北河的分汊点逐渐由北向南上移、东摆，从而引起南河河道整体逐渐北移，到达今后套平原段黄河河道位置。第三，伴随着清朝中后期对后套平原农业土地资源的开发与北河河道位移与断流，唐宋时期的大泊渐渐趋于干涸，即今狼山牧仁河下游汇入乌加河之地，积水已经干涸。乌拉山西山咀南侧的麦泊的潴水面积渐趋缩小，而且逐渐被北徙的黄河河道袭夺（今乌拉特前旗独贵塔拉镇东北、黄河北侧三河湖之地）。

在这个历史时段，后套平原段黄河的南河河道变迁的基本态势呈现出逐渐向北移徙，最终到达今黄河的位置。这一变迁过程大概从元朝统治该地域时就开始了，

① 杨国顺：《宁夏银川平原、内蒙古河套地区黄河演变与地理环境变迁》，《人民黄河》1989年第3期，第62页。

至明代日趋明显。原因在于明洪武年间，黄河大洪水在宁夏平原冲毁了唐代灵州城，如此规模的大洪水宣泄至后套平原段黄河，势必引起北河的变道或淤塞，而在南河则引致河床改变形态，以及河道北移。北河北侧就是地势高耸的狼山山地，没有太大的北移空间。同理，南河在隋唐金夏时期的位置，南面是地势渐渐升高的鄂尔多斯高原，它也只能向地势较低的北方移动。南河北移的突出证据，就是唐代丰州故城被北移的黄河河水侧蚀冲刷而局部毁坏。与此同时，由于黄河河道北移而在今黄河以南的故河道区域遗留下西东方向成串组群的众多小湖泊，迄今依旧存在。这些小型湖泊一般形成于黄河北徙后留下的旧河槽之中，标示着隋唐至两宋时期黄河故道的基本位置。但是，随着元明清时期库布齐沙漠的进一步发展，其北缘的黄河故道遗存被流沙覆被，唯有七星湖、沙圪堵淖尔、杭锦淖尔等沙漠湖泊群体依旧昭示着黄河古道的位置。

与此同时，北河河道由于受到上游河水泥沙淤积的影响，来水量逐渐缩减；也由于狼山山区森林植被覆盖率的缩小、山区泥沙碎石随山洪泻下堆积于山前洪积扇，且不断前伸扩展，推挤北河而使之南移，河道变窄变浅，过水量降低。在诸多因素综合影响下，北河逐渐向南推移至今总排干沟北侧，而且逐渐断流、干涸，许多区段被农民开发为农田。在农业用地开发过程中，原先北河北侧的旧西城、新西城相继遭到不同程度的破坏，灭失殆尽。于是，自清朝道光年间开始，北河淤塞不通，黄河流水全部经行南河东流。换言之，历史时期南河至清代道光年间终于演变为单一的黄河主河道，而且其流路也在向北缓慢偏移，最终基本稳定在今黄河一线。

随着北河的逐渐南移，原先与其保持共生同存关系的大泊因失去水源补给而演变为沼泽，继而转变为可耕农地。乌拉山西山咀南侧的湖泽麦泊，则由于南河逐步北移，至清后期遂被黄河袭夺，演变为黄河河道。而至清代后期，弧形的北河西段（今杭锦后旗境内）来水持续减少，其东段河道则因西山咀西侧河道泥沙淤积而泄水不畅，在今乌拉特前旗中部形成一个新的小微湖泊，即今乌梁素海的前身。究其原因，主要是后套平原的农业开发力度快速增强，与农业经济相关联的治水工程、灌溉设施随之兴起，灌溉余水渐渐潴留于今乌拉特前旗中部区域。

此外，清后期后套平原的农业开发进入一个重要的历史阶段。大量移民的迁入，开垦土地，兴修水利，开挖新河、改造旧河道相继涌现。在此过程中，后套平原段黄河还出现过数条支流河道。但是，经过一段时间后，人们对过往的水系进行重新整治和梳理，使之渐趋稳定。

四、民国时期后套平原段黄河河道

在民国时期，后套平原段黄河及其支流河道变迁很大，主要表现为两方面：一方面，北河（即今乌加河）的彻底断流，从而使得后套平原段黄河演变成以南河为主泓的单一河道。另一方面，其北河北侧诸支流，包括源自狼山山脉的今呼勒斯太河、海流兔河、拜兴图高勒河、牧仁河、石哈河、大同川河，因为狼山山区天然森林植被覆盖度减少、气候干旱少雨而趋于干涸、断流，变成季节性小河，也不再与黄河发生沟通关系。余太河早已完全无水，留下干涸的河床，且已被农民开垦为农地，还遭受风沙的侵袭，地表基本呈现出沙漠化景象；牧仁河也因山区森林的砍伐而河水减少，甚至不再注入北河。

在这近四十年的时段，后套平原段黄河最大的变化就是单一河道的形成与固定，并逐渐演变成蛇曲型河道。同时，北河大部河段消失。

20世纪30年代的一场暴雨之后，今乌拉特前旗中部黄河故道快速形成一个新的大型湖泊——今乌梁素海。自彼迄今，乌梁素海的湖区面积不断扩大，并淹没唐代天德军故城遗址，以及永清栅遗址。至于原先存在的大泊、麦泊诸湖泊，则彻底地消失殆尽。

五、后套平原段黄河沿岸湖泊的兴亡

后套平原属于外流水系区域，因此湖泊的存亡消长必然跟黄河河道的移徙存在着紧密的联系。湖泊依随黄河来水来沙条件的变化而此消彼长、此盈彼缩。这种黄河沿岸诸多湖泊的盈缩兴亡之变迁，是我们解析后套平原自然环境动态变化的钥匙，并能为当代人民改善后套平原自然生态环境以及可持续发展提供历史地理学的支撑。回观历史时期后套平原湖泊的盈缩消长，如前所论，下面的四个古湖泊不可忽视。

屠申泽，亦称“窳浑泽”。保守判断，其存续时间大体在战国至北魏时期。屠申泽湖盆遗址位于今杭锦后期西北部的召庙镇、太阳庙乡、沙海乡之间区域。至北朝后期及隋代，屠申泽因进水口被泥沙封淤，遂渐趋于干涸而转为低洼沼泽地。隋唐时期的文献已无只言片语的记载。[①] 换句话说，屠申泽当在北朝后期至隋唐初期消失。

大泊，隋唐时期后套平原段黄河之北河东段沿岸的一个湖泊，位于今乌拉特前旗苏独仑乡东南侧区域，存续于隋唐五代两宋时段。至元明之时，因北河河道南移而失

① 《汉书》卷二八下《地理志下》，第1619页。

去水源补给，遂逐步趋于干涸。

麦泊，隋唐时期后套平原段黄河北河与屯根水汇合后东流河道北侧、牟那山钳耳觜（今乌拉山西山嘴）南侧的一个黄河故道湖泊。其湖盆旧址在今乌拉特前旗东南部与杭锦旗交界的黄河河道侧近的三河湖之地，存续于隋唐五代两宋时段。至元明之时，因黄河南河河道的北移而被袭夺占据，其残迹就是今三河湖洼地。

乌梁素海，是继大泊、麦泊之后新出现在后套平原东部的湖泊，迄今犹存，位于今乌拉特前旗中部、古代北河河道两侧，湖面广阔，芦苇茂密，水生动物丰富。近几年，由于气候干旱，湖水面积有所减少，两处较高亢的湖底显露出来成为陆地，湖区遂被分割成三块。

六、后套平原段黄河与湖泊变迁的动因

历史时期后套平原段黄河河道与沿岸湖泊频繁变迁之原因较为复杂。依据历史文献记载、实地考察所见、历史河流地貌学的一般原理与机制分析，不外乎下面几个驱动因素。

第一，黄河在后套平原经行数千万年之久，其充沛的流水和携带的大量泥沙塑造着后套平原的宏观地貌；同时，因为其水沙条件随时间推移的变化而缓慢地改变着其自身在这块平原上的空间位置。黄河河水搬运泥沙能力的强弱随地形地势而变化，也受到来水多少、流速快慢的制约。因此，在不同时期不同区段就会出现或者侧蚀冲刷，或者沉积淤积的河流地貌事项，从而驱动后套平原段黄河及其支流河川发生空间位置变迁。因此，黄河及其支流河川的水沙条件变化对河道变迁的影响是非常重要的研究维度。

第二，气候条件与天然森林植被覆盖率的变动，对后套平原段黄河及湖泊的盈缩存亡发挥着最基本的影响作用。气候的波动，比如气候的温暖湿润、寒冷干燥、温暖干燥、寒冷湿润，不同的气候条件对河流、湖泊发挥的影响各不相同。例如元和八年春，后套平原段黄河解冻期间，河道里堆积的冰块溢出北岸摧毁了新西城的大城南半部，既改变了北河的局部河段位置，也给当地驻军及其家属带来巨大的灾难。这是气候灾害带给黄河的影响实例之一。天然森林覆盖率的大小高低，则对河流涵养水源的优劣起着关键的作用。森林覆盖率高的山区河流，水源丰沛，对黄河的水量补给就多，反之森林覆盖率低的山区涵养水源的能力就差。河川水量呈现暴涨暴落的特征，河水携带的大量泥沙在陡峭的山区急剧下泄，至山前平原就淤积堆积下来，堵塞黄河河道，迫使黄河南移，湖泊消失。唐代湖泽大泊的最终消亡，就与金河的水沙条件变

化不无因果关系。

第三，人类经济活动对河川、湖泊空间格局及其变化的大规模负面影响，也是非常明显的。隋唐宋时期和清至民国时期，人们在后套平原上垦荒、凿渠、治水、筑路等经济活动，无疑给当地的自然水系、生态环境带来深刻变化。这些变化或对人类社会长远可持续发展有益，或存在深远的负面影响，阻碍社会进步和经济发展。凡此种种影响因素，值得后人分析、总结和汲取。

第三节　西山咀至准孔兑沟口段黄河河道的变迁

在鄂尔多斯高原的东北缘，历史时期乌拉特前旗乌拉山西山咀至准格尔旗东孔兑镇准孔兑沟口的前套平原段黄河的河道移徙则跟后套平原段有所不同。前套平原段黄河经流于乌拉山、大青山南侧平原地带，由于地势平衍，汇入的支流河川较多，其河床形态从早期的顺直分汊型逐渐地向晚期的蛇曲型河床演变。

在由西向东流行的过程中，黄河相继接纳了南侧的毛布拉格孔兑沟、布日嘎斯泰沟、黑赖沟、西柳沟、罕台川、壕庆河、哈什拉川、母哈日沟、东柳沟、呼斯太河、大路沟、准孔兑沟共计十二条小河，又接纳北侧的昆都仑河、五当沟、美岱沟、大黑河（芒干水、金河）、耿夫沟、银号河（沙渠水）共六条小河川。

在大黑河汇入黄河的地点附近，秦汉至北朝时期形成一个湖泽——沙湖，至隋唐时期改称金河泊，宋代以后，渐次消失。

一、战国至北朝时期前套平原段黄河河道

在战国至北朝时期，前套平原段黄河呈现出在临沃至稒阳两县间两股河道并行的状态，而且北支河道逐渐北移，冲刷稒阳县故城（今包头市东河区古城湾村），而从稒阳县故城往东南的黄河河段在今黄河河道之北方。在今十二连城村北侧，战国至北朝时期黄河河道跟当代位置近似，流过十二连城古城所在石崖之下，受其顶托而流向东偏北，至今托克托县城西侧接纳沙陵湖的来水，转而南流，进入山陕大峡谷区段。东汉成书的《汉书》、北魏末年成书的《水经注》对战国至西汉时期前套平原段黄河，即经行于五原郡、云中郡的黄河河道有较为系统的记述。据其记载，我们可以运用以城定水的思路探讨此时段黄河河道的位置及其变迁。

（一）历史文献的相关记载

《汉书・地理志》载：“五原郡，秦九原郡，武帝元朔二年更名。东部都尉治

稒阳。莽曰获降。属并州。户三万九千三百二十二，口二十三万一千三百二十八。县十六：九原，莽曰成平。固陵，莽曰固调。五原，莽曰填河亭。临沃，莽曰振武。文国，莽曰繁聚。河阴，蒱泽，属国都尉治。南兴，莽曰南利。武都，莽曰桓都。宜梁，曼柏，莽曰延柏。成宜，中部都尉治原高［城］，西部都尉治田辟［城］，有盐官，莽曰艾虏。稒阳，北出石门障得光禄城……莽曰固阴。莫䵣，西安阳，莽曰鄣安。河目。”①

“云中郡，秦置。莽曰受降。属并州。户三万八千三百［零］三，口十七万三千二百七十。县十一：云中，莽曰远服。咸阳，莽曰贲武。陶林，东部都尉治。桢陵，缘胡山在西北。西部都尉治。莽曰桢陆。犊和，沙陵，莽曰希恩。原阳，沙南，北舆，中部都尉治。武泉，莽曰顺泉。阳寿，莽曰常得。”②

《水经注》较为详细地记载了这段黄河的流径，原文如下：

> ［河水］屈南过五原［郡］西安阳县南，河水自朔方东转，迳渠搜县故城北。《地理志》，朔方有渠搜县，中部都尉治，王莽之沟搜亭也。《礼三朝记》曰：北发渠搜，南抚交趾。此举北对南。《禹贡》之所云析支、渠搜矣。河水又东，迳西安阳县故城南，王莽更之曰漳安矣。河水又东，迳田辟城南。《地理志》曰：故西部都尉治也。
>
> 屈东过九原县南，河水又东迳成宜县故城南，王莽更曰艾虏也。河水又东迳原亭城南。阚骃《十三州志》曰：中部都尉治。河水又东迳宜梁县之故城南，阚骃曰：五原西南六十里，今世谓之石崖城。河水又东迳稒阳城（艾按，此误，实为“副阳城”）南，东部都尉治。又迳河阴县故城北，又东迳九原县故城南，秦始皇置九原郡，治此。汉武帝元朔二年，更名五原［郡］也。王莽之获降郡、成平县矣。西北接对一城，盖五原县之故城也，王莽之填河亭也。《竹书纪年》，魏襄王十七年，邯郸命吏大大奴迁于九原，又命将军大夫適子戍吏，皆貉服矣。其城南面长河，北背连山，秦始皇逐匈奴，并河以东，属之阴山，筑亭障为河上塞。徐广《史记音义》曰：阴山在五原北，指此山也。……
>
> 又东过临沃县南，王莽之振武也。河水又东，枝津出焉。河水又东流，石门水南注之，水出石门山。《地理志》曰：北出石门障。即此山也。西北趣光禄城。甘露三年，呼韩邪单于还，诏遣长乐卫尉高昌侯董忠、车骑都尉韩昌等，将万六千骑，送单于居幕南，保光禄徐自为所筑城也，故城得其名矣。城东北，即

① 《汉书》卷二八下《地理志下》，第1619—1620页。
② 《汉书》卷二八下《地理志下》，第1620页。

怀朔镇城也。其水（即石门水）自障东南流，迳临沃城东，东南注于河。［今］河水又东迳稒阳县故城南，王莽之固阴也。《地理志》曰：自县北出石门障。河水决其西南隅，又东南，枝津注焉。［枝津］水上承大河于临沃县［境］，东流七十里，北溉田，南北二十里，注于河，河水又东迳塞泉城南而东注。

又东过云中［郡］桢陵县南，又东过沙南县北，从［沙南］县东屈南，过沙陵县西。大河东迳咸阳县故城南，王莽之贲武也。河水屈而流，白渠水注之，水出塞外，西迳定襄［郡］武进县故城北，西部都尉治，王莽更曰伐蛮，……白渠水又西北迳沙陵县故城南，王莽之希恩县也。其水西注沙陵湖。又有芒干水出塞外，南迳钟山，山即阴山。……其水西南迳武皋县，王莽之永武也。又南迳原阳县故城西，又西南与武泉水合，其水东出武泉县之故城西南，县，即王莽所谓顺泉者也。水南流又西屈，迳北舆县故城南。按《地理志》，五原［郡］有南舆县，王莽之南利也，故此加北［字］。旧中部都尉治。《十三州志》曰：广陵有舆［县］，故此加北。疑太疏远也。其水又西南入芒干水。芒干水又西南迳白道南谷口，有城在右，萦带长城，背山面泽，谓之白道城。……芒干水又西南，迳云中城北，白道中溪水注之，……芒干水又西，塞水出怀朔镇东北芒中，……其水历谷南出山，西南入芒干水。芒干水又西南注沙陵湖，湖水西南入于河。河水南入桢陵县西北，缘胡山，历沙南县东北，两山、二县之间而出。余以太和中为尚书郎，从高祖北巡，亲所迳涉。［桢陵］县在山南，王莽之桢陆也，北去云中［郡］城一百二十里。县南六十许里，有东、西大山，山西枕河，河水南流，脉水寻经，殊乖川去之次，似非关究也。[①]

依据《水经注》的记述，结合《汉书·地理志》关于五原、云中两郡属县治城考证成果、实地调查资料和文物考古资料，透过以古城址推断古黄河的研究方式，可复原这个时期黄河河道的基本位置。

（二）前套平原段黄河河道位置的论析

《水经注》所谓河水流经朔方县故城东北、渠搜县故城北后，流入五原郡地界，即“河水又东，迳西安阳县故城南，王莽更之曰漳安矣。河水又东，迳田辟城南。《地理志》曰：故西部都尉治也”。据最新的研究，西安阳县故城，位于今乌拉特

① 《水经注校证》卷三《河水》，第77—80页。

前旗蓿亥乡张连喜店村的张连喜店古城址，南望大河。[①]田辟城遗址，在西安阳县故城东侧，乃西汉五原郡西部都尉治城，位于今乌拉特前旗张连喜店古城址以东、公庙乡驻地西北方乌拉山南麓汉代鄣城遗址。黄河从西安阳县故城南侧、田辟城南侧滚滚东去。

《水经注》述“河水又东迳成宜县故城南，王莽更曰艾虏也。河水又东迳原亭城南，阚骃《十三州志》曰：中部都尉治。河水又东迳宜梁县故城之南，阚骃曰：五原西南六十里，今世谓之石崖城。河水又东迳稒阳城南，东部都尉治。又迳河阴县故城北，又东迳九原县故城南，秦始皇置九原郡，治此。汉武帝元朔二年，更名五原［郡］也”，其中，成宜县故城，在汉代田辟城之东方，即位于今乌拉特前旗呼和布拉格苏木公庙沟口古城址。[②]原亭城遗址，《汉书·地理志》作“原高”，在汉代成宜县故城之东，即今乌拉特前旗黑柳子乡堡子湾村东侧的堡子湾古城。宜梁县故城，北魏时人呼作“石崖城”，在汉代原亭城之东，即今乌拉特前旗黑柳子乡三顶账房村南侧的三顶账房古城址。[③] 副阳城（原文误作“稒阳城”）遗址，在汉代宜梁县故城之东，即今包头市九原区哈业脑包乡西北部、乌拉山南麓的哈德门沟古城遗址（也叫哈德门沟鄣址）。[④]河阴县故城，位于副阳城东南、大河之南岸，其遗址即今鄂尔多斯市达拉特旗昭君坟乡二狗湾村古城址。[⑤]九原县故城，位于河阴县故城东北、副阳城之东南方，在今包头市九原区麻池镇西北侧的麻池古城址。[⑥]显然，此段自西趋东流向的黄河流经汉代五原郡中部诸县地界，穿行在成宜县故城南、原亭城南（应作“原高城南”），中部都尉治城、宜梁县故城之南、副阳城南、河阴县故城北、九原县故城南，并呈现出单一河道的特征。据此，战国至北朝前套平原段黄河故道位置可得而定也。

---

① 白雪：《西汉时期五原郡诸县治城新考——以〈水经注〉的记载为中心》，《陕西历史博物馆馆刊》2014年第21辑，第137页；国家文物局主编：《中国文物地图集·内蒙古自治区分册》下，第622页。

② 白雪：《西汉时期五原郡诸县治城新考——以〈水经注〉的记载为中心》，《陕西历史博物馆馆刊》2014年第21辑，第137页；国家文物局主编：《中国文物地图集·内蒙古自治区分册》下，第622页。

③ 白雪：《西汉时期五原郡诸县治城新考——以〈水经注〉的记载为中心》，《陕西历史博物馆馆刊》2014年第21辑，第137页；国家文物局主编：《中国文物地图集·内蒙古自治区分册》下，第622页。

④ 国家文物局主编：《中国文物地图集·内蒙古自治区分册》下，第623页。

⑤ 2016年10月，包括笔者在内的历史地理考察队对二狗湾古城遗址进行了实地调查与仪器测量。

⑥ 魏坚、郝园林：《秦汉九原——五原郡治的考古学观察》，《中国历史地理论丛》2012年第4期。在2014年8月，包括笔者在内的历史地理考察队对麻池古城址进行了实地踏查与仪器测量。

《水经注》又载：“又东过临沃县南，王莽之振武也。河水又东，枝津出焉。河水又东流，石门水南注之，水出石门山。……其水（即石门水）自障东南流，迳临沃城东，东南注于河。［今］河水又东迳稒阳县故城南，王莽之固阴也。《地理志》曰：自县北出石门障。河水决其西南隅，又东南，枝津注焉。［枝津］水上承大河于临沃县［境］，东流七十里，北溉田，南北二十里，注于河。河水又东迳塞泉城南而东注。”临沃县故城，位于汉代九原县故城之东，即今包头市九原区敖陶窑村古城，南距黄河甚迩。[①]稒阳县故城，位于汉代临沃县故城之东，即今包头市东河区古城湾村古城址。[②]所谓汉代石门水，即今昆都仑河。塞泉城，此城未被郦道元称作“塞泉故城”，显然属于北魏时期所建，位于北魏时黄河之北，其遗址当在今包头市东河区东园乡（驻沙木佳村）西北部、五当河西侧的西园村附近，确切地望待考。

依据《水经注》的此段记载，可获知三条重要信息。

其一，在一千多年前，从汉代临沃县南往东至稒阳县故城东南近处，五原郡东部区域的黄河分为南、北两派河道。北派河道是黄河主道，南派河道乃其分出的支派——枝津。两派河道西东绵延70里，南北两条河道之间形成一个长约70里、宽约20里的河心洲，东流至稒阳县故城东南侧，汇合流成单一的黄河河道。这条南派枝津河道被人们充分利用起来发展农业经济，其主要作用就是“北溉田”，即当地农人沿着南派枝津河道北岸开挖向北的灌溉渠道，以灌溉河心洲上的农田，即“［河水］又东过临沃县南，……河水又东，枝津出焉。……河水又东迳稒阳县故城南，王莽之固阴也。……河水决其西南隅，又东南，枝津注焉。［枝津］水上承大河于临沃县［境］，东流七十里，北溉田，南北二十里，注于河”。

其二，在一千多年前的北魏时期，黄河北侧的支流河川——石门水（今昆都仑河）在流出马阴山后的流向，跟今包头市境的昆都仑河下游河道截然不同。当时，石门水流出石门谷山口后偏向东南方流去，至今包头市东河区古城湾村西侧汇入黄河，即“河水又东流，石门水南注之，水出石门山。……其水（即石门水）自障东南流，迳临沃城东，东南注于河”。当昆都仑河在流出山口后，流向正南方，经过昆都仑区、九原区，至今哈林格尔镇南部注入黄河。虽然是同一条河川，但其古今流向、流径大不同，尤其是入黄口东西相差约70里。这恰是需要梳理清楚的重要问题。

---

① 白雪：《西汉时期五原郡诸县治城新考——以〈水经注〉的记载为中心》，《陕西历史博物馆馆刊》2014年第21辑，第139页。

② 白雪：《西汉时期五原郡诸县治城新考——以〈水经注〉的记载为中心》，《陕西历史博物馆馆刊》2014年第21辑，第140页。

其三，北魏时期，黄河北派在稒阳县故城之南不断地向北侧蚀冲刷，逐渐向北摆动迁移，直至逼近稒阳县故城，并继续发展为“［今］河水决其西南隅”，即黄河洪水已经冲毁稒阳县故城的西南部城区。这就表明，至北魏时期，黄河北派河道在汉代五原郡稒阳县境出现河道向北移动的变迁。与此同时，黄河北派河道南侧的河心洲东部区域的宽度则有所增加，稒阳县故城也已残破，不能再被人利用。这三条重要信息对于今天的研究者很有学术价值，即揭示出当时黄河河道的真实情况。

《水经注》接着续载，河水“又东过云中［郡］桢陵县南，又东过沙南县北，从［沙南］县东屈南，过沙陵县西。大河东迳咸阳县故城南，王莽之贲武也。河水屈而流，白渠水注之，水出塞外，西迳定襄［郡］武进县故城北，……白渠水又西北迳沙陵县故城南，王莽之希恩县也。其水西注沙陵湖。又有芒干水出塞外……芒干水又西南注沙陵湖，湖水西南入于河。河水南入桢陵县西北，缘胡山，历沙南县东北，两山、二县之间而出。余以太和中为尚书郎，从高祖北巡，亲所迳涉。［桢陵］县在山南，王莽之桢陆也，北去云中［郡］城一百二十里。县南六十许里，有东、西大山，山西枕河，河水南流，脉水寻经，殊乖川去之次，似非关究也”。郦道元在此认为，其所述“又东过云中［郡］桢陵县南，又东过沙南县北，从［沙南］县东屈南，过沙陵县西”，笔者认为这是存在问题的，所述“又东过云中［郡］桢陵县南”的“桢陵县”应作“咸阳县”。其中，汉代云中郡诸县故城叙述顺序有误，即“［桢陵］县在［缘胡山］山南，王莽之桢陆也，北去云中［郡］城一百二十里。县南六十许里，有东、西大山，山西枕河，河水南流，脉水寻经，殊乖川去之次，似非关究也”。

依据郦道元《水经注》的行文可知，河水自稒阳县故城往东就流入云中郡地界。汉代咸阳县故城，在今土默特右旗东部的苏波盖乡东老藏村南3千米的东老藏古城遗址。[①] 汉代沙南县故城，据史学界同志研究，就是今准格尔旗北部、黄河南岸的西湾村十二连城古城的东南部小城址。[②] 汉代沙陵县故城，位于今托克托县县城西北方、中滩乡哈拉板申村东北30米处的哈拉板申东古城遗址。[③] 桢陵县故城，在今托克托县燕山营乡章盖营村东0.5千米、耿庆河南侧的章盖营古城。[④]

因此，战国至北朝时期黄河自今包头市古城湾村古城南侧趋向东偏南，流经咸阳县故城南，流过沙南县故城北及其东北、东侧而转向南流去，此段黄河弯曲河段的

① 国家文物局主编：《中国文物地图集·内蒙古自治区分册》下，第63页。
② 国家文物局主编：《中国文物地图集·内蒙古自治区分册》下，第608页。
③ 国家文物局主编：《中国文物地图集·内蒙古自治区分册》下，第26页。
④ 国家文物局主编：《中国文物地图集·内蒙古自治区分册》下，第277页。

东北方是沙陵县故城。[①] 其西侧就是沙陵湖（今中滩乡七星湖村、盐海子村、碾子湾村一带），分别接纳来自东面的沙渠水（今银号河）、来自东北方阴山南坡的芒干水（今大黑河），再流向西南注入黄河，即“湖水西南入于河”。河水绕流过沙南县故城转向南流，即“又东过沙南县北，从［沙南］县东屈南，过沙陵县西”“历沙南县东北，两山、二县之间而出”；“二县”是指沙南、沙陵两县，“两山”是指沙陵县南边的缘胡山，此山是沙陵、桢陵两县的界山，即“桢陵县西北，缘胡山”，以及黄河西岸的山岭（《水经注》未载其名）。黄河流经沙南、沙陵两县间以及缘胡山与河西岸山岭间而南下。

郦道元特别以自己的调查经历辩驳《水经》关于桢陵县故城的失误。他说，“余以太和中为尚书郎，从高祖北巡，亲所迳涉”，郑重指出：河水是经过桢陵县西界而南去，并非流经桢陵县南侧，即“河水南入桢陵县西北，缘胡山，……［桢陵］县在山南，王莽之桢陆也。北去云中［郡］城一百二十里。县南六十许里，有东、西大山，山西枕河，河水南流”。换言之，河水流过沙南县故城东面后，继续南流经桢陵县西界，特别是流经“［桢陵］县［故城］南六十许里”的横跨黄河的“东、西大山”，向南进入黄河峡谷河段。所谓“东、西大山”横亘于桢陵县故城南60许里，按此里程推算，应在今清水河县西北部喇嘛湾镇、王桂窑乡交界地带的山地，呈现出由东北趋西南的走向，成为北面的沙河及其他黄河支流河川与南面的浑河间的分水岭山脉，其最高点在喇嘛湾镇东部的中上嘴村东南数里处，海拔1307米。与其相对的黄河西岸的山岭，则是准格尔旗北部东孔兑镇的准孔兑沟河与薛家湾镇及窑沟乡诸东流入黄河的小河川之分水岭。黄河自此往南属于山陕黄河峡谷河段。

在此重点探索战国至北朝时期自今包头市东河区古城湾村东南至今托克托县城关镇西侧的黄河古道流路问题。当今这段黄河河道是近代泛滥改道后的河道位置，之前，黄河流路更加偏北。具体来说，一千多年前，从今包头市东河区古城湾村至今准格尔旗东北隅段黄河河道并非今黄河干道位置，而是远在其北方10多公里处。战国至北朝时期，这段“旧黄河”流径西端始于今达拉特旗王爱召镇德胜泰村之北、包头市东河区古城湾乡磴口村南侧黄河弯道顶端，由此斜向东偏南流去，历经包头市沙尔沁乡、东园乡南境，土默特右旗大城西乡、明沙淖乡北部葫芦头村、发彦申乡德胜村及乡政府驻地、二十四顷地乡左家地村、党三尧乡红泥圪卜村北侧、将军尧乡政府驻地、盐海子村、小召子乡新建村、程奎海乡驻地，至该乡东南隅八里湾村，再流向东

① 吴丰亨：《西汉云中郡属县治城位置新考》，《西夏研究》2017年第1期。

南进入托克托县西南隅，汇入今黄河。汇合地点东近托克托县什四份村、南隔黄河与准格尔旗西湾村（原十二连城乡驻地）相望。①再由今什四份村转向东经中滩村、石家屹旦村附近，接纳沙湖来水，转趋东南，历经中滩乡政府驻地、皮条沟村、格图营村，转向南流经东营子村、后郝家窑村，抵郝家窑村南侧，转而东南流去。

至于包头市东河区古城湾乡磴口村南侧黄河弯道顶端至准格尔旗西湾村段的今黄河河道，流经今包头市东河区、土默特右旗两区旗与达拉特旗、准格尔旗两旗的边界上，地理位置大为南移。如今河道在清代并不存在，两千年前的秦汉时期就更不可能存在。换言之，今黄河河道的形成历史并不长，也就是百年的历时。

关于战国至北朝时期沙陵湖的地理位置，已基本调研清楚。据李逸友的研究，沙陵湖位于今托克托县城西北、哈拉板申东古城西侧。②沙陵湖同时接纳沙渠水、芒干水两条河川，再向南流注黄河干流。在准格尔旗北境的十二连城古城之北方，河水先东南行至十二连城古城所在石崖之下，受到其阻拦、顶托后转向东北流去，又受到托克托县城所踞东岸山崖的拦阻，转而流向南方，流过今准格尔旗东孔兑镇东境的准孔兑沟入黄口，再往南流，就进入黄河山陕大峡谷河段。

在此历史时期，历史文献述及的黄河左岸重要支流河川包括石门水和沙陵水（包括芒干水、沙渠水），至于其他众多的支流河川，则无记载。

二、隋唐至金夏时期前套平原段黄河河道

在隋唐至金夏时期，前套平原段黄河河道发生过明显的空间位置变迁。首先，表现为黄河在胜州（今十二连城古城）与旧东受降城（今托克托县中滩乡蒲滩拐村古城）间发生的侧蚀冲刷，河道不断东移，迫使东受降城向北迁徙，重新选址于今托克托县城附近的东沙岗古城位置。其次，那时黄河从今包头市东河区古城湾乡磴口村附近顺直流向东南，抵胜州城北侧，再转向东北形成一个凸岸朝南的河湾，流至今中滩乡政府驻地附近，受沙陵湖下泄水流的顶托和东岸的阻挡，转而流向东南。其位置在今日此段黄河之北方与东方。再次，隋唐至金夏时期，在今土默特右旗与准格尔旗界线上的当代黄河位置存在一条人工开凿的河道——平河水，东流至今准格尔旗西湾村十二连城古城北侧，汇入古黄河。此乃前一历史时段所无之水系。最后，黄河流至今托克托县城西侧，接纳金河（汉代芒干水，今大黑河）河水，在汇流处之北存在一个

---

① 谭其骧主编：《中国历史地图集》第8册，中国地图出版社，1987年，第57—58页。

② 李逸友：《托克托城附近的秦汉代遗迹》，见内蒙古文物考古研究所编：《内蒙古文物考古文集》第1辑，中国大百科全书出版社，1994年，第348—353页。

大型湖泽——金河泊，其前身就是《水经注》所称“沙陵湖”。该湖实际是金河流水受到黄河的顶托而宣泄不畅，导致泥沙淤积，遂潴留而成湖泽。

（一）历史文献关于前套平原段黄河的记载

《新唐书·地理志》载：“胜州榆林郡，下都督府。武德中没梁师都。师都平，复置。土贡：胡［女］布、青他鹿角、芍药、徐长卿。户四千一百八十七，口二万［零］九百五十二。县二。有义勇军。榆林，中下。有隋故榆林宫。东有榆林关，贞观十三年置。河滨，中下。贞观三年置，以县置云州，四年曰威州，八年州废，来属［胜州］。东有河滨关，贞观七年置。”①“单于大都护府，本云中都护府，龙朔三年置，麟德元年更名。土贡：胡女布、野马胯革。户二千一百五十五，口六千八百七十七。县一。金河，中。天宝四年置。本后魏道武［帝］所都。有云伽关，后废，大和四年复置。”②

《元和郡县图志》载：“胜州，榆林。下府。开元户四千［零］九十五。乡十三。元和户。……管县二：榆林、河滨。

“榆林县，中下。郭下。本汉沙南县地，属云中郡。汉末北虏侵扰，历魏、晋、周，此地皆无县邑。隋开皇七年置榆林县，地北近榆林，即汉之榆溪塞，因名，属云州，二十年改属胜州。皇朝因之。

“黄河，西南自夏州朔方［县］界流入。

“大葭芦水，［在榆林］县西二百二十里。

“小葭芦水，［在榆林］县西二百四十里。其间地甚良沃。

“平河水，首受黄河，隋文帝开之以通屯仓。

“金河泊，在［榆林］县东北二十里。周回十里。

“云中［郡］故城，在县东北四十里。赵云中城，秦云中郡也。《史记》曰赵武灵王北破林胡、楼烦所置。秦因之。

…………

“榆林关，在［榆林］县东三十里。东北临河，秦却匈奴之处，隋开皇三年，于此置榆林关。”③

《元和郡县图志》又载：“单于大都护府，今为振武节度使理所。管府一，城一，州二：单于大都护府，东受降城，麟州，胜州。县六。

① 《新唐书》卷三七《地理志一》，第975—976页。

② 《新唐书》卷三七《地理志一》，第976页。

③ 《元和郡县图志》卷四《关内道四·胜州》，第109—111页。

“〔东受降城，在朔州北三百五十里〕。本汉定襄郡之盛乐县也，后魏都盛乐，亦谓此城。武德四年平突厥，于此置云州，贞观二十年改为云州都督府，麟德元年，改为单于大都护府，垂拱二年改为［单于］镇守使，圣历元年改置安化都护［府］，开元七年隶属东受降城，八年复置单于大都护府。

“府境：东西一南北。

“八到：西南取太原路至上都一千九百二十里，东南至东都一千七百里，东南至河［北］界静边军一百二十里，南至朔州三百五十里，西南至东受降城一百二十里，北至黑砂碛口七百里。

“管县一：金河。

“金河县，中。郭下。天宝四年置。初，景龙二年，张仁愿于今东受降城置振武军。天宝四年，节度使王忠嗣移于此城内，置县曰金河。［此城］即后魏什翼犍所都盛乐之地。道武帝迁都平城，则今云州所理是也。”①

在《元和郡县图志》中，还记载着下列相关信息，也值得后人注意。

“河滨县，中下。本汉沙南县地，属云中郡。迄于魏、晋，此地不立县邑。至后魏及周，复为银城县地。隋时复为榆林县地。贞观三年，于此置河滨县，东临河岸，因以为名。改云州为威州，立嘉名也。八年，废威州，以县属胜州。

“黄河，在县东一十五步。阔一里，不通舟楫，即河滨关，渡河处名君子津。

“河滨关，在县［城］东北［侧］，贞观七年置。”②

“东受降城，本汉云中郡地，在榆林县东北八里，今属振武节度。八到：……东北至单于都护府一百二十里。东北（笔者按，当作‘南’）至朔州四百里。西至中受降城三百里。北至碛口八百里。

“武川城，今名里城，后魏六镇从西第三镇，在［振武］军北三百里。自［东城］北出石门障即光禄城，右入匈奴大路。

“光禄城东北有怀朔古城，其城即后魏六镇从西第二镇，在今中城界向北［归］化栅侧近也。

“中受降城，本秦九原郡地，汉武帝元朔二年更名五原，开元十年于此城置安北大都护府，后又移徙。事具天德军［条］。

① 《元和郡县图志》卷四《关内道四·单于大都护府》，第107—108页。

② 《元和郡县图志》卷四《关内道四·胜州》，第111页。引文中的“不通舟楫”当作“可通舟楫”，否则，就文理不通，前后矛盾。这种问题的出现，应是在转抄过程中的笔误，而在点校过程中未能发现舛误所致。

“八到：……东至东受降城三百里，西北至天德军二百里，南至麟州四百里，北至碛口五百里。

“敬本故城，在中城［西］北四十里。郑虔《军录》曰：‘时人以张仁愿［于］河外筑三［受降］城，自古未有。今敬本城周一万［零］八百七十二步，壕堑深峻，亦古之坚守。’贾耽《古今述》曰：‘以地理求之，前代九原郡城也。’”①

上述文献给我们提供了复原隋唐至金夏时期前套平原段黄河河道的依据，成为讨论的基础。但是，在二度引用《元和郡县图志》的文字中，关于“东受降城，在朔州北三百五十里”则是错误的。因为其后的文字显然是关于单于都护府城的表述，并非关于东受降城的文字，换言之，唐代东受降城和单于都护府城毫无关联，此乃该书点校者贺次君的误判所致。

（二）前套平原段黄河河道的探析

隋唐至金夏时期，今包头市东河区古城湾乡磴口村至准格尔旗西湾村十二连城古城北侧段黄河河道仍然沿袭其前的流径。②例如在隋唐时期，黄河在胜州城和东受降城间的弯曲河道逐步向凹岸南部（东岸）侧蚀冲刷，使黄河河湾逐渐东移。其证据就是隋朝大业三年（607）黄河河道已南移至榆林郡城北城墙之下，隋唐榆林关城的存在，以及唐代旧东受降城城址被河水冲毁的史实，使之被迫北移至今东沙岗古城址而建立新东受降城。

第一，隋大业三年夏六月，隋炀帝北巡至榆林郡城，留住数日，并登上榆林郡城北城墙观看黄河河面捕鱼的渔船群体。据《隋书》载：“甲辰，上御北楼，观渔于［黄］河，以宴百僚。”③这就表明，隋代大业年间的黄河就在榆林郡城北城墙所在山崖脚下流过，隋炀帝才得以近距离居高临下地观赏黄河捕鱼的壮观景象。倘若黄河距离榆林郡城存在数里之遥，那么，隋炀帝显然就无法清楚地观赏到黄河捕鱼的风景了。既然如此，黄河自西北方流过来，受到榆林郡城所在石崖的顶托而转向东北流往金河泊南侧，再转向南流，从而在此形成一个河湾。

第二，榆林关城（今城坡村古城）的建设与存在表明，隋唐至金夏时期黄河弯曲河段远在其东北方。此段黄河河湾的凸岸就在唐代胜州城东南30里处的榆林关，即今准格尔旗东北境的城坡村古城址。《元和郡县图志》载：“榆林关，在［榆林］

---

① 《元和郡县图志》卷四《关内道四·天德军》，第115—116页。

② 在宋朝时期，今鄂尔多斯高原与其附近地区被北方的金朝和西夏分别控制。因此，本书也使用金夏时期的表述。

③ 《隋书》卷三《炀帝纪上》，第70页。

县东［南］三十里。东北临河，秦却匈奴之处，隋开皇三年，于此置榆林关。”[①]其中，“东北临河”正好表明榆林关城处在黄河弯曲河段的凸岸顶端。自隋开皇三年（583）创建榆林关以来，其成为隋唐时期重要的军事据点和控制交通的关隘。黄河向西摆动过程发生在元明时期，而今城坡村古城东北部早已在黄河向西摆动过程中被冲毁。

第三，唐代东受降城的初建与迁徙，表明黄河仍在向东摆移。旧东城始建于唐中宗景龙二年（708），至唐代后期，振武军节度使张惟清鉴于旧东受降城（今托克托县中滩乡东南部蒲滩拐村古城）已被河水冲毁，遂北迁数十里而迁建新东受降城（今托克托县城关镇西北侧东沙岗古城之大皇城）。据《新唐书》记载，唐后期元和“七年正月，振武河溢，毁东受降城”[②]。元和七年（812），振武节度使张惟清奏准实施此次迁建新东受降城之工役，即《新唐书》所谓“东受降城，景云三年，朔方军总管张仁愿筑三受降城。宝历元年，振武节度使张惟清以东城滨河，徙置绥远烽南”[③]。此处，景云三年（712）实属笔误，应作景龙二年。宝历元年，即公元825年。

综上所论，那时黄河从今包头市东河区古城湾乡磴口村附近顺直流向东南，抵胜州城北侧，再转向东北形成一个凸岸朝南的河湾，流至今中滩乡政府驻地附近，受沙陵湖下泄水流的顶托和东岸的阻挡，转而流向东南，又形成第二个凸岸向东北的河湾。两个弯曲河道西东相连，流经胜州城与东受降城之间而南去，其位置在今日此段黄河之北方与东方。

（三）大葭芦水、小葭芦水和平河水的地理位置

在那个历史时段，今十二连城古城以西的今黄河位置，存在一条人工疏导而成的河流——平河水。据《元和郡县图志》载：“平河水，首受黄河，隋文帝开之以通屯仓。”即平河水上承黄河干流，再接纳胜州城以西的诸多小河川之水，东流至胜州城下汇入黄河，其作用是连接屯田区域的各个粮仓，为胜州城、东受降城的驻军供给粮食，即“以通屯仓”。依据历史文献记载，人工运河平河水接纳的诸河川中，记载明确者包括大葭芦水、小葭芦水。《元和郡县图志》称：“大葭芦水，［在榆林］县西二百二十里。”“小葭芦水，［在榆林］县西二百四十里。其间地甚良沃。”按照所载两河东距榆林县城的里程推算，大葭芦水即今内蒙古鄂尔多斯市达拉特旗东部的哈什拉川下游河道，小葭芦水即今达拉特旗东部的壕庆河下游河道。大葭芦水、小葭芦

① 《元和郡县图志》卷四《关内道四·胜州》，第111页。
② 《旧唐书》卷一五《宪宗纪下》，第441页；《新唐书》卷三六《五行志三》，第933页。
③ 《新唐书》卷三七《地理志一》，第976页。

水北流至今黄河河道（隋唐至金夏时期并不存在）位置形成尾闾湖。隋朝开皇年间开凿的运河平河水将它们贯通起来，形成那时黄河西侧的一条支流河川。

做出如此定位判断的理据如下：其一，平河水之水源来自黄河，它只能延亘于黄河西侧地带，不可能在黄河东侧；其二，隋唐胜州城以西是宽广的平原地带，正是开发农业土地资源、发展农业经济的绝佳之区，“以通屯仓”的人工运河平河水必然分布在那个区域；其三，“平河水，首受黄河”，大体在今包头市古城湾乡磴口村南方、达拉特旗德胜泰乡田家屹旦村北侧之地引出河水，顺着人工河道流向东南，沿途接纳诸如小葭芦水、大葭芦水等小河川尾闾湖之水，至胜州榆林郡治城之北汇入黄河。

（四）金河泊的地理位置

在唐代胜州城和东受降城间的黄河弯曲河道凹岸北段以北，存在一个湖泽——金河泊。《元和郡县图志》称：“金河泊，在［榆林］县东北二十里。周回十里。”这就为后人提供了两个信息点，基本描述出金河泊的具体地理位置和湖区大小。换言之，金河泊位于唐代榆林县城（即胜州榆林郡治城，今十二连城古城）东北20唐里（折合10.8千米）处，大体在今托克托县城西北侧，其湖区面积大约在周回10唐里，折合5.4千米以上。

依此里程数据推算，金河泊湖区应在今托克托县县城西北、中滩乡北部的上下七星湖村、哈拉板申村、碾子湾村、石家屹旦村之间区域。此地是金河（今大黑河）下游河道所在地，历史时期先后是沙陵湖、金河泊之所在，其湖水通过沟道南流入黄河。

（五）结语

综上可知，隋唐至金夏时期前套平原段黄河河道的分布与变迁，主要是在胜州城、榆林关城与旧东城及新东城之间变化，即今准格尔旗北境的西湾村十二连城古城、城坡村古城和托克托县县城、东沙岗古城、蒲滩拐古城之间河段。黄河从今包头市东河区古城湾乡磴口村附近顺直流向东南，抵胜州城北侧，再转向东北形成一个凸岸朝南的河湾，流至今中滩乡政府驻地附近，受沙陵湖下泄水流的顶托和东岸的阻挡，转而流向东南，又形成第二个凸岸向东北的河湾。两个弯曲河道西东相连，流经胜州城与东受降城之间而南去。

隋朝开皇年间（581—600）开凿的运河平河水，大体在今包头市古城湾乡磴口村南方、达拉特旗德胜泰乡田家屹旦村北侧之地引出河水，顺着人工河道流向东南，沿途接纳注入诸如小葭芦水、大葭芦水等小河川尾闾湖之水，至胜州榆林郡治城之北汇入黄河，形成那时黄河西侧的一条支流河川。

金河泊湖区应在今托克托县县城西北、中滩乡北部的上下七星湖村、哈拉板申村、碾子湾村、石家屹旦村之间大黑河下游河段附近区域。

三、元明清时期前套平原段黄河河道

在元明清时期，前套平原段黄河的位置变动主要表现在：其一，今包头市境内的黄河河道由原先的两股河道演变成单一河道，而且因泥沙淤积继续向蛇曲型弯曲河道发展。其二，在今准格尔旗与托克托县间的黄河出现由南向北的摆动而渐远胜州故城。与此同时，胜州故城、榆林关故城和东受降城故城间的黄河湾流南段起初呈现向西冲刷的演变态势，至清代中后期再度演变为向东摆动，直抵东侧的崖岸，遂形成当代弯曲河段。其三，原先的金河泊渐次缩小乃至消失，主要是今大黑河的来水日渐减少，无力持续供给金河泊以充沛的水源，另外，清代以降，农业开发力度与规模逐步扩大，原先的湖滩地被开垦。其四，前一时段存在的平河水至此期趋于湮没。

下面做具体探讨：

今包头市境内的黄河河道由原先的两股河道演变成单一河道，而且因泥沙淤积继续向蛇曲型弯曲河道发展。金元时期，今包头市境内的前套平原段黄河西段河道结束了南、北两派的河道格局，即南派河道逐渐湮塞，河水归于北派，从此北派成为唯一的河槽。但是，因为此时期文献记载的阙如，其详情已不得而知。至明清时期，由于河床地势平衍、河水流速缓慢、河水泥沙逐渐沉积，今包头市区、土默特右旗地段黄河开始向弯曲型河道演变，随着岁月流逝，至今已发展成典型的蛇曲型河道。

在今准格尔旗北境的西湾村十二连城古城、城坡村古城与托克托县东沙岗古城、蒲滩拐古城间的黄河河道，出现与隋唐至金夏时期明显不同的变迁。主要是黄河河道由南向北缓慢移动而渐远胜州故城，与此同时，河湾的南段渐渐离开东岸而向西南摆动。于是乎，出现了胜州故城、榆林关故城和东受降故城间黄河湾流南段起初向西冲刷的演变态势，以致侧蚀冲刷西侧崖岸，导致榆林关故城东部城区被黄河洪水冲蚀坍塌。至清代中后期，此段黄河弯道再度向东摆动，直抵东侧的崖岸，遂形成当代弯曲河段。

至元明清时期，原先的金河泊渐次缩小，乃至于湮塞而消失。其消失时间应在清代后期至民国初年。消失的原因包括以下几个方面：其一，由于清代营建归化、绥远二城，人们所需木材完全取诸大青山区，该地森林被大肆采伐，导致天然植被覆盖率下降；其二，随着大青山天然植被的消失，今大黑河的来水量日渐减少，无力持续补给金河泊以充足的水源；其三，自清代以降，大黑河流域农业土地资源开发力度与规模逐步扩大，原先的金河泊湖滩地被逐步开垦，演变为农用地。在这些自然与社会因素的交错作用下，金河泊逐渐缩小，乃至最终消失。

此外，宋代之后，因为时移河迁，使得平河水失去有效管理而湮没无存，在今黄河位置上再度形成数个湖泽，但是其名称未被元明历史文献记录下来。直至清代中后期，前套平原段黄河南侧数条小河——罕台川、壕庆河、哈什拉川、东柳沟的下游尾闾区域形成数个较大的湖泊，才见诸文献记载。当时人们分别呼之为巴尔哈逊泊（今罕台川、壕庆河尾闾湖）、奈马代池（今哈什拉川尾闾湖）、哲格苏台池（今东柳沟尾闾湖）等等。[①] 于是，至元明清时期，罕台川、壕庆河、哈什拉川、东柳沟诸河川一度演变为内流河川。

四、民国时期前套平原段黄河河道

在民国时期的近四十年间，一是前套平原段黄河的变迁主要是黄河自包头市古城湾村东南侧决口改道南移，流向东南方，袭夺了罕台川、壕庆河、哈什拉川、东柳沟诸河川尾闾湖泊。另一个新变化就是黄河接纳其南侧的罕台川、壕庆河、哈什拉川、东柳沟几条小河川，使后者成为真正意义上的黄河一级支流河川。再就是，壕庆河、哈什拉川、东柳沟等支流的尾闾湖泊所在地因被黄河袭夺而趋于消失，其滩地逐渐被当地农民开垦为农业用地。

与此同时，黄河的诸多支流河川溯源侵蚀、水土流失愈演愈烈。

黄河自包头市古城湾村东南侧决口改道南移，流向东南方，形成新的河道，其北方的黄河故道，遂被后来人称作旧黄河，其南迁改道的岁月应在民国时期。新的黄河河道袭夺其南侧的数条小河川尾闾湖泊，改道后的黄河河道位于旧黄河南方数十里外，这就是当代黄河在包头市古城湾村至准格尔旗十二连城古城间的河道位置。这个变化成为民国时期前套平原段黄河变迁的主要事件。

南迁后的黄河接纳其南侧的几条小河川，包括壕庆河、哈什拉川、东柳沟、呼斯太河诸河川，使后者既成为黄河的一级支流河川，也转变为真正意义上的外流河川。这无疑是区域水文地理的重要变化。

壕庆河、哈什拉川、东柳沟等支流的尾闾湖泊因被黄河袭夺而趋于消失，遗留的滩地逐步被政府招徕的外地农民开垦出来，转变为农田。巴尔哈逊泊、奈马代池、哲格苏台池等湖泊的消失，虽然是自然因素的作用，但在历史水文地理学上是一重要的

① 绥远通志馆编纂：《绥远通志稿》第1册，内蒙古人民出版社，2007年，第363—410页。

变动。河湖水系的演变反映着自然、人文地理环境的变迁，人类应予以密切关注，以便化弊为利，为人类服务。

黄河诸支流河川因为受到各自发源地的大规模农业开发活动而导致天然植被盖度快速降低、库布齐沙漠向东漫延而湮填河道的诸多因素影响，出现沟头溯源侵蚀渐趋严重、河水暴涨暴落、水土流失日益严重等河川生态环境退化问题，直至今日亦然。

五、前套平原段黄河河道变迁的原因

民国时期前套平原段黄河及其支流河川与沿线湖泊发生明显的变迁，究其致变缘由，主要是黄河水沙条件在不同河段的动力强弱、气候条件的变化、内地移民土地垦殖力度的加强（诸如拦河筑坝、引水排水工程设施建设、砍伐山区林木、烧荒等经济行为）对自然环境的改变。

第一，黄河河水所含泥沙数量增大，水沙条件发生变化。自清朝末期实行移民实边政策、贻谷放垦以来，一方面黄河干流相继被人们开发利用，筑坝截流、开挖灌溉渠道及防洪工程；另一方面，移民在垦殖黄河支流河川流域过程中，砍伐树木、放火烧荒等行为，引起支流河川上游水土流失日益严重。黄河水量的减少、泥沙含量的持续增加，且受到地势平缓的制约，就使得黄河在特定河段流速减慢，搬运泥沙的能力降低。于是，黄河泥沙就会在地势平缓的河段慢慢沉积、淤积，迫使河道发生弯曲移动，久而久之，演变成蛇曲型河床。西自杭锦旗独贵塔拉镇附近、东迄准格尔旗十二连城古城址的黄河河道就是如此情形。

第二，民国时期我国北部地域气候干旱寒冷，降水稀少。冬春季节，强烈的北风或西北风吹蚀鄂尔多斯高原西侧乌兰布和沙漠地带，携带大量的飞沙尘埃向东或向东南运动，而地表的流动沙丘也源源不断地涌入黄河河道。于是，外来的沙尘物质逐渐湮塞黄河河道及其支流河川，造成严重的河流生态环境恶化。清代至民国时期，来自贺兰山与狼山之间巨大缺口的飞沙、流沙不断进入黄河及其支流河川下游河道，致使高原北半部处在风沙的侵袭之下。夏秋季节，时常出现干旱天气，河川断流，湖泽干涸。

第三，区域土地垦殖范围与力度的提升，天然植被日趋消减。清末贻谷放垦内蒙古荒地以降至民国时期，移入包括伊克昭盟在内的内蒙古地区的农业人口逐步增加，农地开垦范围随之扩展。与此同时，东胜梁南北区域的天然植被则不断消减，溯源侵蚀，水土流失，冲沟相继出现。至20世纪50年代，唯有东胜梁南坡局部（今准格尔旗南部的神山镇、川掌镇、羊市塔镇区域）尚残存少量的油松、杜松林子。天然植被的消失，其涵养水源的功能也随之丧失，就使得支流河川的常年流水量减少；同时，支流河川显示出暴涨暴落的水文特性，即每当降雨时，就快速地形成洪水、泥石流灾害，而平时的河床几乎无流水，或者有极少流水。例如跨越今内蒙古自治区、陕西省的皇甫川就是这样的输入黄河大量泥沙的支流河川。

第四，长期形成的过度放牧、广种薄收的生产方式，引起土地沙化现象渐趋加重。在盲目追求畜群数量的背景下，有限的草原承载着为数众多的马、牛、羊、骆驼等畜群，草场退化，地表径流逐渐减少。与此同时，广种薄收的农业耕作方式也在破坏原先的天然草原植被，使得潜沙泛起而活化，不断地向东方、东南方运动，导致新的环境退化问题出现。

本章探究鄂尔多斯高原外缘古代黄河干流河道的空间变迁过程，以及其诸多支流河川的变化，剖析引起河道演替的驱动因素。

鄂尔多斯高原西、北、东三面的黄河干流河道，由于经行于三个地势平缓的凹陷盆地地段，因而其河道在历史时期发生过明显的空间移动，河床形态也发生过明显的变迁。黄河的诸多支流河川溯源侵蚀、水土流失愈演愈烈。

将历史时期不同阶段鄂尔多斯高原及其毗邻区外流河川与湖泽逐一做出定位探索，从而使人们对不同时段河川、湖泽分布格局初步有所认知，以便在此基础上探索其他历史地理专题，准确地复原出特定时段历史地理要素空间分布的历史横断面，实在非常有必要。

第四章　历史时期鄂尔多斯高原段黄河诸多支流河川的演变

在历史时期，鄂尔多斯高原段黄河诸多支流河川的变化主要表现为两个方面。其一，诸多支流河川受到库布齐沙漠、毛乌素沙漠的风沙侵蚀、壅塞和掩埋，导致河川形态发生重大变化，如黄河干流河道遇到的困扰一样。其二，部分支流河川既受到风沙扩张的危害，同时遭受流水冲刷、下切的破坏，从而出现溯源侵蚀、水土流失、河水暴涨暴落的灾害，而且随着时间的推移愈演愈烈。

第一节　鄂尔多斯高原西部的黄河支流河川演变

鄂尔多斯高原西部的黄河诸支流河川——红柳沟、山水河、边沟、兵沟、都斯图河的变化主要是两种情况：其一，河川上游绿色植被消减引发水土流失灾害，河道常年流水量减少，演变成季节性河流；其二，由于地表风力侵蚀而导致地表沙土微粒被强风吹扬而去，从而引起土地沙漠化而填塞河川河床现象。

一、红柳沟的变迁

红柳沟原先位于今宁夏回族自治区南部同心县北境，并于21世纪初将之单列为红寺堡开发区，明代文献记作“徐斌水”（亦作徐冰水）。《皇明九边考》载：“新红寺堡直北稍东，总制刘天和新筑横墙二道，以围梁家泉；直北稍西，旧有深险大沟一道，受迤东螺山之水，流于黄河，长一百二十五里，总制刘天和堑崖筑堤一百八里五分，筑墙堡一十六里八分。自大边至此，重险有四道矣。”[①] 此处所谓“深险大沟”，即今红柳沟，其上游被称作徐斌水。螺山，即今同心县东北部的大罗山、小罗山山区。红柳沟发源于罗山西坡，西北流至今中宁县鸣沙洲镇北侧，注入黄河。它成为鄂尔多斯高原西南边缘的标志。

自明代中期始，宁夏、固原二镇频繁地在徐斌水（今红柳沟）一线构筑军事防御工程体系，遂使得当地植被覆盖度缓慢减退。清后，伴随着农业垦殖的发展，红柳沟流域的天然植被趋于消失，流水侵蚀灾害逐步严重，红柳沟河源头失去森林的涵养水源，导致其演变为季节性河川。

二、山水河的变迁

山水河，也名苦水河，古称大洛水、蒲洛河等名，源出宁夏南部大罗山区，上游分为苦水河（东支流）、甜水河（西支流），汇合后流向北偏西，至宁夏中部吴忠市利通区北隅新华桥村，注入黄河干流河道。

这条河川在历史时期的河相变迁主要是自明清以来农业开发的推进，其上游苦水河、甜水河区域森林减退，水土流失现象愈来愈重，河水流量较前大为减少，河床泥沙淤积，抬高变浅；夏季河水暴涨暴落，冬季几乎无水，演变成一条季节性河流。

三、边沟、兵沟的变迁

边沟、兵沟是宁夏东部明长城南北的两条流程短促的小河川，皆呈现出由东南趋西北的流向。

边沟河源出今灵武市东部明长城南侧的清水营堡附近，向西北流经水洞沟遗址附近而出明长城，继续西北流至横城堡西北侧、长城外，注入黄河干流河道。

兵沟流程较边沟更短，源出鄂尔多斯高原西部鄂托克前旗西境，西流注入黄河。由于历史时期河水缓慢地下切侵蚀，遂形成深邃的兵沟小峡谷。

边沟河道的演变主要是水量减少、泥沙淤积、暴涨暴落等变化引起的。究其缘故，与明代军事工程的频繁施工、数百年的军队驻防等军事活动以及清代以来农业开发活动和毛乌素沙漠的扩张诸多因素密切相关。

---

① 《皇明九边考》卷八《宁夏镇·保障考》，第3b、4a页。

四、都斯图河的变迁

都斯图河源出鄂托克旗驻地——乌兰镇东侧，流向西南而转向西方，接纳另一支流河川后流往西方，汇注于黄河干流河道。都斯图河流经区域基本属于平缓的波状高原，其上游河床宽漫，流经包乐浩晓镇后转向西方，河水下切侵蚀明显，两岸壁立，河道狭窄；其下游河道逐渐放宽，河床因坡降平缓而泥沙淤积，河漫滩生长着稠密的碱蓬类盐碱生植物。

随着明清时期毛乌素沙漠流沙泛起与扩散，都斯图河上游河床被肆虐的流沙所填塞，满目黄沙景象，中下游两岸亦然，草原植被严重退化。暴雨期间，都斯图河河道成为向黄河输送泥沙的通道。同样的原因，河水流量平时甚少。

鄂尔多斯高原西部区域就地起沙、逐渐飞扬的环境退化现象发生在今杭锦旗、鄂托克旗和鄂托克前旗的西半部，自唐代后期开始，此区域就成为初期毛乌素沙漠的起源地，当地潜伏的沙质地层在草原植被被破坏之后遭受冬春季节来自西北方或北方强劲大风的吹蚀，土壤被吹扬成尘埃从空中飘往遥远的东南方或南方，粉沙、细沙也在强风的搬运下往前移动。于是，地表土层遭到严重侵蚀，地表高度下降，质量较重的粗砂、砾石强风无法吹动而留在原地，久而久之，地表被砾石、粗砂覆盖，地面植被就更难于恢复。

至宋元明清时期，随着毛乌素沙漠日益漫延扩张，鄂尔多斯高原西部草原日益退化成半荒漠状态。几乎与此同时，贺兰山脉以西的阿拉善高原腾格里沙漠的飞沙也运行至该高原的西南部，降落沉积在地表。高原西部的红柳沟、山水河、边沟、兵沟、都斯图河随之受到严重的影响。第一，各河川流域植被退化，土层裸露，不断被强风吹蚀，河水减少；第二，各河川的下游河床接纳来自外地的降落沙尘，河底垫高，河水潜入地下；第三，没有植被，无从涵养水源，河川失去常流水，演变为季节性河川，降雨时节河川流水暴涨；第四，由于河水暴涨暴落，随之引起河川流域的水土流失，且渐趋严重。

第二节　鄂尔多斯高原北部的黄河支流河川演变

鄂尔多斯高原北部的黄河诸支流河川——十大孔兑，包括毛布拉格孔兑沟、布日嘎斯泰沟、黑赖沟、西柳沟、罕台川、壕庆河、哈什拉川、母哈日沟、东柳沟、呼斯太河。十大孔兑的变化，主要是受到以下两个方面因素的深刻影响。

一、库布齐沙漠向东扩张的湮塞破坏

自魏晋时期形成的初期库布齐沙漠位于今杭锦旗西北部，由此向东、向南发展，严重地改变着高原北部区域河川的面貌。十大孔兑——毛布拉格孔兑沟、布日嘎斯泰沟、黑赖沟、西柳沟、罕台川、壕庆河、哈什拉川、母哈日沟、东柳沟、呼斯太河，以及东北部的大路沟、准孔兑沟，共计十二条小河川，都曾不同程度地蒙受库布齐沙漠的驱动与影响。在库布齐沙漠流沙穿过的诸河，自西趋东逐步地受到风沙的影响与湮塞，改变着各个河川的河道形态、物质构成和流水水量。魏晋时段（包括十六国时期），早期库布齐沙漠局限在今杭锦旗北半部；北朝时期，流沙、扬沙已扩散至五原郡西安阳县（今乌拉特前旗蓿亥乡张连喜店古城遗址）以南、黄河之南，即今杭锦旗东北部与达拉特旗西北隅，其见于《水经注》之记载。及至北朝隋唐时期，早期库布齐沙漠已扩展至今达拉特旗西部的毛布拉格孔兑沟、布日嘎斯泰沟、黑赖沟一带，被时人称作库结沙或普纳沙，见于《新唐书·地理志七》。宋元时期，库布齐沙漠继续向东推进，逐渐抵达今达拉特旗中部的西柳沟、罕台川、壕庆河、哈什拉川、母哈日沟中下游河段，引起局部自然环境退化；大约至明清时期，达拉特旗东部的东柳沟、呼斯太河，以及准格尔旗东北部的大路沟、准孔兑沟四条小河川，也遭到风沙沉积和淤积灾害。

二、水土流失灾害的塑造作用

至明清时期，鄂尔多斯高原北部的十二条河川还遭受到水土流失的破坏。十大孔兑发源于高原中部的东胜梁高地，分别向北流，大多数河川直接注入包头市一线的黄河，少数河川诸如罕台川、壕庆河、哈什拉川、东柳沟至嘉庆二十五年（1820）后才转变为直接注入黄河的状态。明代游牧部落过度放牧、清代中后期政府放垦蒙荒而农业开发力度大规模提升，作为十大孔兑水源地的东胜梁天然森林植被日渐缩小，乃至消失殆尽。因此，在降雨期间雨水冲刷侵蚀作用下，洪水暴涨暴落，河水冲刷作用强烈，河川的溯源侵蚀持续发展，导致新的冲沟不断出现，沟头逐步向上延伸，水土流失渐趋严重。

十二条河川都曾不同程度地受到两大外力因素的驱动与影响，引发河川形态随着岁月推移而缓慢变化。

第三节　鄂尔多斯高原东部的黄河支流河川演变

鄂尔多斯高原东部的黄河诸支流河川的演变，主要是受到水土流失的影响，至于风沙因素的作用不是十分重要。

鄂尔多斯高原东部的黄河诸支流河川，包括黄甫川、清水川、孤山川、窟野河、秃尾河、佳芦河等，出现水土流失环境问题可分为两个阶段，即明朝时期、清朝迄民国时期。

一、明代长城南侧水土流失日渐严重

明代成化年间构筑起“大边”“二边”两道长城后，农业经济活动主要分布在“二边”长城之南，以及“大边”长城与“二边”长城之间的夹道地带。由于大量驻防军与换防军的集中分布及军户屯田，当地居民和外地屯田农民持续大规模开垦荒山荒坡，以及为数众多的军民日常生活消费木料、薪柴、原材料等需求，致使延绥镇防守区天然植被在二百年间锐减，黄甫川、清水川、孤山川、窟野河、秃尾河、佳芦河等河川下游河道出现严重的水土流失问题。窟野河、秃尾河、佳芦河流域同时面临毛乌素沙漠流沙与风沙的侵袭，及至明代末期，诸河下游水土流失问题已经相当严重，风沙也已侵袭至秃尾河、佳芦河上游一带。“二边”以南可堪开垦的荒山被垦辟殆尽，童山濯濯，千沟万壑。

二、清代明长城以北地区水土流失逐渐趋重

入清以后，先是关内贫苦农民兴起“走西口”的迁徙浪潮，继而清政府执行开垦荒山、移民实边、巩固边防的政策，北部包括鄂尔多斯高原在内的土地相继被开垦为农地。在新的移民潮流中，人口多数顺着大小河谷北上，因此，河谷及其附近的天然植被、可耕土地首先被移民开发利用。随着耕垦经济活动的扩大，鄂尔多斯高原东部诸多山高沟深的地方率先出现水土流失问题，而且愈演愈烈，耕作土层逐渐流失，土地贫瘠，农业收获量年益减少。

尤其是黄甫川流域水土流失灾害情况更为突出。在府谷县麻镇附近黄甫川东侧，明长城所在山梁被山坡径流冲蚀殆尽，不仅天然的山坡土层不复存在，即便其顶巅的明长城，大部分也随着基础消失而灭失。在实地考察过程中，站在黄甫川河东侧支流与黄河河谷间的筑禄台所在山梁上远望，收入眼底的尽是被旱年流水切割得支离破碎

的坡面和支沟溯源侵蚀形成的崾岘地形。这就是水土流失灾害发生后的地表景观，其景象令人心碎。

在鄂尔多斯高原中部的东胜梁南坡与北坡，各个河川溯源侵蚀现象日益发展，河川上游沟头彼此距离愈来愈近，这一过程，伴随人类的耕垦活动的推进。山坡天然植被成片灭失，降雨期间坡地土壤受到山坡径流的冲刷而随坡下泄，造成水土流失问题，而且其发生范围日益扩大。于是，泥流、沙流、碎石流自高地向低谷倾泻，势不可挡地经由各条支流河川河谷注入黄河。黄河洪水携带大量泥沙流进华北大平原，又在华北大平原频繁造成决口泛滥的自然灾害，殃及当地居民的生产、生活与人身安全。

第四节　鄂尔多斯高原南部的黄河支流河川演变

鄂尔多斯高原南部基本上是指今陕西榆林市南部和宁夏黄河东侧的灵武、盐池，吴忠市利通区、红寺堡开发区和同心县东北部。在此重点探讨鄂尔多斯高原段黄河最大的支流河川——无定河的历史变化，其历史变迁主要表现在两个方面：一是主流与支流河道被毛乌素沙漠填塞覆盖，二是上游及其河源地遭受水土流失侵害。

一、唐至清时期无定河流域被毛乌素沙漠流沙逐步湮塞

在战国秦汉时期，无定河流域是上郡行政区域的重心所在，经济文化较其他区域发达。当时的奢延水（即今无定河）流域属于森林草原地带，自然环境优美，宜农宜牧，这种自然环境状态大体延续至隋代。至唐朝时期，由于“河曲”中西部的过度放牧引起草原退化而就地泛沙，形成初期毛乌素沙漠。其流动沙丘链所在之地就在今无定河北侧支流河川——纳林河源头北面，即今内蒙古乌审旗无定河镇陶利村西北方。

自唐代起，无定河流域就蒙受毛乌素沙漠的风沙侵袭，生态环境逐渐恶化。至宋代，无定河中游干流河道北侧区域——今定边、靖边和横山三县无定河干流河道之西北，流动沙丘缓慢地不断向东南方推进，强风吹扬起来的粉砂随风前行，落积于无定河南北两岸。从此，昔日山清水秀的无定河流域进入黄沙曼舞、覆盖土地的时期。延至明朝末期，毛乌素沙漠的流动沙丘群体已经快速推移到清平堡至常乐堡段明朝大边长城一线，并飞越大边落积在其南侧的夹道区域。流动沙丘群的前缘已经抵达保宁堡以南，而强风携带沙尘降落在无定河与榆溪河之间的三角区域。因此，地表不仅落积大范围的片沙，诸多小河川、湖泽也逐渐湮塞。例如，保宁堡东南许多海子（湖泊）

逐渐被风沙填湮，其东面的芹河（榆溪河西侧支流）流域也逐渐被流沙覆被。[①]至清代咸丰（1851—1861）、同治（1862—1874）年间，毛乌素沙漠的风沙、流沙已经越过榆溪河侵袭榆林府城（今榆林市城区），壅积在榆林城北墙外侧，高及城头。民国迄今，毛乌素沙漠流沙带、片沙已经扩张至榆阳区上盐湾镇附近无定河谷地，以及神木市秃尾河流域、窟野河西岸。其中，无定河、佳芦河、秃尾河、窟野河西侧诸多支流河川的河道遭受风沙与流沙湮塞、覆盖，河水水量变小，部分河水潜藏于河川之下，导致河道泥沙淤积，河床升高，过水面变小。这给沿岸居民的生活与农业生产带来诸多困难。

二、明清时期无定河上游及其河源地遭受水土流失侵害

明清时期，由于政府有组织地发展军事屯田经济、移民“走西口”开垦荒地的持续经济行为，导致无定河主源所在地——白于山绿色森林植被快速消失，山区土壤裸露，致使雨水冲刷山坡土壤，导致缓慢而连续的水土流失灾害发生。

于是，至清代晚期，位于今靖边、定边、横山、吴旗诸县区的无定河上游诸河川——芦河、西芦河、红柳河等河道流水量减少，甚至干涸；但是每逢降雨时期，又可快速形成洪水，造成下切侵蚀河床与横向侵蚀河岸，导致河谷不断变宽、加深，大量土石沙砾顺流而下，或在下游河床淤积沉积，或被运入黄河干流河道，携运至更加遥远的黄河下游地域。

第五节　历史时期鄂尔多斯高原外流区的河川与湖泊考实

曹魏、西晋时期的鄂尔多斯高原被称作“羌胡之地”，中原王朝的文献缺乏明确的河湖资料记载，因此，暂付阙如。自十六国时期起，史书中对此区域的记载逐渐增多，使后代人们可以窥探该地域的河流、湖泊等自然地理要素的分布概况。

一、十六国北朝时期鄂尔多斯高原的河川与湖泊

1. 美水　据前述文献可知，美水是北魏太祖道武帝于登国七年（392）春正月巡视“自河已南”地域行程的必经之河川。按照其行走路线，南渡黄河后抵达新近落成

---

① 《明经世文编》卷四四八《涂司马抚延疏草二 · 修复边垣扒除积沙疏》，第4932—4935页；〔清〕谭古瑰纂修：《康熙延绥镇志》卷一《地理志》，陕西省榆林地方志办公室整理，上海古籍出版社，2012年，第42页。

的河南宫（今达拉特旗昭君坟乡二狗湾村），南上代来城（今东胜区泊尔江海子镇城梁古城址），趋西南至木根山（今宁夏盐池县高沙窝镇北境山梁），转向东南抵达黑盐池（今陕西定边县盐场堡镇北缘的苟池盐湖），抵达西巡的最远地点。在此逗留数日，“飨宴群臣，觐诸国贡使”。然后北返，途经美水，在此又逗留数日，于“三月甲子，宴群臣于［美］水滨”，君臣同乐。之后，向北经过代来城，返回至河南宫，即“还幸河南宫”。再北渡黄河，向东回到京城。

据此判断，美水当在黑盐池东北方、代来城之南的位置。按照这个方位考察，唯有今窟野河上游西支流——乌兰木伦河符合美水位置。乌兰木伦河源出伊金霍洛旗合同庙乡西北部的山区，流向东南，正好处在北魏道武帝北归的路途上。因此，十六国时期的美水就是今伊金霍洛旗北部的乌兰木伦河。

2. 大洛川 这也是见于史籍关于十六国时期历史事件记载的河川。在北魏军队攻陷代来城（悦跋城）、刘卫辰父子仓皇逃命期间，赫连勃勃逃亡鲜卑族叱干部落，受到其部落首领他斗伏的为难，陷于困境。《晋书》载，赫连勃勃之“父［刘］卫辰入居塞内，苻坚以为西单于，督摄河西诸虏，屯于代来城。及［苻］坚国乱，遂有朔方之地，控弦之士三万八千。后魏师伐之，［刘卫］辰令其子力俟提距战，为魏所败。魏人乘胜济河，克代来［城］，执［卫］辰杀之。勃勃乃奔于叱干部。叱干［部酋］他斗伏［欲］送勃勃于魏。他斗伏兄子［叱干］阿利先戍大洛川，闻将送勃勃，驰［回］谏曰：‘鸟雀投人，尚宜济免，况勃勃国破家亡，归命于我？纵不能容，犹宜任其所奔。今执而送之，深非仁者之举。’他斗伏惧为魏所责，弗从。阿利潜遣劲勇篡［夺］勃勃于路，送于姚兴高平公没奕于。奕于以女妻之”①。当时，叱干部落首领他斗伏畏惧于北魏军队的强大军事压力，欲将勃勃缚送拓跋部。其时，叱干部另一贵族成员叱干阿利率兵驻守在大洛川，闻讯赶回部落驻地规谏其兄他斗伏切勿将勃勃交予北魏。他斗伏不听其劝，执意要将勃勃交给拓跋部统治者。于是，叱干阿利暗中派人在中途劫走赫连勃勃，将他送往居住在高平城（今宁夏固原市）的鲜卑族孛兰多部（或作破多罗部②）首领没奕于，使赫连勃勃得以逃生。在代来城失陷后，刘卫辰父子向西南逃亡。其中，赫连勃勃逃亡速度较快，未被魏军追上，逃窜至鲜卑族叱干部落驻地。那么，是时，叱干部落游牧于何地呢？联想到后来赫连勃勃被叱干阿利送往高平城的事实，可见叱干部游牧地区当在高平城的东北方，相当于今盐池县中南部地区。

---

① 〔唐〕房玄龄等：《晋书》卷一三〇《赫连勃勃载记》，中华书局，1974年，第3201—3202页。
② 《魏书》卷九五《铁弗刘虎传》，第2056页。

叱干部游牧地既已确定，叱干阿利驻守的大洛川当在其邻近之地。究实而论，大洛川之名当因同名的山地或泉水而来。但是在今盐池县中南部，并无明显的地表径流，唯有其西侧的山水河可以当之。山水河，亦写作苦水河，发源于宁夏南部的大罗山，向北方流至今吴忠市北境的新华桥村注入黄河。非常巧合的是，大罗山的“大罗”跟大洛川的“大洛”发音相同，只是第二个字用字不同罢了。我们知道，地理名称一旦固化，就会被人们沿用很长一段时间。追究大罗山的名称渊源，可上溯至隋唐时期，而再往前追索，可达十六国北朝时段。在我国西北地区民间方言中，古往今来人们习惯上将“大”（dà）字读作“duo”（音“哆”）。因此，“大罗”“大洛”的读音也可读作“duo luo”。唐代后期成书的《元和郡县图志》载，灵州温池县城西北距州城约180里，即“温池县，上。西北至［灵］州一百八十里。神龙五年置，县［城］侧有盐池”[①]。温池县城之西方就是高耸的长乐山，侧近就是温泉盐池，即“温泉盐池，在［回乐］县南一百八十三里。周回三十一里”。换言之，温泉盐池就在温泉县城西南侧近，即今宁夏盐池县西南部惠安堡镇西侧的小盐池（亦称老盐池）。同书又曰：“安乐川，在灵州南稍东一百八十里。长乐山，旧名达乐山，亦曰铎洛山，以山下有铎洛泉水，故名。旧吐谷浑部落所居，今吐蕃置兵守之。”[②]从引文可知，唐代安乐川就是惠安堡小盐池西侧的山水河上游东支流——苦水河。在苦水河西侧，就是源出大罗山的西支流——甜水河。在此重点关注唐代长乐山。该山“旧名达乐山，亦曰铎洛山，以山下有铎洛泉水，故名”。这就表明，长乐山在唐代以前被称作“达乐山”“铎洛山”。从地名演变过程分析，铎洛山就是大洛山，该山麓的铎洛泉水就是大洛泉水，该泉水汇流成河就是铎洛川，即大洛川。据此分析可知，十六国时期大洛川就是今宁夏境内的山水河及其上游西支流——甜水河。无论是唐代的铎洛山，还是明清迄今的大罗山，其地名皆来源于十六国时期的大洛川，以及更早的东汉时期的洛川。

需要辨明的是，此处所谓大洛川、洛川跟今北洛河毫无关联。因为今北洛河在古代的名称是固定的，即称作“洛水”，或写作“雒水”，实在是另外一条大河川。

3. 黑水　黑水见于北魏军队进攻赫连夏政权的都城——统万城的战争事件。北魏世祖太武皇帝拓跋焘始光四年（427）夏五月，北魏发动吞灭赫连夏政权的军事行动。黑水在两次进攻赫连夏都城的战争中屡次被提及，因此依据战争进程所述空间方位，可以推断出黑水的具体位置。

---

① 《元和郡县图志》卷四《关内道四·灵州》，第96页。

② 《元和郡县图志》卷四《关内道四·灵州》，第94页。

据《魏书》记载，始光三年（426）第一次攻夏战争始于十月，“冬十月丁巳［日］，车驾西伐，幸云中，临君子津。会天暴寒，数日冰结。十有一月戊寅，帝率轻骑二万袭赫连昌，壬午，至其城下，徙万余家而还。语在《［赫连］昌传》。至祚山，班所虏获［物］以赐将士各有差。”[①]据同书《［赫连］昌传》：“昌，字还国，一名折，屈孑之第三子也。既僭位，改年永光。世祖闻屈孑死，诸子相攻，关中大乱，于是西伐。乃以轻骑一万八千济河袭昌。时［值］冬至之日，昌方宴飨，王师奄至，上下惊扰。车驾次于黑水，去［统万］城三十余里，昌乃出战。世祖驰往击之，昌退走入城，未及闭门，军士乘胜入其西宫，焚其西门。夜宿城北。明日，分军四出，略居民，杀获数万，生口牛马十数万，徙万余家而还。”[②]这段引文明确点出，魏世祖“车驾次于黑水，去［统万］城三十余里”。魏军是从东北向西南奔袭夏都统万城，因此毫无疑问，被称作黑水之河川径流在统万城东北30余里之地。按照这一方位、里程在今白城子古城东北方寻觅，唯有纳林河与史书记载完全吻合。所以，十六国时期的黑水就是今纳林河。

黑水是北魏军队进攻赫连夏统万城的必经之河川，故而在翌年攻灭赫连夏的战争中也被提及。始光四年（427）春正月，“赫连昌遣其弟平原公［赫连］定率众二万向长安。帝闻之，乃遣［人］就阴山伐木，大造攻具”。三月，“诏执金吾桓贷造桥于君子津”。四月，北魏调兵遣将，做好灭夏的军事准备。至夏“五月，车驾西讨赫连昌。辛巳，济君子津。三城胡酋鹊子相率内附。帝次拔邻山，筑城，舍辎重，以轻骑三万先行。戊戌，至于黑水，帝亲祈天告祖宗之灵而誓众焉。六月甲辰，昌引众出城，大破之。事在《［赫连］昌传》”。[③]而据同书《［赫连］昌传》载，拓跋焘抵达黑水后，做出周密的军事部署，即“次于黑水，分军伏于深谷，而以少众至其城下”诱敌，“昌军大溃，不及入城，奔于上邽，遂克其城”。[④]通过北魏军队两次攻击赫连夏政权的军事行动过程可知，黑水位于统万城东北方30余里处，即今内蒙古乌审旗南部的纳林河。纳林河发源于乌审旗南部无定河镇陶利嘎查西侧，东南流经无定河镇旁，至水清湾村东南侧注入无定河。

4. 苦泄河　这是北朝后期见于史书记载的河川，长期以来，人们皆无法判断其位置。建义元年（即永安元年，528）后，夏州地区的敕勒族费也头部帅纥豆陵伊

---

① 《魏书》卷四上《世祖纪上》，第71页。
② 《魏书》卷九五《铁弗刘虎传》，第2057页。
③ 《魏书》卷四上《世祖纪上》，第72页。
④ 《魏书》卷九五《铁弗刘虎传》，第2058—2059页。

利、万俟受洛干等人为首的地方武装盘踞河西地域，尚未归顺魏廷。史载，永安二年（529），“……［尔朱］天光北出夏州，遣将讨宿勤明达，擒之送洛。时费也头［部］帅纥豆陵伊利、万俟受洛干等据有河西，未有所附。天光以齐献武王起兵信都，内怀忧恐，不复北事伊利等，但微遣［兵］备之而已”[①]。直到西魏初年，宇文泰才相继降服这些敕勒族地方武装。《周书·贺拔岳传》载：永熙二年（533），“齐神武既忌［贺拔］岳兄弟功名，岳惧，乃与太祖协契。语在《太祖本纪》。岳自诣北境，安置边防。率众趣平凉西界，布营数十里，讬以牧马于原州，为自安之计。先是，费也头万俟受洛干、铁勒斛律沙门、斛拔弥俄突、纥豆陵伊利等，并拥众自守，至是皆款附。秦、南秦、河、渭四州刺史又会平凉，受岳节度。唯灵州刺史曹泥不应召，乃通使于齐神武”[②]。

据《北齐书·神武帝纪》记载，即北魏孝武帝元修永熙二年（533），“河西费也头虏纥豆陵伊利居河池，恃险拥众，神武遣长史侯景屡招不从”[③]。至北魏永熙三年（东魏孝静帝天平元年，534）正月壬辰，“神武西伐费也头虏纥豆陵伊利于河西，灭之，迁其部［落］于河东”[④]。《北齐书》所谓“河池”，实乃“苦洩河”的笔误。《魏书》的记载相对准确详细，即“［永熙］三年春正月壬辰，齐献武王讨费也头［部落］于河西［的］苦洩河，大破之，获其帅纥豆陵伊利，迁其部落于内地”[⑤]。所谓“神武［帝］”“齐献武王”，皆指东魏权臣高欢。此前，敕勒族费也头部落就游牧于黄河西侧的苦洩河流域。据所引文献，苦洩河经行于河西地域，即今鄂尔多斯高原。苦洩河流域又处在自并州西进的交通线附近，易于进入。据此两项依据，则今陕西神木市境内的窟野河符合北朝时期苦洩河的方位。今窟野河源出内蒙古伊金霍洛旗西北部合同庙乡北境，流向东南，至乌兰木伦镇，流入陕西神木市大柳塔镇境，历经店塔镇、神木市区、贺家川镇柳林滩村，注入黄河。黄河东侧就是山西兴县。历史时期从今太原市进入鄂尔多斯高原的道路至兴县西境跨过黄河，就进入窟野河流域。据此，推知北朝时期的苦洩河就是今流经内蒙古、陕西的窟野河。换言之，北朝后期敕勒族费也头部落分布在今窟野河流域。

---

① 《魏书》卷七五《尔朱天光传》，第1676页。

② 《周书》卷一四《贺拔岳传》，第225页。

③ ［唐］李百药：《北齐书》卷一《神武帝纪上》，中华书局，1972年，第10页。此处“河池”属于转抄之笔误，应作“苦洩河”。《北史》写作“苦池河”，亦误。“河池”应是“苦洩河”的倒置与脱漏。

④ 《北齐书》卷二《神武帝纪下》，第13页。

⑤ 《魏书》卷一一《出帝平阳王纪》，第289页。

二、隋唐五代时期鄂尔多斯高原及毗邻区的河川与湖泊

至隋唐时期，河曲地域的河川、湖泊见于文献记载者较前增多，使我们得以窥探其时鄂尔多斯高原水文地理位置和自然地理真实状况。我们依然采用文献记载、实地调查、考古资料和里程数据换算诸多方法，探索其时区域湖泽、河川的空间分布。

（一）隋唐时期河曲地域及毗邻区的湖泊

1. 大泊 大泊乃唐代后套平原东北部的湖泽。《新唐书·地理志》载："二十八里过横水，五十九里至十（笔者按，其他文献作'什'）贲故城，又十里至宁远镇。又涉屯根水，五十里至安乐戍，戍在河西壖，其东壖有古大同城。今大同城故永济栅也。北经大泊，十七里至金河。又经故后魏沃野镇城"。[①] 据此可推知，大泊位于唐代后期永清栅（今乌拉特前旗乌梁素海渔场附近）、天德军城（今乌拉特前旗乌梁素海湖区东南近岸湖底土城子古城）北方、北魏沃野镇故城（今乌拉特前旗苏独仑乡根子场古城）之西南、西南流向的金河（今牧仁河）入黄河口南侧17唐里处。具体而言，相当今乌拉特前旗北部的前旗农场、乌拉特中旗德令山镇东部一带，其接纳自东北流来的金河水。[②] 金河，指今源出乌拉特中旗东部新忽热苏木北部的色尔腾山区、向西南流的牧仁河（也称摩楞河），穿过秦汉长城，西南流注乌加河。今因该河谷上游建有哈布齐勒水库、二牛湾水库，河水已断流。北魏沃野镇城遗址，位于今乌拉特前旗苏独仑乡东部、根子场村南侧。[③]总之，大泊是继屠申泽湮塞之后在后套平原东北部形成的又一个较大湖泊。

2. 麦泊 麦泊位于今乌拉山西山咀南侧。据《元和郡县图志》载："按天德［军］旧城，在西城正东微南一百八十里，其处见有两城。今之永清栅，即隋氏大同旧城理，去［天德军］本城约三里以下，城甚牢小，今随事制宜，仍存天德军额。［天德军］北城周回一十二里，高四丈，下阔一丈七尺，天宝十二载安思顺所置。其城居大同川中，当北戎大路，南接牟那山钳耳觜，山中出好材木，若有营建，不日可成。牟那山南又是麦泊，其地良沃，远近不殊。"[④] 依据李吉甫在奏疏中所言，可知麦泊其湖位于牟那山钳耳觜之南侧。牟那山钳耳觜，即今乌拉特前旗地界的乌拉山西山咀。麦泊形成于其南侧，大体处在今乌拉特前旗呼和布拉格镇与杭锦旗独贵塔拉镇

① 《新唐书》卷四三下《地理志七下》，第1147—1148页。
② 内蒙古自治区地图制印院编制：《内蒙古自治区地图册》，第100页。
③ 国家文物局主编：《中国文物地图集·内蒙古自治区分册》上，第270—271页。
④ 《元和郡县图志》卷四《关内道四·丰州》，第114页。

间的黄河弯曲河段区域。

3. 库狄泽　它在夏州朔方县境，见于《新唐书·地理志》的记载，即“贞元七年开延化渠，引乌水入库狄泽，溉田二百顷。有盐池二”[①]。澄清一点，乌水，就是十六国北朝时期的黑水，即今纳林河，发源于乌审旗无定河镇陶利嘎查西侧，流向东南经无定河镇，至水清湾村东南面，注入无定河。唐代人们导引乌水凿渠溉田，渠口当在乌水中游。因此，库狄泽应在乌水下游河段之侧近低洼地。据以上理由推断，库狄泽故址当在乌审旗无定河镇水清湾村以东区域。

4. 金河泊　金河泊乃唐代前套平原西部的湖泽，位于唐代胜州榆林县境黄河河湾之北，属于鄂尔多斯高原东北侧毗邻区。《元和郡县图志》载：“金河泊，在［榆林］县东北二十里。周回十里。”[②] 判断金河泊的位置，还有一个参照坐标，即秦汉云中郡故城。史载：“云中故城，在［榆林］县东北四十里。赵［国］云中城，秦［朝］云中郡［城］也。《史记》曰赵武灵王北破林胡、楼烦所置。秦因之。”[③]因此，金河泊大体在唐代榆林县城与云中故城连线的中间点位置，大约在榆林县东北10.8千米处。以此距离测算，金河泊应在今托克托县驻地——双河镇西北方的哈拉板申西北侧、大黑河下游河道处。这个位置与考古调查的结论相一致。[④]

（二）隋唐时期河曲地域及毗邻区的河川

1. 安乐川　这条河川究竟在今何地？首先，唐后期成书的《元和郡县图志》载：“安乐川，在灵州南稍东一百八十里。”[⑤] 唐代灵州故城位置在今宁夏吴忠市利通区古城湾村西侧，其南偏东180里的距离抵达今盐池县惠安堡镇和同心县太阳山镇一带，而这里正是山水河上游西支流——甜水河的发源地及其上游河道。因此，毫无疑问地说，安乐川就是今宁夏同心县东北部大罗山东侧的甜水河，方向、距离完全吻合。究实而论，安乐川流经灵州温池县（治在今盐池县惠安堡镇北侧）西部。

其次，安乐川的得名，跟唐高宗时期吐谷浑可汗被唐朝册封为羁縻安乐州刺史，并由黄河东岸的鸣沙县向东迁至达乐山（亦称铎洛山、长乐山）东侧河谷，建筑安乐州城相关。安乐州故城，就是今同心县韦州镇古城。所谓“长乐山，旧名达乐山，亦

① 《新唐书》卷三七《地理志一》，第973页。

② 《元和郡县图志》卷四《关内道四·胜州》，第111页。

③ 《元和郡县图志》卷四《关内道四·胜州》，第111页。

④ 李逸友：《托克托城附近的秦汉代遗迹》，见内蒙古文物考古研究所编：《内蒙古文物考古文集》第1辑，第348—353页。

⑤ 《元和郡县图志》卷四《关内道四·灵州》，第94页。

曰铎洛山，以山下有铎洛泉水，故名。旧吐谷浑部落所居，今吐蕃置兵守之”[①]。安乐州延至唐代后期曾经更名为长乐州，之后又改名为威州，唐以后随着岁月流逝，威州又被人们写作韦州。可见，唐代安乐川盖因在其上游河谷建置安乐州而得名，兴于唐代中后期。

2. 无定河 《元和郡县图志》载：“无定河，一名朔水，一名奢延水，源出［朔方］县南［一］百步。赫连勃勃于此水之北，黑水之南，改筑大城，名统万城。今按州南无奢延水，唯［有］无定河，即奢延水也。古今异名耳。”[②] 迄今仍旧称作无定河，其上游西侧支流河道称作红柳河，东侧支流河道称作芦河，流至清涧县河口村汇入黄河。

3. 乌水 《元和郡县图志》载：“乌水，［源］出［朔方］县［北］黑涧，东［南流］注奢延水。本名黑水，避［北］周太祖［宇文黑獭］讳，改名乌水。”[③] 据此可知，唐代人们所谓的乌水，就是十六国北朝时期的黑水，也即今内蒙古乌审旗南部的纳林河。

4. 可朱浑水（弥浑水） 北朝后期所谓弥浑水，即唐代可朱浑水。《元和郡县图志》载，夏州“德静县，中下。西南至州［城］八十里。盖汉朔方县地，周武帝于此置弥浑戍，南有弥浑水，因名。隋改为德静镇，寻废镇为县。皇朝因之”[④]。此处所谓德静县境乃“盖汉朔方县地”之说明显失误，不可采信。但是，隋唐德静县的前身就是北周创置的弥浑戍，则是事实。而弥浑戍之名来源于其坐落在弥浑水北岸。弥浑水是今哪条河川呢？查明德静县故城位置，也就探明了弥浑水的位置。

首先，德静县“西南至州［城］八十里”表明，德静县城位于夏州城东北80唐里之地。按照此里程在今靖边县白城子东北方寻觅，德静县故治当在今陕西榆林市榆阳区补浪河乡南部、海流兔河北侧的魏家峁村附近。那么，魏家峁村西南侧的海流兔河应是北朝至隋代的弥浑水了。

其次，《新唐书·地理志七》所载，自“夏州北渡乌水，经贺麟泽、拔利干泽，过沙，次内横铲、沃野泊、长泽、白城，百二十里至可朱浑水源”[⑤]。其中，白城故址就在今乌审旗西侧阿拉陶勒盖梁上，经过白城抵达阿拉陶勒盖梁北侧的可朱浑水源头之地。今乌审旗驻地——嘎鲁图镇西侧就是海流兔河发源之地。两者恰好吻合，因

---

① 《元和郡县图志》卷四《关内道四·灵州》，第94页。
② 《元和郡县图志》卷四《关内道四·夏州》，第100页。
③ 《元和郡县图志》卷四《关内道四·夏州》，第100页。
④ 《元和郡县图志》卷四《关内道四·夏州》，第101页。
⑤ 《新唐书》卷四三下《地理志七下》，第1147页。

此，今海流兔河就是隋唐时期的可朱浑水、北朝时期的弥浑水。《元和郡县图志》的相关记载进一步证明了这一点。“故白城，一名契吴城，在［朔方］县北一百二十五里［的］契吴山。赫连中因山所筑，勃勃尝所叹美，故其子昌因立此城，以立勃勃之庙。”[①]朔方县是夏州附郭县，因此，夏州城北方125唐里的契吴山巅，乃白城之所在，而唐代契吴山最高处就在今乌审旗嘎鲁图镇西侧、阿拉陶勒盖山梁最高点。这正与“夏州塞外通大同云中道”的第一程，即夏州至白城、可朱浑水源地120唐里基本吻合。进一步证明可朱浑水就是今海流兔河，可朱浑水源头，就是今海流兔河在隋唐时期的发源地，其后又因气候变化其源头出现变迁。

在此需要辨明的是，契吴山究竟是在夏州城以北70唐里，还是125唐里。因为《元和郡县图志》还记载：“契吴山，在［朔方］县北七十里。《十六国春秋》曰：‘赫连勃勃北游契吴［山］，叹曰：“美哉，临广泽而带清流。吾行地多矣，自马领以北，大河以南，未之有也！”’”[②]对于这个记载歧异之处，仔细推敲起来，其实并不矛盾。夏州城北125唐里处是指契吴山之最高处——山巅，而夏州城北70唐里处是指契吴山区南缘。赫连勃勃伫立在契吴山顶俯瞰山下风光而大发感叹之地是在夏州城北方125唐里之处，即契吴山巅，并非其山南缘。前述引文中《十六国春秋》所言应该置于“故白城”条下，而非“契吴山”条下，此乃《元和郡县图志》撰者李吉甫之失误，抑或是后世整理《元和郡县图志》者的不当之处。

5. 茹卢水　茹卢水在唐代银州真乡县境。《元和郡县图志》曰，银州“真乡县，中下。西至［银］州［城］一百里。……周武帝保定二年置今县，属银州。皇朝因之。茹卢水，源出县理西北”[③]。指出茹卢水发源于真乡县城西北。《新唐书·地理志》亦称：“银州银川郡……真乡［县］，中下。西北有茹卢水。”[④]总之，两部古代文献记载大致相同。确定了真乡县故城的地理位置，茹卢水的位置也就随之基本判定。依据《元和郡县图志》关于真乡县城“西至［银］州［城］一百里”的里程与方位，折算成当代公制，约为54千米。唐代银州治城，即今陕西榆林市横山区党岔镇党岔古城址。以此为基点向东54千米，就是真乡县故城所在地，即今米脂县沙家店镇北隅五谷粮村附近。该地西北方就是发源于榆阳区上盐湾镇北缘的小川沟河，其源头就在五谷粮村西北。因此，唐代茹卢水，应就是今流经榆阳区上盐湾镇与米脂县沙家店

---

① 《元和郡县图志》卷四《关内道四·夏州》，第101页。
② 《元和郡县图志》卷四《关内道四·夏州》，第100页。
③ 《元和郡县图志》卷四《关内道四·银州》，第105页。
④ 《新唐书》卷三七《地理志一》，第974页。

镇交界地带的小川沟河。

至于有的工具书将真乡县标绘在今榆阳区东部，茹卢水比定为今佳县北部的佳芦河，无论就方位、里程而言，皆不符合史书的记载。

6. 连谷 连谷是唐代麟州北境的一条河川，曾经是自北趋南的交通路线所循之河谷。因此，隋朝在连谷口东山建置连谷戍，唐朝升格为连谷县。据《元和郡县图志》记录，麟州“连谷县，中下。南至［麟］州［城］四十里。本［是］汉圁阴县地，属西河郡，在今银州儒林县界。隋文帝于此置连谷镇，炀帝改为连谷戍，大业十三年废戍。贞观八年于废戍置连谷县，属胜州，天宝元年割属麟州。连谷镇，［在］县理城中，贞观八年置”[①]。依据麟州城与连谷县城间距里程，即“南至［麟］州［城］四十里”，可推判连谷县城的地理位置，继而判定连谷的位置。史学界一致的认识是，唐宋时期的麟州故城，就是今陕西神木市神木镇北部、窟野河东山的杨家城村古城址，其北方40唐里处，约略等于21.6千米，就是连谷县故城所在。依此距离自杨家城古城向北考察，店塔镇北部、窟野河东畔山巅的黄羊城古城址恰当其位置。据此，唐代麟州连谷县故城即今神木市北部的店塔镇北侧窟野河东山的黄羊城古城址。[②]

唐代连谷县城既已定位，作为自然河川的连谷就容易推定其位置。从地理特点来观察，今黄羊城古城址扼守着窟野河上游两个支流河川——乌兰木伦河、牸牛川的汇合点，具有重要的军事防御地位。这一点跟隋唐时期连谷镇、连谷戍的作用与地位完全一致。因此，黄羊城北面的窟野河东支流河谷——牸牛川就是隋唐时期的连谷。大业三年（607）春季，隋炀帝巡视北部边疆期间，曾经由连谷戍、连谷北赴榆林郡城（今准格尔旗北部的十二连城古城址），今牸牛川正好处在这样的交通位置上。

7. 大葭芦水 据《元和郡县图志》载，胜州榆林县，“大葭芦水，［在榆林］县西二百二十里”[③]。胜州城位于黄河由向东流转为向南流的大河湾西南岸，因此，大葭芦水应在西东流向的黄河干流河道的南侧。按照220唐里的距离推算，唐代大葭芦水应在今十二连城古城西方118.8千米之地，相当于今内蒙古达拉特旗东部的河流——哈什拉川。该河发源于达拉特旗南部的敖包梁高地，向北流经王爱召镇、榆林子乡，注入今黄河。唐代大葭芦水向北流至今榆林子乡境，与其他河流汇合后向东流去。大葭芦水下游河段附近是肥美的黄河南岸平原，适于农业开发与种植业。

① 《元和郡县图志》卷四《关内道四·麟州》，第109页。

② 2012年9月下旬，笔者及其他二人组成的三人野外考察队赴神木县店塔镇，实地踏察黄羊城古城，采集了相关图片与数据。

③ 《元和郡县图志》卷四《关内道四·胜州》，第110页。

8. 小葭芦水　据《元和郡县图志》载，胜州榆林县，“小葭芦水，［在榆林］县西二百四十里。其间地甚良沃”[①]。换言之，小葭芦水在大葭芦水之西40唐里处，即其西21.6千米之地。依此距离判断，唐代小葭芦水相当于今达拉特旗树林召镇东侧的壕庆河。其下游河道迄今早已断流，但是，一千多年前，其下游河段附近地带呈现出“其间地甚良沃”的优越自然条件。

9. 平河水　据《元和郡县图志》载，胜州榆林县，“平河水，首受黄河，隋文帝开之以通屯仓”[②]。显然易见，平河水是隋代戍边将士开凿的一道人工运河，它将黄河沿岸的屯田区域的诸多粮仓连接起来，保障屯田粮食的调运、储备、发放和消费，保障军需供给。既然如此，称作平河水的运河，进水口开在黄河南岸，导引河水进入运渠，其位置当在今达拉特旗德胜泰乡北缘、黄河南岸，其流路应在今黄河河道附近，接纳大、小葭芦水诸河川后，流至准格尔旗蓿亥图乡东北境汇入当时的黄河河道。

10. 大同川　这是唐代后套平原东侧源出狼山山脉的一条河川，天德军城就坐落在该河下游河段。《元和郡县图志》载：“天宝八年，张齐丘又于可敦城置横塞军，又自中受降城移［安北都护］理横塞军［城］。十二年，安思顺奏废横塞军，请于大同川西筑城置军，玄宗赐名曰大安军。十四年，筑城功毕，移大安军理焉。乾元后改为天德军。”唐朝宰相李吉甫在元和八年奏称：“北城周回一十二里，高四丈，下阔一丈七尺，天宝十二载安思顺所置。其城居大同川中，当北戎大路，南接牟那山钳耳觜，山中出好材木，若有营建，不日可成。”[③]《新唐书·地理志》载，丰州九原郡，中受降城之“西二百里大同川有天德军，大同川之西有天安军，皆天宝十二载置”[④]。

唐代天德军故城已被考古工作者发现，位于今内蒙古乌拉特前旗额尔登布拉格苏木西北、乌梁素海东部近岸湖底。据此，唐代大同川经行于今乌拉山北侧、狼山南侧的东西向低地中，发源于今乌拉特前旗东北部的小佘太乡永新村附近狼山山区，向西南流经大佘太镇、额尔登布拉格苏木，注入向南流的黄河。而今由于早年狼山天然植被的消减、土地逐渐沙化、河水锐减，唐代大同川已无长流水可见，河道断流多年，地表已不见河川形迹。

① 《元和郡县图志》卷四《关内道四·胜州》，第110页。
② 《元和郡县图志》卷四《关内道四·胜州》，第110页。
③ 《元和郡县图志》卷四《关内道四·丰州》，第113—114页。
④ 《新唐书》卷三七《地理志一》，第976页。

11. 屯根水 这条被称为屯根水的河川，也是因为“夏州塞外通大同云中道”而被今人知晓。《新唐书・地理志》曰，过横水后，“五十九里至十（笔者按，其他文献作“什”） 贲故城，又十里至宁远镇。又涉屯根水，五十里至安乐戍，戍在河西壖，其东壖有古大同城”。循着赴丰州、天德军的干线道路由横水经过什贲故城而至宁远镇旅行69唐里之后，才抵达屯根水南岸。唐代什贲故城，位于今杭锦旗独贵塔拉镇西南部、库布齐沙漠腹地的那林霍拉霍村东侧。宁远镇故址，在今独贵塔拉镇西部，再往北就是今黄河河道。那么，宁远镇北侧的屯根水，无疑就是隋唐时期后套平原段黄河的南派流路——南河。由于那时黄河主河道是在北派河道，因此南河水量在干旱季节大减，水浅滩广，可以涉水过河，所以称作“又涉屯根水”。

12. 金河（西） 这条金河是指流入后套平原东北部的河川。史载，在涉屯根水后，再北行“五十里至安乐戍，戍在河西壖，其东壖有古大同城。今大同城故永济栅也。北经大泊，十七里至金河。又经故后魏沃野镇城，傍金河，过古长城，九十二里至吐俱麟川”①。屯根水以北50唐里的安乐戍城坐落在后套平原段黄河北河的西壖，东渡黄河至永清栅，转向北寻黄河东岸过天德军城、大泊，行走17唐里抵达金河下游入黄口。在此依据67唐里，或依据安乐戍至大泊以北的金河口共约17唐里推测，永清栅北方9.18千米处的金河，无疑就是今乌拉特中旗东南部狼山山区的摩楞河。该河源出于乌拉特中旗新忽热苏木北部山区，向西南方流经新忽热苏木、石哈河镇西部，至德令山镇东南部注入今乌加河。无论从距离、方位观察，隋唐金河就是今乌拉特中旗东南部的摩楞河无疑。

13. 金河（东） 此金河就是经行于今呼和浩特市所在前套平原的大黑河，《水经注》所载芒干水。单于都护府所管“金河县，中，郭下”，就因靠近金河河道而得名。在金河下游河道因宣泄不畅，形成一个湖泊——金河泊。《元和郡县图志》载，胜州榆林县，“金河泊，在县东北二十里［黄河北岸］。周回十里”②。金河泊与南面的黄河弯道有河道通连。此金河（今大黑河）与后套平原东北侧的金河（今摩楞河）属于同名而异地，是两条不同的黄河支流河川。

三、宋元明清时期鄂尔多斯高原外流区的河川与湖泊

在这个历史时段，文献对重要军事活动多有记载，遂涉及诸多地理实体名称，其中包括鄂尔多斯高原范围的河流、湖泊之名称。

---

① 《新唐书》卷四三下《地理志七下》，第1148页。

② 《元和郡县图志》卷四《关内道四・胜州》，第111页。

（一）宋元时期鄂尔多斯高原地域的河川及湖泊

1. 葭芦川　《宋史》载："继迁复连娶豪族［之女］，转迁无常，渐以强大，而西人以李氏世著恩德，往往多归之。继迁因语其豪右曰：'李氏世有西土，今一旦绝之，尔等不忘李氏，能从我兴复乎？'众曰：'诺。'遂与弟继冲、破丑重遇贵、张浦、李大信等起夏州［境］，乃诈降，诱杀曹光实于葭芦川，遂袭银州［城］据之，时［在］雍熙二年二月也。三月，破会州，焚毁城郭而去。三年，辽以义成公主嫁继迁，册为夏国王。四年，知夏州安守忠以三万众战于王亭镇，败绩，继迁追至［夏州］城门而返。"① 据此判断，葭芦川应在银州境内。银州治城故址位于今横山区党岔镇党岔古城址，葭芦川应在其东部，即今佳县北部由北朝南流向的佳芦河是也。

2. 浦洛河　《宋史》载，至道"二年春，命洛苑使白守荣等护送刍粟四十余万于灵州，且令车重先后作三队，丁夫持弓矢自卫，士卒布方阵以护之，遇敌则战，可以无失。复令会州观察使田绍斌率兵应援。而守荣乃并为一运，继迁邀击于浦洛河，绍斌不救，众溃，运馈尽为继迁所得，太宗闻之怒。四月，复命李继隆为环、庆等州都部署"。"［咸平六年］八月，［李继迁］复聚兵浦洛河，声言攻环州，诏张凝等分兵以待之。"② 由环庆赴灵州的运输大道必经浦洛川，且距灵州城亦不太远。庆州，即今甘肃庆阳市庆城县；环州，即今甘肃庆阳市环县县城。经过今环县趋向西北，过环县甜水镇、盐池县萌城堡，进入山水河流域，顺流而下，可直趋灵州故城（今宁夏吴忠市区）。据宋代交通大道经由地可知，浦洛川，即今宁夏南部的山水河（苦水河）。

3. 柳拨川　《宋史》载："［咸平］四年，麟府副部署曹璨率熟户兵邀［击］继迁辎重于柳拨川，杀获甚众。九月，来攻破定州、怀远县及堡（笔者按，应作"保"）静、永州，清远军监军段义叛，［其］城遂陷。"③ 柳拨川，显然应在宋代麟府地区西方、党项拓跋部控制区域，即今陕西神木市西部，大略相当今秃尾河。

4. 大里河　《宋史》载，大中祥符三年，西夏"境内饥，［李德明］上表求粟百万，朝议不知所出。……会旱，西攻河州、甘州宗哥族及秦州缘边熟户。遂出大里河，筑栅［于］苍耳平"④。此大里河，即今大理河，源出陕西靖边县南部白于山区，流经子洲县境，至今绥德县城北侧注入无定河。

---

① 《宋史》卷四八五《夏国传上》，第13986页。
② 《宋史》卷四八五《夏国传上》，第13987、13989页。
③ 《宋史》卷四八五《夏国传上》，第13988页。
④ 《宋史》卷四八五《夏国传上》，第13990页。

5. 浊轮谷 《宋史》载，大中祥符“八年，［夏军］筑堡于石州浊轮谷，将建榷场，诏缘边安抚司止之”[①]。西夏的石州故城，即今陕西榆林横山区波罗镇波罗堡古城。浊轮谷既然在石州地界，当距波罗堡古城不远。据此判断，浊轮谷即今横山区东部、源出韩岔镇南部山区，向北流经殿市镇而至响水镇西侧注入无定河的黑木头河。

6. 合河津 《宋史》载，庆历元年，“秋，夏人转攻河东，及麟、府，不能下，乃引兵攻丰州，城孤无援，遂据之；又破宁远寨，屯要害，绝麟、府饷道。杨偕始请弃河外，保合河津，帝不许。会张亢管勾麟府军马事，破之于柏子，又破之于兔毛川，亢筑十余栅，河外始固”[②]。所谓合河津，系指黄河上的一处渡口，即今神木市贺家川镇南部窟野河入黄口附近的渡口。

7. 兔毛川 依据前面所录引文可知，兔毛川应在麟州西部。麟州故城，即今神木市店塔镇南部的杨家城古城。兔毛川当即纵贯神木市境的窟野河西侧支流——麻家塔沟河。

8. 永乐川 《宋史》载：“［熙宁］四年正月，种谔谋取横山，领兵先城啰兀，进筑永乐川、赏逋岭二寨，分遣都监赵璞、燕达筑抚宁故城，及分荒堆三泉、吐浑川、开光岭、葭芦川四寨与河东路修筑，各相去四十余里。”[③] 永乐川寨，亦称永乐城，建于永乐川汇入无定河口北侧。永乐川，即今陕西榆林市榆阳区镇川镇西北隅马湖峪沟。

9. 吐浑川 据上述引文，其地理位置应在今陕西榆林市榆阳区南部，属无定河支流河川，当即今陕西榆林市榆阳区与米脂县交界地带的小川沟河。“荒堆三泉、吐浑川、开光岭、葭芦川四寨”形成一个寨堡防御体系。因此，在吐浑川流域构筑的吐浑川寨，应与葭芦川、开光岭、荒堆三泉三寨处在相互呼应、相距不远之处。

10. 满堂川 《宋史》载：“元丰二年六月，夏人自满堂川入大会平，杀防田人马，兵官李浦等逼逐出塞。九月，绥德把截杨永庆声徼巡边而掩取蕃部首级，诈言斩犯边人，诏毁永庆出身文字，送西京编管。”[④] 满堂川，或称明堂川，也在今无定河流域，即今榆林市榆阳区的榆溪河，源出榆阳区北部，流经榆阳区城区西侧，至今鱼河镇汇入无定河。

11. 无定河（无定川） 自唐代起，无定河的地名就已固定，迄今仍称无定河，

① 《宋史》卷四八五《夏国传上》，第13991页。
② 《宋史》卷四八五《夏国传上》，第13997页。
③ 《宋史》卷四八六《夏国传下》，第14008—14009页。
④ 《宋史》卷四八六《夏国传下》，第14010页。

即流经今陕西榆林市境的无定河。宋代当地居民亦称其为无定川。《宋史》载："建隆四年，［李］继迁生于银州无定河，生而有齿。"元丰四年，"……［种］谔将鄜延及畿内兵九万三千出绥德城。九月，谔围米脂，夏人来救，战于无定川，大破之，斩首五千级。十月，遂克米脂，降守将令分讹遇，进攻石州。［王］中正［出麟州］以河东军渡无定河，循水北行，地皆沙湿，士马多陷没，遂继谔趋夏州，而民皆溃，军无所得"。[①]

12. 窟野河　自宋代始，窟野河之名沿袭不变，迄今犹然，即今源出内蒙古伊金霍洛旗流经陕西神木市南境注入黄河的窟野河。

13. 鸣沙川　《宋史》载："泾原总兵侍禁鲁福、彭孙护馈饷至鸣沙川，与夏人三战，败绩。"[②]此引文的鸣沙川当因该河入黄河口附近积沙受到人为或自然力震动发出声音而得名。这就是源出大罗山区、西北流至今宁夏中宁县黄河东侧鸣沙洲镇注入黄河的红柳沟，其上游称作徐斌水（亦作徐冰水）。

此外，《宋史》记载的葫芦河[③]，即今宁夏南部的清水河；黄河怀州渡[④]，当在宁夏北部黄河西侧。因它们与研究区域的关系不大，故此从略。

（二）明朝时期鄂尔多斯高原地域的河川及湖泊

1. 开荒川　《明史》载，成化六年（1470）"三月，朝廷以阿罗出等扰边不止，拜抚宁侯朱永为将军，与［王］越共图之。破敌开荒川，诸将追奔至牛家寨，阿罗出中流矢走。论功，进右都御史"[⑤]。开荒川，位于今榆阳区东部，河名依旧，即源出麻黄梁镇明长城南侧流向东南，经过大河塔镇汇入秃尾河的开荒川河。

2. 溷忽都河　溷忽都河的地理位置应在明代延绥镇防区西部。《明史》载，成化七年（1471），延绥镇总兵官许宁"又与诸将孙钺、祝雄等败寇于溷忽都河，玺书褒奖。迤北开元王把哈孛罗屡欲降，内惧朝廷见罪，外畏阿罗出雠（音、意同'仇'字）之，彷徨不决。［许］宁请抚慰以固其心，卒降之"[⑥]。是时，蒙古部落酋长阿罗出频频扰边，延绥镇驻军处在消极防御状态。因此，溷忽都河应在延绥镇城堡线之北侧，而且应在延绥镇中路城堡群体以北。早在成化六年，阿罗出部骑兵武装两度南掠波罗堡、安边营等地，遭到许宁所部驻防军的迎头打击。至成化七年，延绥总兵许

① 《宋史》卷四八六《夏国传下》，第13986、14010—14011页。
② 《宋史》卷四八六《夏国传下》，第14011页。
③ 《宋史》卷四八六《夏国传下》，第14011页。
④ 《宋史》卷四八六《夏国传下》，第14010页。
⑤ 《明史》卷一七一《王越传》，第4571页。
⑥ 《明史》卷一七四《许宁传》，第4637页。

宁仍旧移驻在防区西部。据此推断，明代成化年间的溉忽都河应是今无定河上游支流红柳河。

3. 黄河 据《嘉靖宁夏新志》载："黄河，自兰、会来，经中卫，入峡口［山］，经镇城东北而去。引渠溉田数万顷。又东北过东胜，抵云中界，由延绥折入关中，因有河套之地。"[①] 所谓河套，即指黄河大弯曲围绕的高原地域——即河套高原，或河套地区，亦称鄂尔多斯高原。

4. 黑水河 据《嘉靖宁夏新志》载："在［镇］城东。蕃名哈喇兀速。西流注入黄河。"哈喇兀速今写作喀喇乌素，汉语译作黑水，即黑水河。黑水河，即今内蒙古鄂尔多斯市鄂托克旗西部的都斯图河。《明史》："正统初，［史］昭以宁夏孤悬河外，东抵绥德二千里，旷远难守，请于花马池筑哨马营，增设烽堠，直接哈剌兀速之境。边备大固。"[②]

5. 红盐池 据《明史》相关记载推断，红盐池当位于今伊金霍洛旗红庆河镇（原纳林希里镇与红庆河镇合并后更名，驻纳林希里村）西部，即今乌兰淖尔。

6. 花马池 此乃明代延绥镇西境重要的盐湖，即今陕西定边县西北部的苟池（狗池）。

7. 大盐池 此乃明代延绥镇西境重要的食盐产地，即今陕西定边县西北部的大［盐］池。

（三）清朝时期鄂尔多斯高原地域的河川及湖泊

至清代，由于农耕活动再度转趋活跃、人口持续增加，人们对鄂尔多斯高原的河川、湖泊认知越来越明确，其名称基本被各种文献记载，因此无须多费笔墨就可探明清代该高原河川、湖泊的基本位置。鄂尔多斯高原北部诸河川的名称与今日河名差距较大，但可逐一比对。至于高原东部、西部的黄河诸支流河川名称，一如明代，跟当代名称基本一致。

1. 兔毛河 即今杭锦旗东缘的毛布拉格孔兑沟。

2. 卜尔色太河 即今达拉特旗西部的布日嘎斯泰沟。

3. 喀赖河 即今达拉特旗西部的黑赖沟河。

4. 西都喇虎河 即今达拉特旗昭君坟乡东部的西柳沟河。

5. 坎台河 即今达拉特旗中部的罕台川。坎台河在嘉庆二十五年（1820）前，属于内流河川，其后演变为外流水系。

---

① 《嘉靖宁夏新志》卷一《宁夏总镇·山川》，第14—15页。

② 《明史》卷一七四《史昭传》，第4632页。

6. 喀西拉克河　即今达拉特旗中部的哈什拉川。喀西拉克河在嘉庆二十五年前，属于内流河川，其后演变为外流水系。

7. 哲格苏台河　即今达拉特旗东部的东柳沟河。哲格苏台河在嘉庆二十五年前，属于内流河川，其后演变为外流水系。

8. 和鲁苏台河　即今达拉特旗东部的呼斯太河（或作虎斯太河）。

9. 大昆兑河　即今准格尔旗东北部的大路沟。

10. 黄甫川　即今黄甫川河。

11. 清水川　即今清水川河。

12. 孤山川　即今孤山川河。

13. 窟野河　迄今仍称窟野河或窟野川。但是，其上游东支流——布喀河，今称牸牛川；其上游西支流——紫河，今称乌兰木伦河。

14. 秃尾河　今名依旧。但其上游河道则称上稍儿河。

15. 葭芦川　即葭芦河，今佳芦河。

16. 无定河　即今无定河。但其北侧支流——被称作金河；其支流——纳林河被称作细河；其支流——海流兔河被称作哈柳图河；其支流——榆溪河的上游被称作席伯儿河；其南侧支流——芦河被称作额图浑河。

17. 大托苏图河　即今鄂尔多斯高原西部的都斯图河。

18. 山水河　迄今仍沿用其名。

至此，我们已经将历史时期不同阶段鄂尔多斯高原及其毗邻区外流河川与湖泽逐一展开定位探索。这将使人们对不同时段河川、湖泽分布格局有初步认知，以便在此基础上探索其他历史地理专题，准确地复原出特定时段历史水文地理要素空间分布的历史横断面，为当代经济社会可持续发展提供历史学借鉴。

第六节　鄂尔多斯高原段黄河诸多支流河川演变的原因探析

在历史时期，黄河山陕大峡谷的河口村以上河段右侧的支流水系缓慢而持续地发生变化。第一，天然植被的逐渐消失，导致发源地涵养水源的能力下降，诸多支流河道逐渐地失去长流水，成为季节性河流。第二，下雨期间诸河流域因无植被的覆盖，雨水强烈地击打地表土壤，形成日趋加重的水土流失现象，导致自然环境不断地退化，直至恶化。第三，诸多支流水系相继受到库布齐沙漠东行的流沙带、毛乌素沙漠东南行的流沙带侵袭，飞沙、流沙湮塞河床、覆盖地表，出现流沙覆盖黄土地貌。这些都导致了黄河各个支流水系自然环境朝着不利于人类社会发展的方向演变。

那么，导致植被锐减、水量减少、泥沙宣泄、沙漠湮塞等环境问题的根本原因究竟是什么呢？探析起来，不外乎两个方面的因素驱动，即自然因素和社会因素。

一、自然因素的影响

从自然因素观察，主要是由于历史时期宏观气候的波动使然。尤其是我国北部地域气候自明代起由湿冷型逐渐转为干冷型，对鄂尔多斯高原诸多黄河支流水系的水量造成一定的影响。据《嘉靖宁夏新志》记载，明朝嘉靖初期（1522—1536），每年一到秋季，今宁夏南部的南华山、西华山等山区仍有皑皑积雪。这表明那时高原上的气候属于寒冷湿润型气候。但是，至清代，该山区积雪就不再见于文献记载，当地气候则属于干冷型，降水稀少，河流得不到自然降水的补给。可见，大范围的气候波动，尤其是干冷气候导致降水减少，就成为鄂尔多斯高原诸多支流河川变迁的驱动因素。

与气候波动的同时，河川发源地区涵养水源的绿色森林消失，也是一个因素。在开发土地资源的过程中，横亘东西的今东胜梁地带的河源森林遭到人们的肆意砍伐而渐趋消亡。河川发源地天然植被的消失也就标志着涵养水源的功能丧失，于是，诸多支流河川水量减少。

此外，历史地震引发地壳横向或纵向位置移动，也会导致河川变化。例如，秃尾河上游河段的古今不同，乃缘于明清时期地震对地壳的纵向位置改变。但在特定条件下，内流水系可再度转变为外流水系。

二、社会因素的助推

从社会因素观察，首先，人类的经济开发活动引起天然森林植被覆盖度的萎缩，尤其是砍伐林木、樵柴、烧荒等行为，对高原诸河川变迁起到重要的驱动作用。宋、明两代，在今陕西北部的榆林市地区、延安市北部、宁夏南部陇山区域进行过较大规模的军事屯田活动，对鄂尔多斯高原南部的生态环境造成深远的破坏。清后，政府放松对长城北侧的经济管制，允许内地农民“走西口”而赴鄂尔多斯高原、河套平原等地垦荒种地。历经康熙、雍正、乾隆、嘉庆，直至光绪年间，放垦蒙荒的政策一以贯之，规模、力度逐渐加强，并持续至民国时期。大量移民的迁入定居，需要巨大数量的物质生活资料，皆要向自然界索取，如建住宅需要木材、打造农具需要木材、日常做饭需要植物燃料，甚至有的人将木材视为商业机会等，这就驱使社会上的一些人大肆砍伐诸多支流河川发源地的森林植被，或者采取简单粗暴的“烧荒”法获取农业用地。于是，大规模地樵柴、采挖、采摘植物资源，遂导致天然植被分布范围日益缩小。植被覆盖度的降低乃至消失，意味着各条河川生态环境的退化或恶化，势必引起河道在某些方面不可逆的变迁。

其次，人类开发利用水资源的工程措施改变着天然河道的自然属性，在特定情形下弄巧成拙，使得河道出现变迁。例如人工建设的拦河坝以下的水系紊乱、水量锐减或断流、水体潴留或洪水期河水泛滥等情形的发生，可能引起河川改道他处。

鄂尔多斯高原地域的诸多黄河支流河川在历史时期受到人为因素和自然因素的双重影响而发生或缓慢或快速的河相变化。这种河道面相的历史变迁包括河水水量减少或干涸、河道的移徙、河床被外力冲刷或沉积，以及河源区域的溯源侵蚀等等。

在历史时期，鄂尔多斯高原西部、北部、东部和南部的黄河支流水系皆受到外力的作用而发生河相变迁。总的变动趋势是各个河川的水量随着时间的推移不断减少，甚至干涸无水，基本上成为季节性河川。有的河川下游河道位置发生移动，有的河川下游河床被风沙覆盖填塞而淤浅，有的河川中上游河道被冲蚀得越来越宽、越来越深，而且大多数河川的上游区域都不同程度地出现溯源侵蚀现象，导致河川沟谷长度不断向高处延伸。总之，各河川面貌都已经发生不同程度的变迁。

鄂尔多斯高原诸多黄河支流河川在历史时期不同阶段会形成不同的河川名称。古时某条河川究竟是指当今哪条河流，需要做认真的考证工作。这对于今人认识鄂尔多斯高原河川的历史面貌具有重要意义。

导致鄂尔多斯高原段黄河诸多支流河川历史变迁的原因是多样复杂的，既包括自然因素中的气候变化、风沙侵袭之作用等，也包括人文因素中的过度放牧、过度垦荒等行为的长期作用，并叠加在自然因素之上，推动着黄河各条支流河川逐步地发生河相变迁。水资源是人类生存与发展的命脉，河湖水量锐减或无水是严重讯号。黄河支流河川的这些变迁给今人提供着深刻的启示。

第五章　鄂尔多斯高原内流水系的空间格局与变迁

鄂尔多斯高原既存在外流水系，也存在内流水系。外流水系尽皆汇入大海，形成开放的河流，而内流水系一般皆以下游的尾闾湖泊为归宿地，形成一个个相对闭塞的独立的水系。在鄂尔多斯高原，以黄河为主干河道的外流水系分布在高原的西缘、北部、东缘和东南部；而内流水系分布在鄂尔多斯高原的中部和西部，流程短且水量少，大多呈现季节性涨落，最终都流入某一个或两个内陆湖泊之中，成为闭塞的河川。至于各个尾闾湖泊，其水量也随着内流河川的水量变化而出现季节性盈缩，甚至完全失水，演变成湿地、沼泽，或干涸。

在探究属于外流水系的黄河河道历史变迁之后，实有必要对鄂尔多斯高原内流水系的分布与变迁也进行探究，以再现区域水系的历史变化，为当代社会、文化与经济发展服务。

第一节　鄂尔多斯高原内流水系区域的范围

一般而言，内流水系必然分布在内流区域中，且以湖泊（淡水湖或盐碱湖）为其归宿地，即形成尾闾湖。因此，有必要先行说明鄂尔多斯高原内流水系分布区域的空间范围，以便奠定一个共同努力探明内流河川、湖泊水系的基础。

本节的内容就是要简要勾勒出鄂尔多斯高原内流区域的基本范围。从宏观上观察，鄂尔多斯高原的内流区域分布在中部与西部，以及东部的极少数地方，其范围包括今杭锦旗的大部分、东胜区的西部、伊金霍洛旗的西部、乌审旗的大部、鄂托克旗的大部、鄂托克前旗的大部、灵武市东南部、盐池县大部、定边县大部，以及在今陕西靖边县北部、榆阳区西部、神木市西北部存在数个小范围的内流区域。在鄂尔多斯高原西部，除苦水河、大河沟、边沟、兵沟与都斯图河流域，以及其他直接流入黄河的季节性小河沟之外，皆属于内流区。内流区在地形上属波状高原地带，年降水量起伏于150—350毫米之间，东部大、西部小。在鄂尔多斯市管区内，内流区域总面积约为54568.7平方千米；在宁夏河东地区、陕西榆林地区，内流区域呈现出数量不等、面积悬殊的特征。

下面，对于鄂尔多斯高原内流区域的四至界限做简明论述。

一、内流水系区域的北界

鄂尔多斯高原内流区域的北界位于今杭锦旗北部边缘，呈现弧形线分布，北界全程是在今库布齐沙漠西部区域。此界限西端在今杭锦旗巴拉贡镇东侧，由此向东北经过呼和木都镇东侧、巴彦温都尔村、乌兰苏亥村、红柳圪旦村、乌格美尔村、吉尔嘎朗图镇南侧、海拔1065米高地、东阿玛庆村、额根道图村、独贵塔拉镇南侧，抵达白楞村（原杭锦淖尔乡政府驻地，今已并入独贵塔拉镇）南。此条界线之南就是内流水系区域，以北则为外流水系区。

由于汉代以后库布齐沙漠的漫延、扩张，迄今此线南侧已被巨大的沙山覆被，地貌发生巨大的变化，因此，许多原先的内流水系已被绵延不断的流动沙丘湮塞，看不出其形迹。在杭锦旗境内，唯有五条内流水系，其源头、流径和尾闾湖泊尚比较清楚。

二、内流水系区域的东限

鄂尔多斯高原内流区域的东界相当清楚。其位置伸延于今杭锦旗东部边缘、东胜区西部、伊金霍洛旗中部、乌审旗东缘、定边县东部，构成高原东部外流水系流域和内流区域的界限。

具体来说，内流区域的东界。其北端起于杭锦旗北境的白楞村东南，循着毛布拉孔兑沟西侧的分水岭向南伸延，经过苏呼音都格村、道劳乌素村、图古日格村、巴彦温都尔嘎查、电视转播台所在高地，在此转向东北方循分水岭梁至塔然高勒镇驻地西南侧1620米高地，经郝家渠村转向东进入东胜区；循着东胜梁分水岭分布，经过东胜区泊江海镇茶店梁村、布禄梁村、巴音陶勒盖村，转向东南，经过折家梁村、朱家圪堵村、垛子梁村，转向西南至李家梁村；在此转向东南进入伊金霍洛旗境，历经苏布尔嘎镇（原苏布尔嘎苏木、台吉召镇、合同庙乡合并而成，驻原台吉庙镇）扎斋庙村、干台陶勒盖村、寨子坡村、郭家村至阿勒腾席热镇掌岗图村，转向东北巡山梁经过瓦窑圪台村、查干庙村，沿着东海子湖的北侧山梁（分隔乌兰木伦河与东海子的分水梁），再历经其东侧的高家梁村、其南侧的曼赖村、西海子南侧的贾巴梁村，成吉思汗陵所在的布拉格嘎查，向东南顺着乌兰木伦河西侧的分水岭，经过红庆河东侧的小伊金霍洛村、斋森召村、札萨克镇（包括原新街镇、台格苏木）的哈日木呼尔村、玛勒庆壕赖村，进入陕西省境；至陕西境后，经中鸡镇白家壕村、呼家梁村、李家沟村西侧的1365米高地，在此转向西南方，经过尔林兔镇东南的黄特老亥道班、巴兔海则村、车家梁村、昌下特老亥村、1274米高地、河湾六队、河湾四队，至秃尾河西支流源头的沟掌村，西至陶壕兔村，经榆阳区北隅1313米高地；再向西南进入内蒙古乌审旗东缘的呼吉尔特村东侧、乌兰陶勒盖镇东侧、嘎鲁图镇西侧高地、陶利镇西部陶利河源头的呼和芒哈村、沙尔利格镇东南部的哈图塔拉村、朝岱村、查干陶勒盖村，鄂托克前旗城川镇大场子村、东梁村，陕西靖边县柠条梁镇老鞑子峁村、梁家山村；进入定边县境，循着红柳河与八里河间的分水岭山梁伸向西南，至定边县郝滩镇南部白于山区的海梁山（海拔1774米）、马圈梁村、后梁村、学庄乡南部的学庄村东山梁、徐口子村、罗山村，南至白于山主脊。

这条内流区域的东部界限自北而南穿越库布齐沙区、东胜梁高地、毛乌素沙区而抵达白于山主脉，沿线地势地形较为复杂，走向多变。但是，它是分别外流水系区与内流水系区的主要地理标志。

此外，在陕西省榆林市还存在三个小范围的内流区。其一，神木市尔林兔镇和锦界镇西部及榆阳区北隅，形成一个小型内流区，西北接前述主要内流区域。其二，榆阳区榆溪河以西、白河以南、无定河以北的区域，形成包括巴拉素镇、补浪河乡、芹河乡、小纪汗乡、马合镇全部或局部（包括横山区东北部的白界乡境）的小型内流区，西接前述主要内流区域。其三，在靖边县北部海子滩镇境与乌审旗河南乡东部，也形成一个小范围的内流区域，分别存在三个独立的内流水系，即海子滩水系、双海则水系、臭海子水系。这三个小型内流区隔红柳河与主体内流区相望，两者并不连接。

三、内流水系区域的南界

鄂尔多斯高原内流水系区域的南界就是白于山脉主脊西段，分布在今陕西定边县中部、宁夏盐池县南境。在陕西定边县薛庄乡罗山村南面，循白于山主脊转向西去，过墩梁（1836米）、店坊梁（1807米）、花凤子梁（海拔1864米）、魏梁（1890

米/1907米）、马鞍山（1874米/1875米）、郑梁头（1843米）、稍沟塬村、三山口等山地，区分开南流的洛河水系与北流的内流水系——八里涧河、红柳沟。由三山口继续向西南延伸，则循着分隔泾河水系与灵盐台地的内流水系的分水岭，历经红井子乡西梁村、大水坑乡刘家山（海拔1920米）、陈记山（1951米），在此转向西北，循苦水河北侧山梁，历经圈湾子、硝池子、惠安堡镇洪涝池、苦水井、凤凰台、畜牧场诸村，抵达大罗山东侧的山水河上游的支流苦水河东侧。

其南境界限主要是以东西横亘的山脉作为地物标志，界限较为清晰，容易判认。

四、内流水系区域的西限

鄂尔多斯高原内流水系区的西界处在平缓的波状高平原西缘上，自然地标并非很明显。这条内流区的西界必须绕过四条黄河支流河川的全流域，即宁夏境内的大河沟、边沟、兵沟等小河川，作为宁夏与内蒙古间局部界河的都斯图河。大河沟源出灵武市东部瓷窑堡南方，流向西方，至灵武市北部注入黄河。边沟源出盐池县西北隅，向西北流至灵武市北境注入黄河。兵沟也是一条较边沟更短的外流小河，自东南往西北注入黄河。都斯图河则是四条外流河川中流程最大的河流，源出鄂托克旗驻地——乌兰镇东侧，流向西汇合西侧支流，再注入黄河。

其西部界限南端在盐池县惠安堡镇西境的畜牧场村。由此转向北方，经历灵武市东部宁东镇（原磁窑堡乡）南部的白塔水、沟台、沙窝井、杨家窑、瓷窑堡、马跑泉等村庄，经过大河沟源头东侧、边沟源头所在地——清水营村，再向北伸出宁夏地界而进入鄂托克前旗西部。在鄂托克前旗西部，内流区域的西界从上海庙镇芒哈图村起，连接自马跑泉村北来的界限，向北经二墩子沟、冬青梁村、布拉格苏木西境的酸枣坡村，鄂托克旗查布苏木西境的菜场（菜坑）村、南泉子村、哈登胡同村，转向东绕过外流河川——都斯图河流域南侧，至乌兰柴达木嘎查附近，转向西北，绕过乌兰镇，再绕过都斯图河北支流源头，经乌兰乌素村、巴音陶勒盖嘎查、敖伦布拉格嘎查、乌海市海南区红墩村、巴音陶亥、公乌素镇，向北循着桌子山主脊，历经桌子山主峰（海拔2149米）、阿玛脑苏山（海拔2090米），北至鄂托克旗西北部的阿尔巴斯苏木巴音布拉格村、乌兰陶勒盖村、伊和布拉格嘎查、哈马村，再往北抵达北界西端点——杭锦旗巴拉贡镇东侧终止。

此内流区域，地面平缓，硬梁地与湖滩地相间分布，地势略有起伏，地下水位较浅，梁地之间遂有短促内流河川形成，流程短，水量小，易断流干涸，季节性强。正因如此，内流河川的尾闾湖往往积聚着不同程度的盐分、碱分，成为盐湖或者碱湖。

当然，内流水系与外流水系也会在特定条件下出现转换，或是内流水系演变为外流水系，或者外流水系转变为内流水系。例如今定边县东境的八里河、鄂托克前旗东南部的城川湖滩，在历史上属于无定河水系；今达拉特旗东北部的黄河支流——壕庆河、哈什拉川、东柳沟等河川，在历史上则属于内流水系。

第二节　鄂尔多斯高原内流区域河川、湖泊水系的分布

出于论述与分析的方便，笔者在此可将鄂尔多斯高原内流水系区域划分成三大亚区，即东胜梁及其以北区域、明长城至堆子梁以北区域、白于山至大罗山分水岭以北区域。其中，东胜梁及其以北区域可分成杭锦旗境、东胜区西部区域，明长城至堆子梁以北区域可分为伊金霍洛旗西部及南部区域、乌审旗境和鄂托克旗与鄂托克前旗区域，白于山至大罗山分水岭以北区域也可划分为宁夏盐池县与灵武市东部区域、陕西定边县北部区和榆阳区西部，总计八个小目标区域。

内流区域的河川水系由流程短促的小河川及其尾闾湖组成，这些小河川的水量随着气候与天气变化而变动。当空气中湿度较大、降水较多的时候，这些小河川的流水量就会增大，其尾闾湖的湖区水面也就广阔；当空气中湿度较小、干旱少雨之期，内流区的小河川水量急剧下降，其尾闾湖的湖区水面随之缩小，甚至消失。这种规律性的现象，古往今来莫不如此。下面，参考相关地方志书的记载[①]、实地调查成果诸多资料，予以缕述与分析。

一、杭锦旗与东胜区西部的内流水系

在东胜梁西段及其以北的区域，地势自南向北缓慢递降，更由于新构造运动的影响、库布齐沙漠的扩张，遂形成数个封闭的内流河川。这些内流河川分别位于杭锦旗大部、东胜区西部。

（一）杭锦旗境的内流河川

杭锦旗境的内流河川主要包括流程较长的摩林河（摩仁河）、陶勒沟河（托赖河），以及流程甚短的敖楞布拉格河、柴登河、迈勒沟、赛音乌素河。下面依照由西向东的顺序逐一论述之。

---

① 相关的地方志书主要指内蒙古自治区、宁夏回族自治区、陕西省的旧地方志和20世纪七八十年代新编纂的地方志，诸如《伊克昭盟志》《乌审旗志》《鄂托克前旗志》《盐池县志》《定边县志》等等。

1. 摩林河　亦称摩仁河，这是一条基本流向呈现由东南向西北的内流河川，经行于杭锦旗西部沙区。摩林河的上游发源地有两处，其东源位于今杭锦旗老楞豁子村与哈夏图嘎查间分水岭山梁西侧，西源出于其劳图音其日格村与鄂托克旗西北境的公其日嘎村、百眼井村间的高地。两河在哈夏图嘎查北偏西汇合后，流向西北，经伊和乌素镇东侧和北侧、巴音孟和嘎查东侧、苏和陶勒盖村西侧，经过朗盖劳尔村东北侧的洼地，至什太庙东面，最后注入呼和木都镇东南部的查干淖尔嘎查侧近的查干淖尔湖。摩林河的哈夏图嘎查至朗盖劳尔村河段河道有清水流淌，其他河段无水。朗盖劳尔村以下至查干淖尔的河段因为流沙的影响已无明显的河床，平常少量的河水沿着洼地渗入沙漠，唯有大洪水期间河水才能注入查干淖尔。以朗盖劳尔为摩林河控制断面，河川全长181.2千米，河道平均比降为2.07‰，流域面积约为5222平方千米，年输沙量约为8.4万吨。[①]

查干淖尔是摩林河的尾闾湖，即其归宿地。查干淖尔是一个盐碱化的湖泊，位于库布齐沙漠的西部边缘，周边的土地完全沙漠化了。为开采盐湖资源，多年前专门修建一条自黄河的三盛公水利枢纽工程东侧的巴拉贡镇通往查干淖尔嘎查的黑色公路，以便于矿产的运输与人员的往来。

2. 敖楞布拉格河　这是一条经行于杭锦旗中部的季节性内流河川，呈现由西南向东北的流向，流程较短，水量甚少。敖楞布拉格河发源于今杭锦旗老楞豁子村与哈夏图嘎查间的分水岭山梁东侧，在草原上形成宽浅的季节性河流，向东北流经老楞豁子村、巴音村，最后注入另一个查干淖尔湖。

此查干淖尔是一个碱湖，水质苦，位于杭锦旗浩绕柴达木苏木（驻道劳呼都格）红泥村西北方，东北距巴音乌素镇较近。湖面海拔1202米，湖水面积约5.63平方千米，平均水深约1.1米。此查干淖尔曾经是杭锦旗采挖碱矿的生产基地，今已停产。

3. 柴登河、乌兰陶日木湖　柴登河是一条经行于杭锦旗中部的流程短、水量少的季节性内流河川。它源出杭锦旗浩绕柴达木苏木南部，向北流经道劳其日格嘎查西侧、浩绕召村西侧，最后注入乌兰陶日木湖。其上游河道不甚明显，至霍洛柴登村西侧才有明显的河床形迹。

乌兰陶日木湖，亦称红海子，位于霍洛柴登村西北方约5千米的山梁南侧洼地中，因其平面形状呈圆形，湖水略显红色而得名。其水面海拔1240米，湖水面积4.91平方千米，平均水深约0.5米。乌兰为红色的意思，陶日木指圆形的湖，因此当地居

① 伊克昭盟地方志编纂委员会编：《伊克昭盟志》第1册，第563页。2009年，野外考察队曾经实地考察摩林河中游河段。

民就把这个湖叫红海子。我们从蒙古族妇女乌冬花口中得知，红海子是一个封闭的湖泊，现今有水，以前水面大约10多万亩。迄今此湖成为季节性湖泊，干旱时无水，降雨较多的季节则洪水涌入而潴留成湖水。湖面与周围的高地高差20多米，高地也为沙化土地，长满了沙蒿等植被。

4. 陶勒沟河（托赖河）、巴音乌素盐海 陶勒沟河这是一条相对而言源远流长的内流河川，呈现由东南趋西北的流向。其源头在今杭锦旗东南部的阿门其日格乡境，源头的北、东、南地势较高。陶勒沟河由阿门其日格流向西北方，经过阿斯尔嘎查油房梁西侧、杭锦旗锡尼镇东侧与北侧、赛音台格村东侧、乌兰呼舒村西侧，转向北方，最后注入今巴音乌素镇东侧的巴音乌素盐海（蒙语称哈日芒乃淖尔）。陶勒沟河的主河道长约83.8千米，河道平均比降为3.5‰，流域面积约为905平方千米。①

巴音乌素盐海，亦称盐海子、哈日芒乃淖尔，位于巴音乌素镇东侧，处在库布齐沙漠西部区域。湖面海拔1172米，湖水面积15.2平方千米，平均水深1.2米。巴音乌素盐海是一个大型盐湖，盛产化学工业原料——盐矿资源。②内蒙古伊利工业集团在此建立原料基地，着手开采盐碱资源。

巴音乌素盐海周边土地早已严重沙漠化，严重制约着当地牧民的畜牧经济、农民的农业经济的可持续发展。目前，若干企业正在库布齐沙漠植树造林、开发沙产业，以期逐步改善湖区周边的自然环境。

5. 迈勒沟 这是杭锦旗东北部的一条小型内流河川，呈现由南往北的流向。迈勒沟上游源出杭锦旗巴音乌素盐海北侧低地，其上游河道尚有常年流水，但是水量甚小。向北流经赛音乌素村东侧，至呼和沙拉村西侧，消失在今库布齐沙漠连绵流动沙丘群湮塞的一个湖盆洼地。这个湮塞的湖盆在很久以前应是迈勒沟河的下游尾闾湖所在。

6. 赛音乌素河 这是杭锦旗东北部的一条小内流河川，呈现由南往北的流向。其源头在吐国伦得勒锁村附近，向北流经亚布拉图音庙村，继续北流注入库布齐沙漠腹地的一个湖泊中。因彼处无居民点，无从刻画其具体位置。

7. 七星湖湖群 该湖群位于杭锦旗独贵塔拉镇西北库布齐沙漠北部，由伊和道图、额根道图、敦达道图、东大道图、小碱湖等海子组成，其中，东大道图湖水面积

① 伊克昭盟地方志编纂委员会编：《伊克昭盟志》第1册，第563页。2009年，野外考察队曾经实地考察陶勒沟河、巴音乌素盐海。

② 伊克昭盟地方志编纂委员会编：《伊克昭盟志》第1册，第565页。2009年，野外考察队曾经实地考察巴音乌素盐海。

1.4平方千米，平均水深0.7米，水中微含碱物质。

8. 马头湾海子　这个海子位于杭锦旗巴拉亥乡境。湖水面积约为1.2平方千米，平均水深1.5米，水中微含碱物质。

9. 君土海子　这是一个微含碱物质的湖泊，位于杭锦旗阿门其日格乡西方、阿日斯楞图苏木东部君土梁村附近。湖面海拔1470米，湖水面积1.8平方千米，平均水深约为0.8米。①

10. 敖格窑淖尔　它位于今杭锦旗东南部吉尔庙村西南之洼地。湖区不大，但仍有湖水。其东北有河沟通向吉尔庙村东侧一处湖滩地。早先，此湖滩也应是一个潴水湖泊，晚近因气候干燥而退化。敖格窑淖尔湖的位置南近乌审旗北境。②

（二）东胜区西部的内流水系

在东胜区西部的泊尔江海子镇南境，存在一个湖盆广大的内陆湖泊——桃日木海子，其蒙语名称是阿尔善音淖尔。在其南侧，又有一个小湖泊。这两个湖泊所在地与外流水系即北侧的毛布拉孔兑河、布日嘎斯泰沟、黑赖沟、西柳沟，东南侧的乌兰木伦河仅隔着相对高度不大的山梁。

1. 桃日木海子（阿尔善音淖尔、桃力庙海子）　海子位于东胜区泊尔江海子镇西南部与伊金霍洛旗苏布尔嘎镇交界处。湖面海拔1364米，湖水面积5.38平方千米，平均水深2.1米，水质微咸，但水质尚好。桃日木海子湖区平面呈现出英文字母“U”形布局，“U”形开口的中间有一个凸入湖水的半岛，将湖区分为东、西两部分。

有两条河川与桃日木海子沟通，成为其重要的湖水来源。桃日木海子东面的进水河川名叫玩兔河，发源于陶壕曼村东南的分水岭山梁，两道支流并行向西北方流去，流经解家村（原漫赖乡政府驻地）东、西两侧，至寨子梁古城东南合为一河，流至寨子梁古城西北，转而流向西南方，至桃日木海子东北岸，注入东部湖区。在此河川之南，还有一条较小的河川，发源于解家村西南方，先向东北流至解家村西侧，转向西北方流至寨子梁古城正南方，又转向南偏西流去，至今莫日古庆村北方，转而流向西北方，抵桃日木海子东岸，注入东部湖区。

桃日木海子西面的进水河川名称江沟河，发源于杭锦旗东部的塔然高勒乡政府所在的高地南坡。此高地是该河与北面的毛布拉孔兑河源头、西面的陶勒沟河源头的分水岭。北源与南源汇合后流向东南方，至今泊尔江海子镇西侧，接纳来自北方山区的另一条小河川，转向南方流至桃日木海子西北岸，注入其西部湖区。在江沟河的南面

① 伊克昭盟地方志编纂委员会编：《伊克昭盟志》第1册，第568页。

② 2017年，野外考察队曾经实地考察敖格窑淖尔湖。

还有另一条注入湖区的小河川，发源于桃日木海子西方和西南方的高地，流至湖泊西南岸的湖湾，注入西部湖区。

在桃日木海子周边，还存在若干短促的小河沟，使得下雨期间周边高地的地表径流汇入湖区，补给湖区的水源。

2. □□□淖尔（佚名湖泊） 这个佚名湖泊位于桃日木海子东南侧、莫日古庆村西侧的低洼盆地，北面与后者仅隔着一道低矮山梁。其西侧是一道较高的南北走向、直逼桃日木海子南岸的山岭——大成梁，其东侧、南侧也是分隔其他水系的相对高度较低的分水梁岭。流入湖区的河川主要是三条：其一是来自东南方分水梁的小河沟，流至湖区东南岸汇入该湖；其二是来自南方分水岭的小河川，向北流至该湖的南岸，注入湖区；其三是源出于该湖西南方高地的小河川，向东北流至湖区西南岸注入之。

总而言之，桃日木海子的大多数流域是在东胜区西部，佚名湖泊的流域则涉及伊金霍洛旗西北隅。伊金霍洛旗北方、东方、东南方皆是外流水系流域。

3. 巴尔洞沟 巴尔洞沟位于达拉特旗西部边缘，发源于达拉特旗蓿亥图乡西昌汗沟西侧山坡，即与杭锦旗塔拉沟乡塔拉沟交界处。巴尔洞沟向北流至阳坡村，转向东北流至十里明沙（恩格贝生态旅游点所在沙漠区）。在此以下，并无明显的河道，平水期间河水消失在库布齐沙漠的流沙中，只有洪水期间河水才流入其北侧的张古淖尔及其周边的低洼地区。巴尔洞沟河川在十里明沙以上河段，皆有清水流淌或出现间歇水流。其河道全长31.6千米，河道平均比降为6.13‰，流域面积约为272.2平方千米。[①]

二、明长城至堆子梁以北的内流水系区域

明长城至堆子梁以北的内流区大体包括伊金霍洛旗、乌审旗、鄂托克旗和鄂托克前旗诸地，可细分为伊金霍洛旗西部与南部、乌审旗境、鄂托克旗和鄂托克前旗境三个小区。

（一）伊金霍洛旗西部、南部的内流水系

在伊金霍洛旗北部，地势由东胜梁向南递降，愈来愈低。以札萨克镇、红庆河镇、公尼召乡、苏布尔嘎镇东侧的山梁为分水岭，其东侧是外流水系——窟野河上游的乌兰木伦河流域，其西侧是内流水系区域。在伊金霍洛旗西部、南部的内流水系区，主要存在四个内流水系：在伊金霍洛旗西部的北南纵向洼地中形成的六湖水系，

① 伊克昭盟地方志编纂委员会编：《伊克昭盟志》第1册，第564页。

东部的东红海子、西红海子水系，南部的跨省界内流水系——红碱淖尔，西南隅的查干淖尔水系。

1. 六湖水系流域 所谓六湖水系，即分布在苏布尔嘎镇、红庆河镇中部的相互沟通的湖泊，以及注入这些湖泊的河川。它们形成一个较大的内流水系流域。

六个湖泊自北趋南依次是：苏布尔嘎镇南部的伊和日淖尔、哈达图淖尔、木呼儿淖尔、伊金霍洛镇西境的赤盖淖尔（光明淖尔）、红庆河镇中部的哈达图淖尔、其和淖尔共计六个湖泊。此外，六湖水系西侧还有一个名为“乌兰淖尔”的湖泊。这些湖泊大多数属于淡水湖，极少数湖水微咸。①

2. 伊和日淖尔（神海子） 伊和日淖尔位于苏布尔嘎镇驻地西偏北方，湖区平面呈现倒置的“凹”字形状，范围广阔。每到冬季，北方的天鹅就会成群飞至湖区过冬，待来年春天气温上升，就返回北方的西伯利亚或蒙古高原。其水源来自北侧的河川——伊和日淖河。该河发源于苏布尔嘎镇北境的阿尔胡德梁高地，向西南流至苏布尔嘎滩村，转为南流，汇入伊和日淖尔湖区。在该湖区西部南岸，又向南伸出一道河沟，通向南方的另一湖泊——哈达图淖尔。

3. 哈达图淖尔（哈坦吐淖尔） 哈达图淖尔位于伊金霍洛旗苏布尔嘎镇壕赖苏村东南方。湖面海拔1335米，湖水面积约为2.4平方千米，平均水深约0.5米，湖水含碱，是一碱湖，② 湖区平面呈苹果形状。天气干旱期间，湖水消退乃至于干涸。2016年10月，哈达图淖尔就陷入干涸状态。其南岸又有河沟通向南方的木呼儿淖尔湖。

4. 木呼儿淖尔 木呼儿淖尔位于红庆河镇木呼尔敖包村北侧。湖区平面呈现东北—西南狭长形状，面积较小。发源于西北方高地的木呼儿淖河，为木呼儿淖尔的主要进水通道。从木呼儿淖尔往南，也有河沟通往光明淖尔。

5. 光明淖尔（赤盖淖尔、赤开淖尔、光明海子） 光明淖尔位于伊金霍洛旗红庆河镇光明村之东侧，湖区平面呈倒向西方的葫芦形状。湖面海拔1281米，湖水面积约为2.21平方千米，平均水深约0.8米，水质稍好。③ 其进水河川是艾勒盖沟。艾勒盖沟发源于伊金霍洛旗苏布尔嘎镇西境与杭锦旗阿门其日格乡南缘，向东南方流经乌兰敖包林场、乌兰敖包村南侧、木呼尔敖包村、木呼尔敖包林场，最后汇入红庆河镇的光明淖尔。其主河沟长约35千米，河道平均比降4.6‰，流域面积约为534平方千米。其南与哈达图淖尔间存在河沟。

---

① 内蒙古自治区地图制印院编制：《内蒙古自治区地图册》，第57页。
② 伊克昭盟地方志编纂委员会编：《伊克昭盟志》第1册，第567页。
③ 伊克昭盟地方志编纂委员会编：《伊克昭盟志》第1册，第567页。

6. 哈达图淖尔 此乃第二哈达图淖尔，位于伊金霍洛旗红庆河镇东部的其和淖尔一组东北侧。其进水河川源自东北方的公尼召村附近山梁，流向西南汇入第二哈达图淖尔，又有河沟与南方的其和淖尔湖连通。

7. 其和淖尔 其和淖尔位于伊金霍洛旗红庆河镇中部的宝林五队之北，湖区平面呈现鸭梨状。其进水河川是红庆河，源自红庆河村东侧洼地，流向西南方，注入其和淖尔。

8. 乌兰淖尔 乌兰淖尔位于伊金霍洛旗西部的红庆河镇西南方，其进水河川——乌兰淖河发源于西北方高地，流向东南，注入乌兰淖尔。湖面海拔1310米，湖水面积约为4平方千米，平均水深约2.5米，湖水含盐，乃一盐湖。①

9. 东红海子、西红海子（东海子、西海子） 这两个湖泊位于伊金霍洛旗政府驻地——阿勒腾席热镇东南方、红海子乡境的东部和南部。湖面海拔1332米，湖水面积约为3.18平方千米，平均水深约2.0米，分为东、西两个湖泊，水质良好。② 其东面隔绝于窟野河上游乌兰木伦河，属于内流水系。

10. 苏布尔嘎淖尔 苏布尔嘎淖尔位于伊金霍洛旗苏布尔嘎镇北境。湖面海拔1344米，湖水面积约为2平方千米，平均水深约1米。

11. 喇嘛淖尔 其位于伊金霍洛旗苏布尔嘎镇北境。湖面海拔1337米，湖水面积约为3.08平方千米，平均水深约1米。喇嘛淖尔水质较好。

12. 阿刀亥淖尔 其位于伊金霍洛旗西部纳林希里红庆河镇境。湖水面积约为1.19平方千米，平均水深约1.5米。③

13. 灰斯淖尔 灰斯淖尔位于伊金霍洛旗红庆河镇西南界上、乌兰淖尔之西方，呈现南北狭长形状。湖面海拔1298米，湖水面积约为3.93平方千米，平均水深约1.2米，湖水微咸，乃一小盐湖。④

14. 乌拉淖尔 其位于伊金霍洛旗西部红庆河镇南侧。湖面海拔1280米，湖水面积约为5.47平方千米，平均水深约2米，湖水含碱，是一碱湖。⑤

15. 黑滩淖尔 黑滩淖尔位于伊金霍洛旗红庆河镇西境。湖面海拔1300米，湖水面积约为1.2平方千米，平均水深约2.1米，水质良好。⑥

---

① 伊克昭盟地方志编纂委员会编：《伊克昭盟志》第1册，第566页。
② 伊克昭盟地方志编纂委员会编：《伊克昭盟志》第1册，第567页。
③ 内蒙古自治区地图制印院编制：《内蒙古自治区地图册》，第57页。
④ 伊克昭盟地方志编纂委员会编：《伊克昭盟志》第1册，第567页。
⑤ 伊克昭盟地方志编纂委员会编：《伊克昭盟志》第1册，第566页。
⑥ 伊克昭盟地方志编纂委员会编：《伊克昭盟志》第1册，第569页。

16. 红碱淖尔　这是一个位于伊金霍洛旗南部札萨克镇与陕西省神木市尔林兔镇交接地带的跨省界淡水湖泊。红碱淖尔湖面海拔1222米，湖水面积36.63平方千米，平均水深约4.5米，水质良好。如今已开发成重要的水体风景区。

红碱淖尔有东、西两条进水河川。东侧的小河称作札萨克河（或称札萨克壕），发源于札萨克镇（包括原新街镇、台格苏木）西北方的林家圪堵村附近山梁东坡，向东南流经札萨克镇新街村，至红碱淖尔北岸注入湖区；主河道长约31.5千米，河道平均比降约为6.6‰，流域面积约312.7平方千米。

西侧的小河称作旗占庙河，源出台格苏木（2005年撤销，辖区被并入札萨克镇）台格庙的西北方山梁，流向东南至陕西省界附近，再转为西东流向，从西侧注入红碱淖尔；主河道长约23千米，河道平均比降约为4.9‰，流域面积约288.7平方千米。① 在旗占庙河以东的陕西神木市尔林兔镇西部，有一条小河川从西南往东北流至红碱淖尔南岸，注入湖区。

17. 查干淖尔、敖肯淖尔　这两处湖泊位于伊金霍洛旗札萨克镇南部，其水源来自周边的诸多小河沟。查干淖尔是伊、乌两旗的界湖，湖面海拔1300米，湖水面积约为6.4平方千米，平均水深约1.5米，水质稍好。② 敖肯淖尔位于查干淖尔东北方5.5千米处，湖区范围很小。

（二）乌审旗境的内流水系

在乌审旗东境以呼吉尔特村、乌兰陶勒盖镇、嘎鲁图镇、陶利镇、沙尔利格镇一线为内流水系与外流水系的界限，该线以东南是无定河北支流河川——榆溪河、南支流河川——海流兔河、纳林河的发源地，其西侧则属于内流水系分布区，存在诸多内流河湖水系。在此依照由北往南的次序对其地理分布予以探究。

1. 巴嘎淖尔（巴汗淖尔）　巴嘎淖尔位于乌审旗北部浩勒报吉乡与伊金霍洛旗交界地带，北望乌兰淖尔。其湖区略呈东西向椭圆形，水面广阔。湖面海拔1277米，湖水面积约为27.9平方千米，平均水深约2.1米。③

2. 巴彦淖尔（巴音淖尔）　巴彦淖尔位于乌审旗图克镇北部。湖面海拔1290米，湖水面积约为6.15平方千米，平均水深约1.1米。④

3. 苏贝淖尔（速贝淖尔）　苏贝淖尔分布在乌审旗乌审召镇北境低洼地带。湖面

① 伊克昭盟地方志编纂委员会编：《伊克昭盟志》第1册，第564页。
② 伊克昭盟地方志编纂委员会编：《伊克昭盟志》第1册，第565页。
③ 伊克昭盟地方志编纂委员会编：《伊克昭盟志》第1册，第565页。
④ 伊克昭盟地方志编纂委员会编：《伊克昭盟志》第1册，第566页。

海拔1306米，湖水面积约为8.7平方千米，平均水深约1.2米。[①]

4. 高比勒淖尔 高比勒淖尔分布在乌审旗乌审召镇北境低洼地带，呈现西、东三湖布局。

5. 浩通音查干淖尔、达巴淖尔、木都图查干淖尔 浩通音查干淖尔位于乌审旗乌审召镇北部。湖面海拔1271米，湖水面积约为24.19平方千米，平均水深约2.8米，水质稍好。[②] 该湖是乌审旗境水面广阔的盐碱湖、重要的化工原料产地。其进水河川在其西方，似与乌审旗西北界的达巴淖尔沟通。

达巴淖尔位于乌审旗乌审召镇西北部达巴淖尔村北侧，北与鄂托克旗接界。湖面海拔1329米，湖水面积约为2.8平方千米，平均水深约1.2米。[③]

木都图查干淖尔（禾都察汗淖尔、毛墩察汗淖尔）位于达巴淖尔西南方的乌、鄂两旗交界上。达巴淖尔、木都图查干淖尔两湖之间存在小河川连通。其平面略呈西南往东北的狭长状。湖面海拔1363米，湖水面积约为4.95平方千米，平均水深约1.3米。[④] 迄今，湖区已遭到毛乌素沙漠流沙的湮塞。

于是，在乌审旗北部乌审召镇境内，形成一个西东向的槽状凹地，木都图查干淖尔、达巴淖尔、浩通音查干淖尔三个湖泊分别处于这个洼地之内。

6. 敖柏淖尔、呼和淖尔 这两个湖泊形成于嘎鲁图镇北部的一道横槽状凹地中。

敖柏淖尔，也称敖木贝淖尔、昂拜淖尔，位于乌审旗政府驻地嘎鲁图镇（原名达布察克镇）正北40余千米的湖盆内。这是一个盐湖，仍有湖水。湖面海拔1312米，湖水面积约为7.45平方千米，平均水深约1.4米，水质咸苦。[⑤] 经过实地勘察，其西侧存在一东西向的槽状低地，与西面10余千米的呼和淖尔连接。

呼和淖尔，也称苦苦淖尔、可可淖尔，位于嘎鲁图镇呼和淖尔村西北侧，湖区呈现自东南往西北的狭长形，现在仍有湖水。湖面海拔1347米，湖水面积约为2平方千米，平均水深约1.5米。[⑥] 呼和淖尔西侧地势明显隆起，且湖区周围土地沙漠化十分严重，其水源就来自西北方的山梁。自此往东有低洼凹陷谷地伸向敖柏淖尔湖区。

7. 呼和陶勒盖淖尔 呼和陶勒盖淖尔在呼和淖尔北方、乌素音塔拉村东7.5千米处，湖区大小跟后者相近。湖面海拔1357米，湖水面积约为2平方千米，平均水

---

① 伊克昭盟地方志编纂委员会编：《伊克昭盟志》第1册，第565页。
② 伊克昭盟地方志编纂委员会编：《伊克昭盟志》第1册，第565页。
③ 伊克昭盟地方志编纂委员会编：《伊克昭盟志》第1册，第567页。
④ 伊克昭盟地方志编纂委员会编：《伊克昭盟志》第1册，第566页。
⑤ 伊克昭盟地方志编纂委员会编：《伊克昭盟志》第1册，第565页。
⑥ 伊克昭盟地方志编纂委员会编：《伊克昭盟志》第1册，第568页。

深约1.8米，水质咸苦。[①] 两湖之间有梁地相隔，有一处海拔1447米高地。在其北侧存在一片沼泽湿地，可能是早先的湖区。因此，其湖水应来自源于西北方梁地的小河川。

8. 芒哈图音淖尔（马哈兔淖尔） 芒哈图音淖尔位于乌兰陶勒盖镇西北部的沙漠中。湖面海拔1335米，湖水面积约为1.2平方千米，平均水深约1.2米。[②] 水源来自其南方海拔1351米高地。湖区已受到流沙的挤压，水面现已缩小。

9. 布赛淖尔（布嘎淖尔） 布赛淖尔位于嘎鲁图庙村东方7.5千米的低洼地，呈西北趋东南的椭圆形状。湖面海拔1343米，湖水面积约为2平方千米，平均水深约0.8米。[③] 其水源来自东南方1155米高地，当地完全是沙漠景观。

10. 浩勒报吉淖尔、乌兰淖尔、特木根淖尔、陶尔庙淖尔等湖群 在嘎鲁图镇西侧、西南侧的阿拉陶勒盖山梁西侧、乌审旗至鄂托克旗的公路南侧狭长洼地内，存在一连串自西北往东南的湖泊群。它们分别是：洼地西北端的浩勒报吉淖尔，洼地中部的乌兰淖尔、特木根淖尔等五个小湖泊，以及洼地东段的陶尔庙淖尔湖滩。

浩勒报吉淖尔位于乌审旗嘎鲁图镇西北方、乌鄂公路南侧的浩勒报吉敖包村之南，因其北岸耸立着两个圆圆的山包而得名。湖区呈现西北向东南的狭长带状，湖面海拔1334米，湖水面积约为4.9平方千米，平均水深约1.2米。[④]其水源主要来自西北方的鄂托克旗境的一条小河沟。

乌兰淖尔位于乌审旗嘎鲁图镇西北方、乌鄂公路经行的沙如努图格村所在山包西南侧洼地中，浩勒报吉淖尔东南侧。湖面海拔1329米，湖水面积约为1.9平方千米，平均水深约1.1米。[⑤]迄今已分解为两三个小湖泊。

特木根淖尔位于乌审旗嘎鲁图镇西偏北方的杭根司呼勒村之东、乌兰淖尔东南侧与查干锡力村西北侧。迄今已分解为四五个小湖泊。

陶尔庙淖尔位于乌审旗嘎鲁图镇西偏南方的陶尔庙北侧洼地、特木根淖尔东南侧。湖面海拔1320米，湖水面积约为1.3平方千米，平均水深约0.7米，水质咸苦。[⑥] 其东方即阿拉陶勒盖山梁，隔绝着湖群与海流兔河源头两地。

在阿拉陶勒盖山梁东侧，就是外流水系无定河支流海流兔河的源头所在。而这个

① 伊克昭盟地方志编纂委员会编：《伊克昭盟志》第1册，第568页。
② 伊克昭盟地方志编纂委员会编：《伊克昭盟志》第1册，第568页。
③ 伊克昭盟地方志编纂委员会编：《伊克昭盟志》第1册，第569页。
④ 伊克昭盟地方志编纂委员会编：《伊克昭盟志》第1册，第566页。
⑤ 伊克昭盟地方志编纂委员会编：《伊克昭盟志》第1册，第568页。
⑥ 伊克昭盟地方志编纂委员会编：《伊克昭盟志》第1册，第569页。

湖群的北侧高地，应该就是十六国时期契吴山之所在。

11. 天绵淖尔 天绵淖尔位于乌审旗嘎鲁图镇嘎鲁图庙村东北部。湖面海拔1330米，湖水面积约为1.2平方千米，平均水深约2.1米。①

12. 沙儿淖尔 沙儿淖尔位于乌审旗嘎鲁图镇嘎鲁图庙村东北部。湖面海拔1331米，湖水面积约为1平方千米，平均水深约0.7米。②

13. 红柳河东侧的三个小湖区 在红柳河以东、以南的乌审旗无定河镇河南村与陕西靖边县北部海子滩镇的区域，存在着一个小范围的内流区，在其中形成了三个小型内陆河川，分别归于三个小湖泊。

迄今，三个小湖泊基本无明显的水面，唯留湖盆，湖底潴水，生长着芦苇等水生植物，唯有下雨时才会积水。

第一个小湖泊名为海子滩，因湖水消退后露出湖滩而得名，位于今靖边县海子滩镇北侧的大型洼地中。其湖水来自其西北方的一条小河，源出乌审旗河南乡小滩子村东侧高地，向东流经圪针峁村，进入靖边县北部的李家庄南、马莲坑村北、大石砭村（原名抗联会村），转向东南注入海子滩湖区。

第二个小湖泊名为双海子，位于乌审旗河南乡小滩子村附近。其水源来自北面的一条小河川，源自红柳河东南侧的干沟子村，流经河南乡政府驻地（仓窑洼村）西侧、小滩子村、掌岗图村，继续东南流入陕西靖边县北部海子滩镇王庄，注入双海子村西侧的双海子湖区。

第三个小湖泊名为臭海子，位于靖边县海子滩镇南部臭海子村北、黑圐圙村东南3千米的沙漠中。其湖水来自西北方的一条小河川，源自乌审旗河南乡大石砭村西北侧，向南流经付家峁子村西、深海子村西、王腰湾村西侧，流进陕西靖边县境，至黑圐圙村东南注入臭海子湖区。这是一个相对独立的小范围的内流区域。在臭海子村、黑圐圙村、何家大海子村、四柏树村间存在着四五个微小湖泊，包括明水海子、臭海子、何家大海子等等，它们应是过往一个大面积湖泊干涸后的遗存。③

（三）鄂托克旗与鄂托克前旗区域的内流水系④

在鄂托克旗与鄂托克前旗境内，地形基本是波状起伏的高平原，因此，该区域除过都斯图河，皆属内流区域。只是此区属于典型的高平原，地形和缓，相对高度甚

① 伊克昭盟地方志编纂委员会编：《伊克昭盟志》第1册，第569页。
② 伊克昭盟地方志编纂委员会编：《伊克昭盟志》第1册，第570页。
③ 西安地图出版社编制：《陕西省地图册》，第240—241页。
④ 鄂托克旗原先管辖今鄂托克旗与鄂托克前旗，后于20世纪80年代析置鄂托克前旗，遂形成两个县级行政区。

小，因此不存在大型的内陆湖泊。

鄂托克旗境内的内流水系主要是指湖泊及其汇水区。湖泊主要分布在鄂托克旗的东部，一些湖泊迄今有水，一些湖泊处在干涸状态，被称为干海子，它们的季节性特征很强。

1. 召稍湖（早稍湖）　召稍湖位于鄂托克旗东北部沙井镇西部的召稍村南侧，湖泊的平面呈现三角状。湖面海拔1343米，湖水面积约为1平方千米，平均水深约0.4米。[①]

2. 小纳林湖　小纳林湖位于鄂托克旗沙井镇西部。湖面海拔1359米，湖水面积约为1平方千米，湖水浅。[②]

3. 达楞图如淖尔（达拉图嘎湖）　达楞图如淖尔位于鄂托克旗东北部沙井镇水泉子村北侧。湖盆呈现不规则的椭圆形，湖底至湖岸的相对高度较大，东南密迩109国道。湖面海拔1347米，湖水面积约为4.38平方千米，平均水深约1米，湖水含硝物质。[③]

4. 哈达图淖尔　哈达图淖尔在鄂托克旗东北部沙井镇东北、109国道东侧的哈达图村附近沙丘之间。其湖盆呈向东弯曲状，湖水已经降至极浅。

5. 伊克日淖尔、巴彦淖尔（巴音淖尔）　两湖皆位于沙井镇与达楞图如淖尔东南方、109国道东侧。其水源来自东方的高地径流。

6. 大克泊尔湖（大可畔淖尔）　大克泊尔湖位于木凯淖尔乡（驻旧庙湾村）大克泊尔村东北侧，湖区面积近似于其西方的达楞图如淖尔。湖面海拔1350米，湖水面积约为4.31平方千米，平均水深约1.3米，水质稍好。[④]

7. 木凯淖尔　木凯淖尔亦被称作木肯淖尔，音转使然也。其位于鄂托克旗木凯淖尔乡木凯淖尔村三组南侧洼地内，南邻乌审旗界。平时干涸，下雨后潴水，带有明显的季节性特征。湖面海拔1369米，湖水面积约为2平方千米，平均水深约1米，湖水涩苦。[⑤]

8. 纳林淖尔、努和图淖尔　两湖位于鄂托克旗察汗淖尔镇东北境，呈现东西对望的格局，东近沙井镇。纳林淖尔，湖面海拔1382米，湖水面积约为2.4平方千米，平均水深约0.8米。湖水咸苦。[⑥] 努和图淖尔，位于鄂托克旗察汗淖尔镇东北境，西北望纳林淖尔。

9. 沙日布都音淖尔（什拉巴尔都淖尔）　沙日布都音淖尔位于鄂托克旗察汗淖尔

---

① 伊克昭盟地方志编纂委员会编：《伊克昭盟志》第1册，第570页。
② 伊克昭盟地方志编纂委员会编：《伊克昭盟志》第1册，第570页。
③ 伊克昭盟地方志编纂委员会编：《伊克昭盟志》第1册，第566页。
④ 伊克昭盟地方志编纂委员会编：《伊克昭盟志》第1册，第566页。
⑤ 伊克昭盟地方志编纂委员会编：《伊克昭盟志》第1册，第568页。
⑥ 伊克昭盟地方志编纂委员会编：《伊克昭盟志》第1册，第567页。

镇东部沙日布日都村东侧，呈现西东狭长、南北短窄的平面形状。湖面海拔1374米，湖水面积约为1平方千米，平均水深约0.5米，湖水咸苦。[①]

10. 察汗淖尔（昌汗淖尔） 察汗淖尔位于鄂托克旗察汗淖尔镇驻地东侧，湖区一派白色，湖面呈现出西北往东南的狭长的水滴形状。湖面海拔1343米，湖水面积约为7.15平方千米，平均水深约0.8米，湖水含盐物质。[②] 这是鄂托克旗境内最大的盐湖，已经成为正在开采的化学工业原料产地。

11. 哈马尔台淖尔（哈马尔代海子） 哈马尔台淖尔位于鄂托克旗察汗淖尔镇南缘、乌兰镇东偏南不远处。湖区面积不大，湖面海拔1355米，湖水面积约为2.1平方千米，平均水深约0.7米，湖水咸苦。[③] 鄂托克旗政府在此建有哈马尔台碱厂。

其附近又存在一个小哈马尔台淖尔（小哈马尔代海子），位于乌兰镇正东、察汗淖尔镇南缘。湖面海拔1350米，湖水面积约为1平方千米，平均水深约0.7米，湖水咸苦。[④]

12. 哈达图淖尔 哈达图淖尔位于鄂托克旗苏米图苏木（包括原苏米图苏木、额尔和图苏木，驻珠日和庙村）哈达图村西北沙漠中。

13. 乌日都音淖尔（乌杜淖尔） 乌日都音淖尔位于鄂托克旗苏米图苏木乌日都音淖尔村东侧数公里、乌（审旗）鄂（托克旗）公路北侧的沙漠中，呈西北往东南向的不规则长方形。湖面海拔1360米，湖水面积约为4.38平方千米，平均水深约1.1米，湖水含盐物质。[⑤]

14. 陶高图淖尔（讨好图淖尔） 陶高图淖尔位于鄂托克旗东南部苏米图苏木巴音布拉格村（原属额尔和图苏木，驻珠日和庙村）西北方沙漠中。湖面海拔1340米，湖水面积约为3平方千米，平均水深约0.9米，湖水含碱物质。[⑥]

15. 乌兰淖尔 乌兰淖尔位于今鄂托克旗苏米图苏木西南、乌兰淖尔村北侧、被四周高梁围绕的洼地中。其东南侧另一小湖泊在早期应与之连为一体，后因气候干燥而退化为两个残迹湖泊。其来水河川的位置与流向，尚待实地调查得出结论。

16. 乌兰淖尔（第二个） 此乌兰淖尔在鄂托克旗苏米图苏木东北方、乌兰淖尔村附近，东接乌审旗境。但是，此乌兰淖尔大部分已被毛乌素沙漠的流沙湮塞。湖水

① 伊克昭盟地方志编纂委员会编：《伊克昭盟志》第1册，第570页。
② 伊克昭盟地方志编纂委员会编：《伊克昭盟志》第1册，第565页。
③ 伊克昭盟地方志编纂委员会编：《伊克昭盟志》第1册，第567页。
④ 伊克昭盟地方志编纂委员会编：《伊克昭盟志》第1册，第569页。
⑤ 伊克昭盟地方志编纂委员会编：《伊克昭盟志》第1册，第566页。
⑥ 伊克昭盟地方志编纂委员会编：《伊克昭盟志》第1册，第567页。

面积约为1平方千米，水浅。①

17. 巴彦淖尔 巴彦淖尔位于鄂托克旗沙井镇境（原巴彦淖尔乡）。湖面海拔1361米，湖水面积约为4.83平方千米，平均水深约1.1米，湖水蕴含碱物质。②

18. 纳林淖尔 此乃第二个纳林淖尔，位于鄂托克旗苏米图苏木南部沙漠内。湖面海拔1344米，湖水面积约为2平方千米，平均水深约0.5米，湖水蕴含碱物质。③

19. 苏勒多淖尔 苏勒多淖尔位于鄂托克旗查布苏木境内。湖面海拔1209米，湖水面积约为1.4平方千米，平均水深约2米，湖水蕴含碱物质。④

20. 布尔汗达布逊淖尔 布尔汗达布逊淖尔位于鄂托克旗苏米图苏木南部（原额尔和图苏木境内）。湖面海拔1325米，湖水面积约为1.2平方千米，平均水深约1米。⑤

21. 小颗坝淖尔 小颗坝淖尔位于鄂托克旗木凯淖尔乡境内。湖面海拔1350米，湖水面积约为1.2平方千米，平均水深约1米。⑥

22. 纽克图淖尔 纽克图淖尔位于鄂托克旗沙井镇境。湖面海拔1368米，湖水面积约为1.2平方千米，平均水深约0.5米。⑦

23. 小湖 小湖位于鄂托克旗沙井镇境。湖面海拔1364米，湖水面积约为1平方千米，水浅。⑧

鄂托克旗西部尚存在若干封闭型的极小湖泊，在此忽略不计。

在鄂托克前旗境内，内流水系主要是指散布在各地的九个湖泊。由于处在毛乌素沙漠的核心区，流动沙丘广布，湖区大多被湮塞或压缩。

24. 呼和淖尔（苦苦淖尔） 呼和淖尔位于鄂托克前旗北部的毛盖图苏木巴彦乌珠日村西南侧、芒哈阿如村西北侧的沙地中。湖面海拔1295米，湖水面积约为1.8平方千米，平均水深约0.9米，水质苦咸。⑨迄今近于干涸。

25. 察干淖尔 察干淖尔位于鄂托克前旗玛拉迪苏木北部马兴布日都村北侧洼地、鄂托克前旗与鄂托克旗的边界上，向西遥望呼和淖尔。其东南有海拔1376米高地，其东北也有海拔1432米高地。

---

① 伊克昭盟地方志编纂委员会编：《伊克昭盟志》第1册，第569页。
② 伊克昭盟地方志编纂委员会编：《伊克昭盟志》第1册，第566页。
③ 伊克昭盟地方志编纂委员会编：《伊克昭盟志》第1册，第568页。
④ 伊克昭盟地方志编纂委员会编：《伊克昭盟志》第1册，第568页。
⑤ 伊克昭盟地方志编纂委员会编：《伊克昭盟志》第1册，第569页。
⑥ 伊克昭盟地方志编纂委员会编：《伊克昭盟志》第1册，第569页。
⑦ 伊克昭盟地方志编纂委员会编：《伊克昭盟志》第1册，第569页。
⑧ 伊克昭盟地方志编纂委员会编：《伊克昭盟志》第1册，第570页。
⑨ 伊克昭盟地方志编纂委员会编：《伊克昭盟志》第1册，第567页。

26. 五湖都格淖尔 五湖都格淖尔位于鄂托克前旗毛盖图苏木西南部的五湖都格村东面、毛盖图苏木驻地西南侧6千米的沙地中。湖面海拔1308米，湖水面积约为3.5平方千米，平均水深约0.7米。[①]现存东、西两个小湖泊，当是原先大湖干涸后的遗存。

27. 北大池盐湖（古代的白盐池、白池） 北大池盐湖位于鄂托克前旗二道川乡西部、大池寨子村西侧，南邻宁夏盐池县界。湖区呈现南北狭长的不规则四边形，盐湖东侧有唐代盐州白池县故城遗址。湖面海拔1292米，湖水面积约为7.73平方千米，平均水深约1.2米。[②]北大池是一个盐湖，早就是鄂托克前旗的化学工业原料基地。

28. 葫芦素淖尔 葫芦素淖尔坐落在鄂托克前旗二道川乡东部葫芦素淖尔村北侧。湖区较小，影响有限。

29. 大海子 大海子位于鄂托克前旗城川镇南部大海子村西北约1千米处。其东部湖区在鄂托克前旗界内、西部湖区则在陕西定边县境，是名副其实的界湖。

30. 大处湖 大处湖位于鄂托克前旗布拉格苏木南部。湖面海拔1331米，湖水面积约为7.2平方千米，平均水深约0.5米。[③]

31. 敖包阿鲁加达海子 敖包阿鲁加达海子位于鄂托克前旗珠和苏木境内。湖面海拔1351米，湖水面积约为1.5平方千米，平均水深约1.1米，水质苦涩。[④]

32. 格多里淖尔 格多里淖尔位于鄂托克前旗昂素镇（包括原查干陶勒盖苏木、玛拉迪苏木之地）北部。湖面海拔1392米，湖水面积约为3.4平方千米，平均水深约0.6米。[⑤]

三、白于山至大罗山分水岭以北区域

白于山至大罗山分水岭以北区域包括今宁夏吴忠市利通区、红寺堡开发区、灵武市和盐池县，以及陕西定边县北半部，可分为宁夏盐池县与灵武市东部、陕西定边县北部、榆阳区西部三小区。

（一）宁夏盐池县与灵武市东部区域的内流水系

在今宁夏灵武市东部的瓷窑堡镇之南部、东部是外流河川——大河子沟的发源地，大河子沟西流至灵武市北部梧桐乡境汇入黄河。边沟河则是在其北方，发源于清水营村、刘家湾村一带，由此流向西北，至今水洞沟遗址西侧流出明代长城，在其北侧继续流向西北，至横城堡北方注入黄河。因此，今灵武市境大河子沟以南、苦水河

① 伊克昭盟地方志编纂委员会编：《伊克昭盟志》第1册，第567页。
② 伊克昭盟地方志编纂委员会编：《伊克昭盟志》第1册，第565页。
③ 伊克昭盟地方志编纂委员会编：《伊克昭盟志》第1册，第565页。
④ 伊克昭盟地方志编纂委员会编：《伊克昭盟志》第1册，第568页。
⑤ 伊克昭盟地方志编纂委员会编：《伊克昭盟志》第1册，第565页。

以东的大片区域，包括盐池县绝大部分，属于灵盐台地的内流区。只是在这一区域，可供观瞻与记述的内流河川、湖泊数量很少。而在盐池县境，其中部和西南部存在两个基本干涸的湖泊。

1. 哈巴湖 哈巴湖位于盐池县中部的冯记沟乡东北部、鸦儿沟乡南部的毗邻区的洼地中。原先的哈巴湖区应包括冯记沟乡铁柱泉村、要冰洼村，鸦儿沟乡官滩村、哈巴湖林场、钱家滩林场、双圪塔村、郭庄子村等地在内，湖区东西长10余千米。迄今在这个区域仍然遗存两个小湖泊，其一在钱家滩林场东北，其二在铁柱泉村西北。哈巴湖处在东、南、西、北高地环绕的低洼区域，形成封闭的潴留水体。自明清以来，受到气候干旱的影响，以及毛乌素沙漠流动沙丘南移、南部山区水土流失和淤积的作用，湖水逐渐消退，分解成数个微小湖泊。

2. 惠安堡盐湖 惠安堡盐湖位于盐池县西南部惠安堡镇西北侧洼地中，湖区呈现南北狭长的不规则形状。自汉唐至明清，其盐矿资源一直被人们开采和利用。如今，其湖区范围较前大为缩小，开采量也急剧下降，仅仅为盐场村少数村民开采。经过访问与观察，发现当地村民把打捞上岸的盐堆放在一个场地上，覆盖着防雨薄膜；盐湖东岸被大量建筑和生活垃圾填塞，既污染环境，也有碍观瞻。因那几天刚刚降过雨，盐湖水面显得宽广，南北纵长、东西狭窄。

在灵盐台地范围内，存在着一些内流冲沟，大多为雨水或泉水冲刷而成，皆发源于盐池县中部的南北走向分水梁东坡或西坡。在盐池县中北部区域，自北而南大约每隔15—20千米就存在一条大冲沟，长5—8千米，大部分冲沟深4—5米（最深者可达20米），大多数为细水长流，都流至盐湖或盐碱滩消失。这些冲沟流水在春季融冰期间水量较大，且多属甜水，可供当地居民、牲畜饮用，至夏秋时节，水量较小，甚或断流。

在盐池县中北部区域，历史上曾存在众多湖泊，后来由于气候干旱、地形变化和毛乌素沙漠流沙埋压等因素，绝大多数湖泊干涸，甚至消失。迄今可知其形迹者如下。

3. 硝池子 硝池子位于苏步井乡境。其平面呈不规则的圆形，周回3千米上下，水深约10厘米。冬季干涸，结有白色芒硝。

4. 八字洼硝池 八字洼硝池位于柳杨堡乡境内。其平面呈椭圆形，周回1.5千米，水深15厘米。入冬后凝结为白硝。

5. 四儿滩 其平面呈椭圆状，周回5千米，早已干涸，演变为湖滩沼泽。

6. 天池子 天池子位于高沙窝镇境内。其平面呈圆形，周长约1千米。已经遭到毛乌素沙漠流沙填埋而变为沼泽地。

7. 二道湖 二道湖位于青山乡境内。湖区平面呈椭圆形，周长约1.5千米，平均水深约15厘米。

8. 牛圈坑西湖 牛圈坑西湖位于青山乡境内。湖区平面呈圆形，周长约0.7千米，水深约10厘米。冬季干枯，夏季潴水，产硝。

9. 圆硝湖 圆硝湖位于马儿庄乡境内。湖区平面呈长圆形，周长约2千米。冬季干枯，夏季潴水，产硝。①

此外，还有诸如南海子、官滩海子、青山南湖、古峰庄东湖、老盐池等，均属于季节性湖泽。

（二）陕西定边县北部的内流水系

陕西定边县西邻宁夏盐池县、北接内蒙古鄂托克前旗，其北半部也属于内流区域，而榆阳区西部也存在一个封闭的内流区域。定边县北部属于鄂尔多斯高原的组成部分，其地表河川、湖泊属于内流水系，大体分为六个内流河湖流域。

1. 定边县西北部以花马池为首的盐湖群 在红柳沟乡北部、盐场堡乡境，存在由数个盐湖构成的盐湖群体，包括红崖池、莲花池、波罗池、滥泥池、花马池（花麻池、大池）等南北排列的五六个盐湖。这些盐湖密布在灵盐台地东侧的狭长洼地中，接纳来自西侧灵盐台地的诸多河川流水，包括：郝记台河（北马坊河），源出宁夏盐池县青山乡北部牛圈坑行政村东侧，向东流至陕西省定边县朱家咀村北面注入波罗池；营盘台河，源出宁夏盐池县青山乡王家场村北面，向东流经马红庄南侧，进入定边县境汇入红柳沟河，北注红崖池；井沟河，源出宁夏盐池县红井子乡北缘的灵灵山（海拔1667米），东流汇入定边县红柳沟河；石山沟河，源出宁夏盐池县红井子乡北部的大马鞍山（海拔1681米）北部，东南流汇入陕西定边县红柳沟河。红柳沟河发源于定边县西南、白于山北坡的红柳沟乡南境，向北流接纳来自盐池县境的石山沟、井沟、营盘台沟、郝记台沟诸河川，流至北梁村，北流注入盐湖群所在洼地。红柳沟河现今是一条季节性河川。

2. 苟池（狗池） 苟池位于陕西定边县北部的周台子乡苟池东畔村、苟池西畔村之南侧，西邻宁夏盐池县境。湖面海拔1342米，湖水面积约为2.25平方千米，平均水深约1.5米。② 这里是陕西北部地区重要的食盐产地。2017年8月29日，由六人组成的历史地理考察队对苟池展开实地考察，收获了许多实地材料。

3. 敖包池盐湖 敖包池位于周台子乡敖包池北畔村南侧、湖沙窝村周边区域，苟池之东。2017年8月29日，由六人组成的历史地理考察队冒雨对敖包池展开实地调

① 盐池县县志编纂委员会编：《盐池县志》，第124—125页。
② 伊克昭盟地方志编纂委员会编：《伊克昭盟志》第1册，第567页。

查，获取了诸多实地材料。

4. 公布井盐湖 公布井盐湖位于陕西定边县白泥井镇公布井村北侧，敖包池之东方。迄今仍然在生产食盐，以及化工原料。2017年8月29日，由六人组成的历史地理考察队冒雨对公布井盐湖展开实地考察，收获许多实地材料。

5. 明水湖盐湖 明水湖位于定边县白泥井镇白刺湾村东1千米、明水湖村东南方，公布井盐湖之东方。2017年8月29日，由六人组成的历史地理考察队冒雨对明水湖展开实地调查，收获诸多实地材料。风雨中，明水湖湖区面积相当广阔，湖面烟波浩渺。

这些湖泊皆属于盐湖，分布在定边县北部边缘地带，在苟池东方由西趋东呈一字形排列。三个盐湖洼地跟花马池等盐湖所在洼地可相互贯通，组成一个向东南方弯曲的弧状大型盐湖洼地。

6. 八里河 定边县东部的内流河川——八里河，发源于定边县南部的白于山墩梁（海拔1836米）北坡，其上游两条支流河川——东支流杨山涧、西支流谷山涧汇合后，向北流出山口，经安边镇东侧转向东北流去，经石洞沟镇北部、堆子梁镇南部，至该镇东部的白土岗子村，注入村子南侧、东侧的低洼区域而消失。八里河最终消失的低洼地带，形成一大片红柳（柽柳）林地，成为当地独特的植被景观。其范围包括白土岗子村、小海子村、小滩子村、仓房梁村、王滩子村、种羊场村，以及靖边县柠条梁镇北部的大水坑村、黄羊地海则村、马杜海则村。它虽然是一条内流河川，但并未形成明显的尾闾湖，而是形成大面积的沼泽湿地。但是在清代，此地确实存在一个名叫佟哈拉克湖的内陆湖泊，位于今上述地方陕西与内蒙古两省区边界南侧。

（三）榆阳区西部的内流水系

在榆阳区西部，榆溪河以西、无定河以北、海流兔河以东、白河以南的区域，也存在一个较大范围的内流区域。在此内流区域，存在着一些明清时期犹存而晚近逐渐被湮塞的内流湖泊遗存。迄今它们分为两种情况：一些湖泊故地被人们称作××滩，另一些湖泊则仍旧被称作××海子。①

1. 在地名上仍沿用××海子名称者

那些原先曾经存在的湖泊，后来因为毛乌素沙漠流沙侵袭而逐渐被湮塞。但是，当地居民仍然按照原先的湖泊名称指称该地村落，遂使得地名成为历史自然地理变迁的活化石和可靠证据。诸如榆阳区的多个被沙漠湮塞的湖泊，包括芹河镇的天鹅海

① 在陕西北部的榆林市境，居民习惯上将湖泊称作海则或海子。海则是陕北方言对海子的转音。

子、酸梨海子、西思家海子、长海则，马合镇西部的脑冒海子（脑冒海则，或作脑峁海则），小纪汗镇西部的大海子、大渔海子、小渔海子、散沙兔海子，巴拉素镇北部的火连海则、马家海则，红石桥乡东部的闹牛海子（闹牛海则），以及横山区白界镇东北部的杨官海子、土地海子、草海则等湖泊，皆是如此。

2. 在地名上则改称××滩名称者

对于那些原先为湖泊、后因干涸转变为滩地的湖滩，当地居民依据实地情况予以更名。例如巴拉素镇北部的火镰滩、那泥滩，南部的新庙滩、讨讨滩、三场滩、元大滩等，小纪汗镇的波罗滩、长草滩、解放滩、奔滩，岔河则乡西部的永家滩、灯炉滩（灯笼滩）等，马合镇西部的杨家滩。这十三处村庄就属于依据自然环境现实状态更改地名的情况。

总之，鄂尔多斯高原的内陆湖泊及河川为数众多，成为古往今来该地域居民从事生产与生活的重要资源之一。但是，其数量与位置难于精准统计与描述，主要的根源在于古代内陆湖泽、河川随着气候波动、风沙肆虐等因素的制约，至晚近一部分内陆湖泊和河川趋于干涸而转为滩地，一部分被流沙与扬沙湮塞而消失，还有部分演变为季节性的湖泊、河川，给精准统计增加了难度。

第六章　鄂尔多斯高原内流区古代湖泽及河川考实

鄂尔多斯高原古代湖泊的空间分布已被今人探明者并不多，但是，这又是必须考察清楚的历史地理学基本问题。本章依据古代文献的记载，考定不同历史时段诸多湖泽的地理位置，并阐明它们与若干重要历史事件与相关军政设施的时空关系。

第一节　鄂尔多斯高原内流区的汉代湖泽

鄂尔多斯高原的汉代湖泊的地理定位是一项重要的科研工作。但由于研究者可资利用的证据资料欠缺，迄今尚未彻底探明，这就制约着今人对该地域历史进程的正确认知。汉代湖泊类型大致可分为两种——淡水湖泊、盐碱湖泊。在此，笔者对此进行分类探考。

一、汉代鄂尔多斯高原的淡水湖

在此，结合历史文献记载、文物考古资料和野外实地考察资料，对鄂尔多斯高原汉代天然湖泊奢延泽、虎泽、鹄泽、蒲泽的地理位置试做探索。

（一）汉代奢延泽故址考察

奢延泽是两汉时期上郡奢延县境内的一个天然湖泊，也是重要的历史自然地理要素。由于奢延泽与重要的历史事件相关联，遂成为史学工作者关注的研究对象之一。但是，斗转星移、时过境迁，尤其是历史时期毛乌素沙漠的扩散漫延，致使今人已不知汉代奢延泽的具体所在。即使中国历史地理学界最重要的科研成果——谭其骧主编的《中国历史地图集》，也无法标绘出西汉时期奢延泽的具体所在，仅在东汉时期“并州刺史部”图幅上将奢延泽标绘在今内蒙古鄂托克前旗城川镇北侧的洼地处。① 但这个“奢延泽”标绘点是不准确的。

与此同时，汉代奢延县城被标绘在其东偏北的红柳河东侧，即今乌审旗无定河镇河南村的三岔河古城，这也是不准确的。经实地调查，三岔河古城属于宋元时期的古城，不可能是汉代奢延县故城。汉代奢延县故城就是今陕西靖边县北境的白城子古城，《水经注》对此有明确的记载。东汉时期红柳河也不可能流经三岔河古城的东侧，因为三岔河古城的东方并无红柳河古河道遗迹；反而是三岔河古城西临缓慢下切的红柳河弯曲河道，西城墙大部分已遭受河水侧蚀其基础地层而垮塌。因此，奢延泽、奢延县的故址都有待学者继续探索以推动鄂尔多斯高原地域历史地理研究的进步。

1. 古代文献关于奢延泽的记载

在《汉书·地理志》“上郡奢延县”条，并无关于奢延泽的直接记录，但是提供了判定奢延泽的空间范围之线索，即奢延泽应在奢延县境。② 那么，我们就应探究两汉时期奢延县域的大体范围。

依据北魏郦道元所撰《水经注·河水》的记载，河水“又南离石县西。奢延水注之，［奢延］水西出奢延县西南赤沙阜，东北流……迳其县故城南，王莽之奢节也。……则今夏州治也。奢延水又东北与温泉［水］合，源西北出沙溪，而东南流注奢延水。奢延水又东，黑水入焉，水出奢延县黑涧，东南历沙陵，注奢延水。奢延水又东合交兰水，水出龟兹县交兰谷，东南流注奢延水”③。据此段引文，我们可以梳理清楚三点含意。其一，奢延县北部边境限于黑水源头——黑涧，其全流域皆在奢延县域。而北魏时期的黑水就是今内蒙古乌审旗南部的纳林河，发源地位于今乌审旗苏力德苏木陶利嘎查西侧。换言之，今纳林河全流域皆在汉代奢延县境。其二，汉代奢延县故城，就是北魏时期的夏州治城之前身（今陕西靖边县红墩界镇白城子古城），其地理位置迄未变更。其三，既然汉代奢延县城坐落在奢延水（今无定河上游红柳河）北岸，显然其管区南部必然越过奢延水，伸延至今靖边县城北侧和横山区西部，南部边界可能与汉代阳周县毗邻，东括今黑河子流域，西达今乌审旗无定河镇河南村境红柳河东岸。

在判定汉代奢延县辖区的大体范围后，就可在此区域内探索奢延泽的具体位置。

---

① 谭其骧主编：《中国历史地图集》第2册，第17—18、59—60页。

② 《汉书》卷二八下《地理志下》，第1617页。

③ 《水经注校证》卷三《河水》，第84页。

《后汉书》直接记载着奢延泽的基本位置信息，还提供了自桥山北麓前往奢延泽的道路里程。《后汉书·段颎传》载："建宁元年……夏，［破羌将军段］颎复追羌出桥门，至走马水上。寻闻虏在奢延泽，乃将轻兵兼行，一日一夜二百余里，晨及贼，击破之。余虏走向落川，复相屯结。"[①]正是这段宝贵的文献，为探讨汉代奢延泽遗址提供了重要的线索。

在这段文献中，透漏出三点重要信息。其一，汉灵帝刘宏建宁元年，段颎率政府军由南向北追击东羌叛众，进至桥山顶颂的长城口——桥门，下桥山后进至走马水滨（今大理河上游河段）。其二，段颎率政府军进至走马水上游河谷，派出侦察兵侦探东羌叛众的去向和屯聚地，终于获悉叛乱武装驻扎于奢延泽的军情信息。其三，自走马水上游河谷趋向奢延泽的道路里程，即急行军"一日一夜二百余里"，翌日清晨到达奢延泽畔，以迅雷不及掩耳的行动击溃东羌叛众。依据段颎挥师由南向北的进军路线判断，奢延泽位于桥山北麓、走马水上游河道以北"二百余里"处。东汉晚期1里约等于432公尺。[②]依据此里程数据，可较准确地推定奢延泽位置。

段颎所部政府军追击东羌叛众的进军路线大体如下：经过今延安市区（汉代高奴县），溯今延河河谷而北上，抵今安塞区北部的黄河石岸村，转入延河东侧支流——桥川河谷，溯河而上至坪桥乡北部界口村附近。此处是白于山脉东段的一座高岭——鸦行山（海拔1604米）所在地。鸦行山既是桥川河的源头所在，又是延河与大理河的分水岭，此段山岭应是两汉时期桥山所在。翻过鸦行山（汉代桥山）山脊后，顺着大理河南侧一条支流河谷而下，经过今安塞区的王家湾乡驻地，往北进入靖边县南境，抵达青阳岔乡卧牛城村附近的大理河河谷。[③]据史学界前辈学者的研究，今大理河就是两汉时期的走马水。段颎所部政府军进至今卧牛城村附近的大理河畔，即所谓"至走马水上"也。"桥门"就位于其南侧的桥山上。在此停留数日而获悉东羌叛众的确切情报后，段颎乃拣选精兵，轻装行军，长途奔袭，直扑奢延泽区域。此段行程的大方向依旧趋向北方，行军200余里到达之地相当于今靖边县北部的海子滩乡境。具体而言，结合汉代南北交通线的分布格局和白于山区的实际山川形势，段颎率军轻装奔袭路径应是：从今卧牛城村附近的大理河畔循河谷西行，至今城子塘村北侧的大理河源头，翻越分水岭，经今天赐湾乡驻地而转入芦河河谷，顺流而下抵达今靖边县城附

① 《后汉书》卷六五《段颎传》，第2149—2150页。

② 中国科学院《中国自然地理》编辑委员会：《中国自然地理·历史自然地理》附录"历代度量衡换算简表"，第259—260页。

③ 陕西省测绘局编绘：《陕西省地图册》，第55、68页。

近，再北行数十公里，即至今靖边县海子滩村北侧区域。换言之，汉代奢延泽湖泊当位于今靖边县海子滩乡驻地北侧。

2. 海则滩镇驻地北侧古湖盆洼地的田野调查

透过野外实地考察和走访当地村民获知，今靖边县海则滩镇驻地北侧的确存在一个大型湖泊干涸后遗留的湖盆洼地——海子滩（海则滩）。在过去数年间，笔者曾多次乘车穿行过这个大型洼地，逐渐意识到这个四边地势高耸的洼地可能是一个古代湖泊的遗迹。

2014年8月25日，陕西师范大学历史地理考察队一行六人来到此洼地，展开实地勘察，并采集相关的地理数据。经访问当地老年村民得知，所谓“海子”是陕西榆林地区居民对沙地湖泊的统称。海子滩就是湖泊水体消失后的湖滩地，即过往湖泊干涸后留下的低洼湖盆。这就证明海子滩在过往的确是一个面积广阔的湖泊。如今的海子滩东部、北部已经遭受风沙侵袭，形成大片的风成沙丘。而在前些年，海子滩村村民用推土机将海子滩的东边部分风成沙丘推平，改造为农业用地。正在田间灌溉的吴姓老农告诉我们，海子滩洼地的东、西两畔高地之间距离（即海子滩的宽度）约为16里，折合约8千米。至于海子滩洼地的南北长度，经过我们测量约8千米。据此可知，海子滩洼地平面呈现不规则的圆形，面积60余平方千米。当地村民说，二十年前（1992年前后），海子滩的湖水面积相当可观，村民在夏季经常下湖洗澡或游泳，也在湖边洗衣服。

在考察了海子滩东半部后，我们转向考察其西半部湖滩的中心地带。这一带因地势最低，土壤中地下水位高，芦苇等野草生长旺盛，近乎一人之高。考察队员在西半部湖滩的中心地带先后发现五个小水泊。其空间分布格局如下：在南部发现两个小型水泊，呈现东北、西南相对分布，西南侧的水泊平面呈不规则的浑圆形，东北侧的水泊则呈西北—东南向的长圆形，两个水泊被密密麻麻的一人多高的芦苇包围，若非走近根本发现不了；在其中部西缘，也有一个平面呈西北—东南向的长圆形水泊，在其西侧不远处就是风成沙丘；其北部有两个东西相对的水泊，东侧的水泊面积较大而平面呈圆形，湖畔野草长势不高，西侧的水泊面积最小而近乎干涸，倘若天气再干旱十余日必然干涸见底，湖滨野草低矮。从海子滩中心区的五个小水泊的存在、芦苇等植物生长旺盛的现状可知，水泊正是过往大湖干涸后的残余水体，客观地显示出历史时期大型湖泊的长期存在。

结合历史文献记载和野外实地考察所获资料分析，可以判定，今海子滩洼地就是两汉时期奢延泽古湖盆所在地。

3. 汉代奢延泽不可能形成于外流水系沿岸

在今红柳河以东以南、芦河以北以西的地区，早在地质时期就形成一个地势较高、范围较小的内流河区域。其北面有一条南北流向的外流河——圪洞河，其东侧存在一条南北流向的外流河——黑河则，两河皆北流注入红柳河。这个内流河区域，包括陕西靖边县海则滩镇西半部、内蒙古乌审旗无定河镇河南行政村东半部在内，存在三条流向呈西北往东南的内流小河。这三条内流河道的尾闾洼地成为三条河流水最终的汇集区，从而具备形成高原湖泊（海子）的地质基础和地貌条件。

海则滩镇驻地北侧存在着一个古代湖泊干涸后遗留的湖盆洼地。海子滩湖盆洼地恰好位于这个内流河区域内，就是上述三条内流河道的中间一条小河之尾闾湖干涸后的湖盆洼地。[①] 其南距桥山（今鸦行山）北麓大约有200汉里，适与《后汉书·段颎传》的相关记载符合。综合这三方面证据可知，海子滩湖盆洼地无疑就是汉代奢延泽古湖泊的位置。

除上述诸证据外，在今海子滩洼地所在内流河区域的东方和西方，根本不存在形成沙地湖泊的地理条件。其西方是由西南往东北流的无定河上游河道——红柳河，其东方则是无定河的支流——黑河则、芦河，其北面是圪洞河。它们都是外流水系，在历史上河谷内并无大型湖泊生成。在红柳河以北地带，虽然存在形成沙地湖泊的地形条件，但其地距离南方的桥山已远远超出200汉里路程，并不符合《后汉书·段颎传》的记载。于是，汉代奢延泽的位置只能是今海子滩洼地。

综上所论，依据《后汉书·段颎传》所提供奢延泽的重要信息，结合考察队对海子滩古湖盆洼地的实地踏勘资料，其周边存在地质时期形成的小范围内流河区域，以及排除红柳河河谷、芦河河谷并无形成湖泊的地理条件等证据，可得出结论：两汉时期奢延泽遗址就是今陕西靖边县北部海则滩镇北侧的封闭型海子滩湖盆洼地。

（二）汉代虎泽湖区位置考实

虎泽是两汉时期河南地区域的重要湖泊之一，位于西河郡谷罗县境，其周边地带草原广阔、牧草茂盛，是游牧部族从事畜牧业经济的重要牧区之一。东汉时期，虎泽周边曾经长期作为南匈奴单于及其直属部落的游牧草场。然而，由于时移境迁，今人已不能确指两千年前虎泽的具体位置。探明汉代虎泽的地理位置，对于复原汉代鄂尔多斯高原水文环境和民族分布格局具有重要意义。

---

① 陕西省测绘局编绘：《陕西省地图册》，第68页。

1. 从历史文献关于虎泽的记载推论

关于汉代湖泊——虎泽的历史记载，最早见于东汉班固的断代史书《汉书》，记作“武泽”。

据《汉书·地理志》记载，西河郡“谷罗［县］，武泽在西北”①。这就清楚地表明谷罗县城与虎泽的相对位置，即汉代湖泊虎泽位于谷罗县境的西北部，谷罗县城在其东南方。依两者的相对空间关系，结合相关历史事件与区域古城址位置，可推论虎泽之所在。

谷罗县在西汉时期是西河郡三十六属县之一，其建制延续至西汉末年，因战乱而被废撤。在《后汉书·郡国志五》的西河郡下属十三县中，已无此县。②

在此文献记载的基础上，《后汉书》关于南匈奴单于叛乱事件的记载进一步表明虎泽的地理位置。我们先澄清该事件的基本脉络。据《后汉书·南匈奴传》记载，汉安帝“永初三年夏，汉人韩琮随南单于［檀］入朝，既还，说南单于云：‘关东水潦，人民饥饿死尽，可击也。’单于信其言，遂起兵反叛，攻［使匈奴］中郎将耿种于美稷［县城］。秋，［行度辽将军］王彪卒。冬，遣行车骑将军何熙、副中郎〔将〕庞雄击之。四年春，檀遣千余骑寇常山、中山，以西域校尉梁慬行度辽将军，与辽东太守耿夔击破之。事已具慬、夔传。单于见诸军并进，大恐怖，顾让韩琮曰：‘汝言汉人死尽，今是何等人也？’乃遣使乞降，许之。单于脱帽徒跣，对庞雄等拜陈，道死罪。于是赦之，遇待如初，乃还所钞汉民男女及羌所略转卖入匈奴中者合万余人。五年，梁慬免，以云中太守耿夔行度辽将军”。③ 南匈奴单于檀于东汉安帝永初三年（109）六月起兵反叛后，一方面勾结雁门郡的乌桓、鲜卑贵族合兵进攻五原郡，一方面亲率骑兵于九月“攻中郎将耿种于美稷”城。东汉政府调兵遣将，部署戡乱。“冬十一月，以大司农陈国何熙行车骑将军事，中郎将庞雄为副，将五营及边郡兵二万余人，又诏辽东太守耿夔率鲜卑及诸郡［兵］共击之。”④ 无独有偶，《后汉书·耿夔传》载：“永初三年，南单于檀反叛，使［耿］夔率鲜卑及诸郡兵屯雁门［郡］，与车骑将军何熙共击之。熙推夔为先锋，而遣其司马耿溥、刘祉将二千人与夔俱进。至属国故城，单于遣奥鞬日逐王三千余人遮汉兵。夔自击其左，令鲜卑攻其右，虏遂败走，追斩千余级，杀其名王六人，获穹庐车重千余辆，马畜生口甚众。

① 《汉书》卷二八下《地理志下》，第1618页。

② 《后汉书》志二三《郡国五》，第3524页。

③ 《后汉书》卷八九《南匈奴传》，第2957—2958页。

④ 《资治通鉴》卷四九《汉纪四十一》“安帝永初三年”，第1579页。

鲜卑马多羸病，遂畔出塞。夔不能独进，以不穷追，左转云中太守，后迁行度辽将军事。”[①]

据《资治通鉴》载，早在这年六月叛乱之际，南匈奴单于檀的驻牧地是虎泽之畔。胡三省注：“班志，西河郡谷罗县，虎泽在西北。师古避唐讳，以‘虎’为‘武’。”换言之，“虎泽”即“武泽”。《后汉书·梁慬传》有更为详细的记载：“单于乃自将围中郎将耿种于美稷，连战数月，攻之转急，［耿］种移檄求救。明年正月，慬将八千余人驰往赴之，至属国故城，与匈奴左将军、乌桓大人战，破斩其渠帅，杀三千余人，虏其妻子，获财物甚众。单于复自将七八千骑迎攻，围慬。慬被甲奔击，所向皆破，虏遂引还虎泽。”[②]从引文“虏遂引还虎泽”的表述可知，南单于檀起初是从虎泽地区进围使匈奴中郎将耿种于美稷县城，当他转战至属国故城被梁慬击败后，被迫退回其驻牧地——虎泽之畔。“明年正月”即永初四年（110）正月。南单于檀于正月退回虎泽地区后，政府军在同年三月发动对虎泽地区的军事进攻。再据《后汉书·梁慬传》载，永初四年“三月，何熙［统］军到五原曼柏［营］，暴疾，不能进，遣庞雄与［梁］慬及耿种步骑［一］万六千人攻虎泽。连营稍前，单于惶怖，遣左奥鞬日逐王诣［梁］慬乞降，慬乃大陈兵受之。单于脱帽徒跣，面缚稽颡，纳质。会［何］熙卒于师，即拜慬度辽将军”。[③]《资治通鉴》亦曰，东汉安帝永初四年正月，“南单于围耿种数月，梁慬、耿夔击斩其别将于属国故城，单于自将迎战，慬等复破之，单于遂引还虎泽”。同年，“三月，何熙军到五原曼柏，暴疾，不能进；遣庞雄与梁慬、耿种将步骑万六千人攻虎泽，连营稍前”。[④]

综合分析上述引文，可知虎泽（武泽）的地理位置在美稷县城的西方。在勘定南匈奴单于檀叛乱的战争进程中，辽东郡太守耿夔统率鲜卑部族武装和诸郡兵进屯雁门郡（今山西省北部与内蒙古南部），继而与耿溥、刘祉诸将合军俱进，渡过黄河，推进至属国故城（今内蒙古达拉特旗吉格斯太镇南部城圪梁村城址），与南匈奴奥鞬日逐王的三千骑兵作战。显然，耿夔部的进军路线是由东往西推进。而行度辽将军梁慬驻扎在五原郡曼柏县城（即曼柏营），他于永初四年正月驰援耿种、解救美稷城之围的进军路线是自北向南推进的，即自曼柏营城（今达拉特旗白泥井镇黑庆壕古城）向南推进至属国故城，再进至美稷县城（今准格尔旗暖水乡榆树壕古城），击败南匈奴

① 《后汉书》卷一九《耿弇传》，第719页。
② 《后汉书》卷四七《梁慬传》，第1592—1593页。
③ 《后汉书》卷四七《梁慬传》，第1593页。
④ 《资治通鉴》卷四九《汉纪四十一》“安帝永初四年”，第1581、1584页。

单于檀的八千骑兵。至于美稷县城的南方，属于黄河的支流——湳水（今黄甫川）、闾水（今窟野河）等河川，并无形成湖泊的地理基础，况且这些河谷正是东汉政府军由内地北征的进军路径，南匈奴单于檀失败后绝不可能逃向南方。鉴于上述战场兵力格局和水文地理情势，南单于檀"遂引还虎泽"的归宿地——虎泽的位置，绝不可能在美稷县城东、北、南三个方向，而只能是位于美稷县城的西方某地。

依据史籍关于永初三年南匈奴单于檀叛乱事件的记载和区域地势地形初步推断，汉代湖泊虎泽大体位于今鄂尔多斯市东胜区西部与伊金霍洛旗、杭锦旗接壤地带。

2. 文物考古与野外考察所获证据

经过文物工作者多年的文物普查和考古人员多年的田野考古调查与发掘，今伊金霍洛旗、杭锦旗和东胜区的古代文化遗址和文物家底已经基本摸清。依据前述历史文献记载，再参照如今该区域古城遗址与现存湖泊或干涸的海子遗址的空间关系，可以判定虎泽的具体位置。

在今鄂尔多斯市东胜区西部的泊江海子镇南境，的确存在符合历史文献所载空间对应关系的古城与湖泊。这座古城遗址的名称叫莫日古庆古城，坐落在莫日古庆村西侧1千米处，东北距解家村约8.2千米。这是一处汉代古城遗址，占地面积较大。莫日古庆古城的平面布局呈东西向的长方形，东西长约300米，南北宽约150米，面积约为4.5万平方米。城墙为夯土版筑，墙基宽约10米，残高0.5—1米，夯层厚约15厘米，东、南、西三面城墙开门。古城址内中心地方有高出地面约0.5米的建筑基址，文化层厚约0.4米。在古城遗址采集到绳纹筒瓦、板瓦、泥质灰陶折沿盆、敛口盆、瓮等残片。[①] 其占地规模符合秦汉时期县级政府治城的需要。尤其令人关注的是，在其西北方存在一个水面广阔的湖泊，平面呈不规则的长方形。这就是泊江海子镇境最大的湖泊——陶日木海子，此湖泊东南距莫日古庆古城约4.1千米。

依据《汉书·地理志》所载谷罗县城与虎泽的空间对应关系判断，莫日古庆古城和陶日木海子与其空间对应关系相符。因此判定，今莫日古庆古城即西汉时期谷罗县故城，今陶日木海子就是汉代名为"虎泽"的湖泊。

3. 从地貌地势维度论析

当今的陶日木海子，位于鄂尔多斯高原中部的东胜区西境，南接今伊金霍洛旗西北隅的苏布尔嘎镇地界，西毗杭锦旗阿门其日格乡地界。此地属于东胜梁的西段。东胜梁横亘在鄂尔多斯高原的中部地带，成为其南北两侧流入黄河诸河川的分水岭高

---

① 国家文物局主编：《中国文物地图集·内蒙古自治区分册》下，第573页。

地，更是东西、南北交通道路交汇之区。陶日木海子的北侧是纵贯达拉特旗西部的布日嘎斯泰沟、黑赖沟、西柳沟的发源地：布日嘎斯泰沟（亦称卜尔色太沟）源头出于杭锦旗塔然高勒乡郝家渠村北侧，海拔约1539米；黑赖沟源头出于东胜区泊江海子镇布碌梁，海拔约1505米；西柳沟源头出于东胜区泊江海子镇宗兑壕张家山，海拔约1534米。① 陶日木海子的西方是内流河——陶勒沟的源头所在，即今杭锦旗阿日斯楞图苏木阿斯尔嘎查油房梁村，其东侧高地海拔分别在1620米、1615米、1521米、1500米。② 陶日木海子的东南方则是窟野河上游西支流——乌兰木伦河，其发源地即今伊金霍洛旗苏布尔嘎镇杨家壕村北低山区，海拔在1500米—1485米。③ 其南侧则被海拔1500米的山丘围绕。今陶日木海子，亦称桃力庙海子，位于东胜区泊江海子镇与伊金霍洛旗苏布尔嘎镇毗邻地带，处在被四周高耸梁地环绕的相对封闭的低洼盆地，湖面海拔高程是1364米。这种地势使之成为一个内流型湖泊。据20世纪90年代初期的测量数据，陶日木海子的湖面面积为5.38平方千米，平均水深2.0米，其水质较好，属于淡水湖泊。④

陶日木海子周围的高耸梁地，地形呈波浪状起伏，但相对高差较小，最大高差135米，莫日古庆古城就坐落在其东南方海拔1500米的高地上。两千年前，这个地区水草丰茂，牧场优良，成为畜牧经济发达之区。在陶日木海子西侧的杭锦旗阿门其日格乡的阿鲁柴登、桃红巴拉两处古墓群，出土了春秋战国至秦汉时期匈奴族的重要文物。其中，著名的匈奴金王冠就出土于阿鲁柴登墓地。⑤ 匈奴族是一个以游牧为生业的族群。在此地出土大量的匈奴族文物，既表明该地区古代是适于畜牧业发展的肥美草原，更从侧面证明今陶日木海子就是两汉时期虎泽之所在。

综上所论，依据《汉书》《后汉书》《资治通鉴》等古代文献所提供虎泽（武泽）的重要信息，结合现今莫日古庆古城与陶日木海子的空间对应关系、陶日木海子所在区域的地势地形条件和其附近地带出土的匈奴族遗址遗物，可得出结论：两汉时期湖泊虎泽就是今鄂尔多斯市东胜区泊江海子镇南部的陶日木海子湖区。

（三）汉代湖泊——鹄泽位置考论

鹄泽，本是汉代鄂尔多斯高原上的一个天然湖泊，建置在此湖侧近的西汉县级政区——鹄泽县，其名称也缘起此湖。换言之，天然湖泊鹄泽位于西汉时期的西河郡鹄

① 伊克昭盟地方志编纂委员会编：《伊克昭盟志》第1册，第558—559页。
② 伊克昭盟地方志编纂委员会编：《伊克昭盟志》第1册，第563页。
③ 伊克昭盟地方志编纂委员会编：《伊克昭盟志》第1册，第553页。
④ 伊克昭盟地方志编纂委员会编：《伊克昭盟志》第1册，第566页。
⑤ 内蒙古鄂尔多斯市杭锦旗文物管理局所编：《杭锦旗文物志》，2006年，第56—58页。

泽县境。[①] 然而时过境迁，今人已难以确指两千年前湖泊鹄泽的所在地。探明汉代鹄泽的地理位置，对于复原鄂尔多斯高原汉代水文地理环境具有重要学术价值。

1. 汉代湖泊鹄泽地名特征论析

为判明汉代湖泊鹄泽的真实位置，在缺乏古代文献直接记载的情况下，笔者对鹄泽之湖泊地名特征试做分析。

鹄泽之得名缘起于湖区栖息着大量鹄类野生飞禽。鹄者，天鹅也；泽者，湖泊、沮洳也。鹄泽，即天鹅湖，指天鹅群栖之湖泊及沮洳地带。《辞海》载："鹄即天鹅。"[②] 《辞海》又载："天鹅 亦称'鹄'。鸟纲，鸭科，天鹅属（Cygnus）各种的通称。如大天鹅，雄体长1.5米以上，雌体较小。颈极长。羽毛纯白色；嘴端黑色，嘴基黄色达鼻孔前方。群栖于湖泊、沼泽地带。主食水生植物，兼食贝类、鱼虾。飞行快速而高。分布极广，冬季见于中国长江以南各地，春季北迁蒙古和中国新疆、黑龙江等地繁殖。另有疣鼻天鹅，嘴红色，基部具疣；小天鹅，体型较小，嘴短，嘴基黄色，未达鼻孔。三种天鹅均为国家二级保护动物。"[③]据此可知，鹄是一种候鸟，秋末冬初，由北方迁徙至我国长江以南各地的湖泊、沼泽、湿地，在相对温暖气候条件下度过寒冷的冬季；开春后，北方地区气温回暖、草木发芽生长，它们又飞回遥远的北方栖息地生活。 也就是说，在一年的大部分时间中，鹄是以群体方式栖息于北方那些自然环境适于其生存繁殖的地方，即水草、贝类和鱼虾丰盛的湖泊、沼泽之区。在我国的新疆、内蒙古和黑龙江诸省区，以及蒙古、俄罗斯的西伯利亚南部皆有适于鹄类野禽栖息、繁衍的湖泊、沼泽、湿地。

在汉代的河南地区域（略当今鄂尔多斯高原），存在一处名为鹄泽的天然湖泊。这就表明两千多年前这处湖泊生态环境良好，湖滨栖息着众多鹄类飞禽。它们或觅食于湖泊浅水和湖边湿地，或展翅翱翔于蓝天白云。

那么，这个在汉代适合鹄类飞禽栖息的湖泊在今何地呢？依据天鹅的生活习性及生态环境判断，一是要有水面广阔、水质良好（淡水）的湖区；二是湖水、湖滨生长着可供天鹅觅食的食物资源——水生动植物。秉持地理环境动态变化的理念在今鄂尔多斯高原寻觅之，换言之，两千年前水生动植物丰富的鹄泽湖区，随着气候的变化、地貌的变迁、人类对湖泊和水生动物及植物的开发利用，至今可能早已面目全非。据此，才能较为准确地判定鹄泽位置。

---

① 《汉书》卷二八下《地理志下》，第1618页。
② 辞海编辑委员会编纂：《辞海》，上海辞书出版社，2010年，第759页"鹄"条目。
③ 辞海编辑委员会编纂：《辞海》，第1859页"天鹅"条目。

依循上述思路，笔者发现在今鄂尔多斯市伊金霍洛旗西部的苏布尔嘎镇、红庆河镇、伊金霍洛镇之间分布着由北而南的湖泊群体，包括苏布尔嘎镇南部的伊和日淖尔、哈达图淖尔、木呼儿淖尔、伊金霍洛镇西境的光明淖尔、红庆河镇中部的哈达图淖尔、其和淖尔六个湖泊。这些湖泊大多数属于淡水湖，极少数湖水微咸。[①]遥想在两千年前的汉代，这些湖泊的生态环境优越，应是天鹅群栖息的首选区域。

2. 汉代城址和地势因素的证据

经伊金霍洛旗文物工作者的实地调查，在上述湖泊群的西侧发现一座汉代城址——乌兰敖包古城。它坐落于红庆河镇西部、乌兰敖包村西南，东距苏布尔嘎镇南部的伊和日淖尔、哈达图淖尔的距离约8千米。再从自然地势上观察，两湖北方是隆起的东胜梁，西为四十里梁高地——今伊金霍洛旗和杭锦旗的交界线地带，东为乌兰木伦河的分水岭，遂形成北高南低、背风向阳的地理形势。

首先是汉代城址——乌兰敖包古城的发现与定位，成为判断西汉鹄泽县故城的实物证据。乌兰敖包宋代古城址，位于红庆河镇乌兰敖包村西南2千米。平面略呈方形，长57米，宽54米。残存夯筑城墙呈土垄状，宽2—3.5米，夯层厚4—14厘米。南墙中部设门。文化层厚0.8米。采集有灰陶罐、绳纹板瓦等残片。[②]又据《伊金霍洛旗文物志》载，乌兰敖包古城址位于红庆河镇乌兰敖包村一社西南约2千米的林场内。城址内种满沙柳，墙基上杂草丛生，四周沙化严重，沙丘与古城相连。古城平面呈方形，长57米，宽54米，在城内外发现有陶片、瓷片、瓦片等。采集遗物有泥质灰陶罐、瓷片、外饰粗绳纹而内饰布纹的筒瓦、饰宽弦纹板瓦等。调查人员据采集到的遗物分析，该遗址应是宋代古城，为鄂尔多斯市重点文物保护单位。[③]其断代与其他学者有所不同。乌兰敖包汉代古城址，位于红庆河镇乌兰敖包村西南2千米的林场内、宋代古城址北侧数百米处，地表被流沙覆盖。

其北部，还有一座汉代遗存——大成梁遗址，位于苏布尔嘎镇大成梁村北3千米。其面积约6000平方米，文化层厚0.5—1米。在遗址东部暴露房址2座，内有石砌灶台。地表散布着灰陶小口罐、盆、敛口瓮等残片。[④]总之，乌兰敖包古城或大成梁遗址可能是汉代鹄泽县故城。

其次是自然地势的北亢南卑，形成南北走向的狭长低洼地带，成为湖泊群生成

① 内蒙古自治区地图制印院编制：《内蒙古自治区地图册》，第57页。
② 国家文物局主编：《中国文物地图集·内蒙古自治区分册》下，第594页。
③ 伊金霍洛旗文物管理所编著：《伊金霍洛旗文物志》（内部），2012年，第63—67页。
④ 国家文物局主编：《中国文物地图集·内蒙古自治区分册》下，第593页。

的地理基础。北部的伊和日淖尔、哈达图淖尔和木呼儿淖尔，水源主要来自东北方的分水岭和西北方的梁地，三个湖泊现有季节性河道相通。伊和日淖尔南岸山丘海拔为1361米。[①]推测三湖在历史时期曾连为一体，即形成一个湖泊，后因气候干旱、水量减少、水位下降而演变为如今三个小湖。但是，当降雨丰沛之时，北端的伊和日淖尔的湖水可向南灌注于哈达图淖尔，再灌注于木呼儿淖尔。在秦汉时期，如今的三湖当为大型湖泊——鹄泽，是天鹅游弋、翱翔、觅食、栖息和繁衍的优越场所。不仅如此，南部的光明淖尔、哈达图淖尔和其和淖尔三个湖泊，前二湖水源主要来自西北方的四十里梁高地，两湖间也有季节性河道沟通，推想两湖过去也是一个水面广阔的大湖。迄今，当降雨丰沛期间，光明淖尔湖水也可循那条季节性河道向南灌注于哈达图淖尔，再汇入南端的其和淖尔。其和淖尔的水源主要来自东方的红庆河镇东侧和东北方的分水岭高地（海拔1501米），其东南侧高地海拔为1314米。卫星地图显示，其和淖尔与北方的哈达图淖尔间有狭长凹地相沟通，揣测该凹地积水盛大时，两个湖区是相互连通为一体的。

从地势地形上观察这个南北狭长的洼地可得出：伊和日淖尔附近高地海拔1361米，其和淖尔附近高地海拔为1314米，相对高差为47米，可知地势呈北高南低之状态。六个湖泊之间高差较小，湖水在旺盛期间可北南递接灌注。据此推测，此湖群洼地在西汉时期应是一个水面浩渺、湖滨沼泽湿地较宽的大型湖区，适合于野生天鹅的栖息繁衍，非鹄泽莫属矣。

综上所述，初步判定乌兰敖包汉代古城或大成梁遗址是西汉西河郡鹄泽县故城所在，其东侧六个湖泊组成的北南向延伸的湖群洼地，应是两汉时期天然湖泊鹄泽故址，即天鹅湖之地。

（四）汉代蒱泽湖区位置求索

蒱泽是汉代五原郡管区的一个湖泊。但是，由于《史记》《汉书》《后汉书》并无蒱泽地理位置的直接记载，因而今人并不清楚其真实所在地。蒱泽之名是以县级政区名出现在《汉书·地理志》中，是五原郡十六属县之一。可想而知的是，蒱泽县得名必然源自该地一个名为“蒱泽”的湖泊。那么，作为天然湖泊的蒱泽究竟位于现代何地呢？

1. 汉代蒱泽湖泊地名特征剖析

首先，从文字上分析。古文“蒱”，亦即“蒲”字。[②]因此，“蒱泽”就是“蒲泽”。

---

① 内蒙古自治区地图制印院编制：《内蒙古自治区地图册》，第57页。

② 辞海编辑委员会编纂：《辞海》，第1452页“蒱”条目。

其次，对“蒲”究竟是何种植物做简要剖析。东汉许慎所著《说文解字》曰：“蒲，水草也。可以作席。”[①] 换言之，蒲是一种生长在浅水区或沼泽地带的水生植物，即今人所称的蒲草。《新华字典》云，蒲，即“香蒲，多年生草本植物，生于浅水或池沼中，叶长而尖，可以编席、蒲包和扇子。根茎可以吃”[②]。《辞海》载：“蒲，水生植物名，可以制席。嫩蒲可食。”[③] 《中国植物志》称，蒲草，也称“水烛”“水蜡烛”“狭叶香蒲”，水生或沼生草本植物。地上茎直立、粗壮，高约1.5—2.5米，叶片长54—120厘米，宽0.4—0.9厘米，上部扁平，中部以下腹面微凹，背面向下逐渐隆起呈凸形，下部横切面呈半圆形，细胞间隙大，呈海绵状，叶鞘抱茎。在我国北方黑龙江、吉林、辽宁、内蒙古、甘肃、陕西等省区多有分布。它生长于湖泊、河流、池塘浅水处，沼泽、沟渠亦常见，当水体干枯时可生于湿地及地表龟裂环境中。本种分布较广，植株高大，叶片较长，雌花序粗大，经济价值较高。[④] 在了解蒲草的生物特征、生长习性和分布地域后，可知汉代湖泊蒱泽有可能是因该湖泊近岸浅水区和湖畔低洼地广泛生长着蒲草而得名。

再次，我们从蒲草生长的生态环境着手论证。蒲草一般生长在活性（流动性）浅水中或水滨，诸如湖泊、河流、池塘浅水中，以及沼泽、沟渠中。蒲草生存的生态环境的重要水文因素就是流动性水体，即淡水水体是其存活的基本条件。据此判断，蒲草一般生长在外流河川的水中或水滨，以及内流河川沿岸。反之，蒲草绝不会在内流湖泊水中或水滨生长。因为内流湖泊属于封闭静态水体，积聚大量盐、碱、硝等化学成分，矿化度较高，不利于蒲草存活与生长。因此，汉代蒲草必然生长在外流河川沿线或附近，存活在来水和去水的地方。这就决定着汉代湖泊蒱泽只能存在于鄂尔多斯高原边缘的外流水系之中或之滨，譬如汉代黄河沿岸。

最后，《伊克昭盟地名志》载：“蒲淖，行政村。在［乌兰］乡境东部，以驻地村命名（清朝年间这里有一湖，并长有蒲草而得此名）。”[⑤]蒙古语“淖尔”意为“湖泊”。“淖尔”之湖名沿用至晚近，出于口语表达简便的需要，当地居民简化为“淖”，依旧是指湖泊。蒲淖，就是蒲泽、蒲湖之意。显然，即使历史发展至现代阶段，湖泊蒲淖之得名，仍然是因为该湖水滨生长着蒲草而来。由此可知，古今湖泊蒲泽、蒲淖的命名具有同质性的规律，皆取湖滨水生植物的优势种群蒲之特征以定名。

① ［汉］许慎：《说文解字》，中华书局，1963年，第17页。
② 中国社会科学院语言研究所编：《新华字典》，商务印书馆，2000年，第388页。
③ 辞海编辑委员会编纂：《辞海》，第1452页“蒲”条目。
④ 中国科学院中国植物志编辑委员会：《中国植物志》第8卷，科学出版社，1992年，第7页。
⑤ 伊克昭盟地名委员会：《伊克昭盟地名志》（内部资料），1986年，第275页。

湖泊蒲淖位于今内蒙古自治区达拉特旗西北部、乌兰乡蒲淖行政村附近，而这里正是黄河南侧低洼地带，经常发生河道移徙的河流地貌现象。2015年9月6日，陕西师范大学野外考察队一行三人在达拉特旗的罕台川下游河床发现生长的蒲草，约一人多高，青翠可爱。这就证明今达拉特旗境仍然存在适宜蒲草生存的自然环境，古代当然更是如此。这提供给我们一个有益的信息，汉代湖泊蒱泽应在今鄂尔多斯高原北缘、黄河河道附近探查。

据上述几点判断，在汉代蒱泽县城附近地带存在一个水面广阔、蒲草丰茂的湖泽，该湖因水中及水边生长着大范围的蒲草而得名蒱泽（蒲泽）。蒱泽成为县级政区名称，乃因县域存在大型湖泊蒱泽而来。而这个名为蒱泽的大型湖泊可能位于今鄂尔多斯市达拉特旗管区北缘、黄河河道附近，其原因在于今达拉特旗辖域恰好就在西汉五原郡地界。

2. 古代湖泊遗存的证据

在今达拉特旗东北部、王爱召镇、白泥井镇和吉格斯太镇北部黄河南侧，存在着古代湖泊的证据。这很可能与汉代湖泊蒱泽相关联。

首先，村落地名的继承性证据。据《内蒙古伊克昭盟达拉特旗地名志》载，王爱召镇（原新民堡乡）北部有个杨家营子村，东北距今黄河约3千米。哈什拉川经杨家营子村西侧，向北流至德胜泰和榆林子两行政村交界处，汇入黄河。王爱召镇东方、黄河西侧有个巴彦淖尔村，意为富饶的海子，东距黄河仅1千米，其名源自清代。王爱召镇北部存在几个以湖泊命名的村庄，诸如大淖村、小淖村。在杨家营子村西北方有个田四淖村，因民国时期一个名叫田四的人住在湖滨而得名。[①] 可见在今王爱召镇、白泥井镇以北的哈什拉川、木哈日河下游曾经存在一个水面广阔的湖泽。后来，湖泊趋于缩小、湮塞，留下巴彦淖尔、大淖、小淖、田四淖等村落名称。

其次，清代湖泊的追溯性证据。虽然今天这个地区看不见碧波荡漾的湖泊，但在历史时期湖泊的确存在于此。可透过晚期存在于此的湖泊去追溯其早期存在的可能性。譬如至清代嘉庆二十五年（1820），在今达拉特旗吉格斯太镇东柳沟河（清代哲格苏台河）入黄口附近，存在一个哲格苏台池湖泊（今黄河河道北侧），该湖今已不存；在今达拉特旗东部的哈什拉川（清代喀西拉克河）入黄河口西侧、德胜泰村南至大淖村和小淖村间，也曾存在一个奈马代池湖泊，迄今也早已消失。这些清代湖泊存

---

① 达拉特旗地名志编委会编：《内蒙古伊克昭盟达拉特旗地名志》（内部资料），1983年，第53、104页。

在期间，黄河河道尚未南迁至今黄河位置。①

清代黄河河道分布在今黄河以北的旧黄河位置，而旧黄河河道可上溯至秦汉时期。换言之，秦汉至明清时期，今包头市以东至托克托县段黄河河道在今黄河北方10多公里处。这段旧黄河西端始于今达拉特旗王爱召镇德胜泰村北、包头市九原区古城湾乡磴口村南侧黄河弯道顶端，由此斜向东偏南流去，历经包头市沙尔沁乡、东园乡南境，土默特右旗大城西乡、明沙淖乡北部葫芦头村、发彦申乡德胜村及乡政府驻地、党三尧乡红泥圪卜村北侧、将军尧乡政府驻地、小召子乡新建村、程奎海乡驻地，至程奎海乡东南隅八里湾村，再趋东南流入今黄河。汇合点东迩托克托县什四份村，南隔黄河与准格尔旗西湾村（原十二连城乡驻地）相望。② 包头市至托克托县段黄河河道，清代并不存在，两千年前的秦汉时期也并不存在，而实际是先秦时期黄河故道。正因如此，才能在这段黄河北徙后的故道形成大型湖泊蒲泽。湖滨低洼地带生长着茂盛的蒲草，坐落在湖泊侧近的蒲泽县，就因此湖而得名。

此外，在达拉特旗吉格斯太镇的北部平原，总面积522平方千米，东西窄、南北长，呈长方形。该北部平原中部有约10平方千米的低洼地，每年下雨期间南部高地的洪水汇集于洼地内，常年积水。洼地表层土质属于黏性土壤，其边缘的积水干涸后土地就会板结，故名打瓦壕。此地也可能是汉代蒲泽东部湖区，其南侧有东柳沟河南北纵贯而注入黄河。

可见，汉代蒲泽湖区范围相当广阔，西至今王爱召镇德胜泰、大淖、小淖诸村，东至今吉格斯太镇北部平原，北至今黄河，南至今王爱召镇东兴、裕太奎、杨家营子、宋五营子、三份子、白泥镇唐公营子、海勒素、吉格斯太镇张义成窑子诸村北侧。

3. 西汉蒲泽县故城推定

判定汉代蒲泽湖区范围后，再查明西汉蒲泽县故城的具体位置，可视为汉代湖泊蒲泽之佐证。据《汉书》载，汉朝安置匈奴族牧民、建置属国都尉府的措施是“分徙降者于边五郡故塞外，而皆在河南，因其故俗”。而蒲泽县城是五个匈奴族属国都尉府之一 —— 五原属国都尉府驻地。据此可知，蒲泽县故城位于黄河以南、秦昭王长城以北的区域，且坐落在蒲泽湖区南侧。

首先是城圪梁村的地名学证据。达拉特旗王爱召镇东缘存在一个名为城圪梁的村庄。城圪梁其名称颇耐人寻味，“圪梁”意为小土丘、小山包，如圪台、圪垛亦然。城圪梁村得名虽然较晚，但必然来自建村之初此地存在的汉代古城遗迹。虽然古城经

① 达拉特旗地名志编委会编：《内蒙古伊克昭盟达拉特旗地名志》（内部资料），第74页。
② 谭其骧主编：《中国历史地图集》第8册，第57—58页。

历千年的风雨侵蚀和人力破坏，在地表仅剩一道体量不大的夯土圪梁，但是，村名就由此特征而确定。村名既已确定，遂维持相对的稳定性。尽管随着农业经济活动的长期发展，建村时的古城圪梁渐被平毁，但城圪梁村之名却沿用至今。这标志着古城旧址就在城圪梁村侧近。可以肯定，城圪梁村附近存在过一座汉代城址，或湮没于地貌演替，或被当地居民平毁。[①]城圪梁村北方地势渐低，其南侧地势亦较平缓。

其次是汉代墓葬群的考古学证据。考古人员在达拉特旗白泥井镇白泥井村内、村南、村西近3平方千米的范围内，发现皆有汉代墓葬群分布。其中，白泥井村内汉代墓葬较为集中，而且规模较大。早年被挖掘10余座，均为砖室墓，分为单室和双室两类，出土众多随葬陶器等文物。在村外，地表可见汉墓封土堆，采集有绳纹瓦、泥质灰陶盆、陶罐等。[②] 1982年，考古工作者在王爱召镇城圪梁村西面发现面积约4万平方米的汉代墓群，清理穹窿顶多室砖墓一座。墓葬呈正北向，由甬道、前室、后室和耳室组成。前室、后室的平面均作方形。该墓葬曾被严重扰乱，地下水浸漫。此外，还出土人骨五具，泥质灰陶仓、井、案、房屋、瓮、盆、罐和汉代五株铜钱。[③]显然，汉墓群在城圪梁村和白泥井村的存在、众多日常生活器具及其他设施出土于汉墓，就充分证明：此地曾存在汉代大型聚落，即一座汉代县级城镇——西汉蒱泽县故城。

据此，今王爱召镇城圪梁村北方、黄河南侧低洼区域应是汉代蒱泽湖区所在。

综上可知，鄂尔多斯高原汉代四个湖泊故址分别是：奢延泽故址，在今陕西靖边县海则滩镇北侧的湖盆洼地；虎泽湖区，今内蒙古鄂尔多斯市东胜区的泊江海子镇南部的陶日木海子湖盆；鹄泽故址，在今伊金霍洛旗西部由伊和日淖尔、哈达图淖尔、木呼儿淖尔、赤盖淖尔、哈达图淖尔和其和淖尔六个湖泊组成的北南走向的湖群洼地；蒱泽故地，位于今达拉特旗王爱召镇德胜泰、大淖和小淖诸村以东、吉格斯太镇北部以西、黄河以南、王爱召镇与白泥井镇北方的低洼区域。汉代四个湖泊的存在，指示着同期鄂尔多斯高原自然环境状况。探明汉代湖泽的具体位置，对于再现鄂尔多斯高原历史自然地理原貌，具有重要的历史地理学学术价值和现实意义。

二、汉代鄂尔多斯高原的盐湖[④]

汉代河南地区域指秦昭襄王长城以北、黄河以南、以东的区域。依据《汉书·地

---

① 内蒙古自治区地图制印院编制：《内蒙古自治区地图册》，第6—9、52页。
② 国家文物局主编：《中国文物地图集·内蒙古自治区分册》下，第577页。
③ 国家文物局主编：《中国文物地图集·内蒙古自治区分册》下，第577页。
④ 此节由孟洋洋博士撰写。

理志》等文献记载可知，河南地的朔方、沃野、广牧、龟兹、独乐、三水、弋居七县境内均分布着可供开采的盐池。

西汉政府于元朔二年（前127）收复河南地后，在加强此区域军政建设的同时，也开始经济开发。其中，就包括对河南地丰富的盐矿资源开发。河南地区域盐矿资源的储存地就是盐湖，汉代称作盐池或盐泽。探明盐湖的位置，也就知晓了西汉时期河南地制盐业的分布格局。以汉代此区域设立的盐官为线索，分河南地为北部、中部、南部三区，[①] 参稽文献记载和自然地理形势，以探讨西汉河南地制盐业基地——盐池的地理分布格局。

（一）河南地北部区域的盐池

汉代河南地北部主要隶属于朔方郡和五原郡。其中，朔方郡的朔方县、沃野县和广牧县存在制盐业依托的盐池（盐湖）。

1. 朔方县域的盐池——金连盐泽、青盐泽

《汉书·地理志》载："朔方，金连盐泽、青盐泽皆在南。"[②] 据此可知，朔方县域南部分布着金连盐泽和青盐泽。因此，要确定两盐湖之所在，需先探明西汉朔方县的地理区位。

西汉朔方县故城在今何地呢？据《水经注》载："南河上承西河，东迳临戎县故城北，又东迳临河县南，又东迳广牧县故城北，东部都尉治。王莽之盐官也。迳流二百许里，东会于河。河水又南迳马阴山西……河水又东南迳朔方县故城东北……河水自朔方东转，迳渠搜县故城北……河水又东，经西安阳县故城南，王莽更之曰漳安矣。"[③] 可知，西汉朔方县城在广牧县城（今乌拉特前旗西小召镇西局子古城）东南、南河（今杭锦旗北黄河附近）以南、五原郡西安阳县城（今乌拉特前旗蓿亥乡张连喜店古城址）西南。结合文物考古调查可知，西汉朔方县故城即今内蒙古杭锦旗独贵塔拉镇沙日召古城。[④]《中国历史地图集》亦将朔方县城标于此地附近。[⑤] 朔方县辖区则相当于今内蒙古杭锦旗东北部。

朔方县故城及辖区范围既已基本判定，那么，金连盐泽和青盐泽位于朔方县南部

---

① 汉代河南地范围广大，为论述方便，笔者依据河南地的地理形势，将其划分为北、中、南三部分。北部即鄂尔多斯市东胜梁高地以北区域，中部为东胜梁以南、明长城以北区域，南部为明长城以南、大罗山和白于山以北区域。

② 《汉书》卷二八下《地理志下》，第1619页。

③ 《水经注校证》卷三《河水》，第76—77页。

④ 孟洋洋：《西汉朔方郡属县治城考》，《西夏研究》2016年第3期。

⑤ 谭其骧主编：《中国历史地图集》第2册，第17—18页。

何处呢？《水经注》引《魏土地记》曰："县有大盐池，其盐大而青白，名曰青盐，又名戎盐，入药分，汉置典盐官。池去平城宫千二百里，在新秦之中。"[①] 由此可见，延至北魏时期，唯有青盐泽（即青盐池）被时人熟知。笔者揣测，这可能跟东汉末年以来河南地战乱不已、人口锐减导致时人对食盐的需求量降低有关。因此，相近的两个盐池没必要都开发。而在盐矿资源开发方面，避难就易、择优使用是最常见的选择。这从侧面反映出，金连盐泽的食盐产量、质量可能不如青盐泽优越。至于汉魏时期的青盐泽、汉代金连盐泽位于今杭锦旗东北部的具体位置，《元和郡县图志》提供了重要线索。

《元和郡县图志》载："朔方县，本汉旧县，今县理北什贲故城是也。……什贲故城，在县理北，即汉朔方县之故城也。……城西南有二盐池，大而青白。"[②]可知，唐人对汉代朔方郡金连盐泽和青盐泽的方位描述得更为精确，指出其在什贲城的西南方。但是，如同北魏时期，这两个盐池在唐代被熟知者仅一处，被称作"胡洛盐池"。

那么，胡洛盐池在什贲城西南多远呢？根据唐代贾耽对"塞外通大同云中道"上相关地理坐标间里程的记述，可推算出胡洛盐池的大概位置。据其描述："夏州北渡乌水，……又经步拙泉故城，八十八里渡乌那水，经胡洛盐池、纥伏干泉，四十八里度库结沙，一曰普纳沙，二十八里过横水，五十九里至十贲故城，又十里至宁远镇。"[③] 可知，胡洛盐池在什贲故城西南约135唐里之处、乌那水（今杭锦旗陶勒沟，自东南向西北注入盐海子）略北的区域内。迄今在此范围内确实存在多个盐湖。

《元和郡县图志》又载："胡洛盐池，在［长泽］县北五百里，周回三十里。亦谓之独乐池，声相近也。汉有盐官。"[④]由唐代长泽县城（今内蒙古鄂托克前旗城川古城[⑤]）向北约500唐里（合今约270千米），就抵达今杭锦旗巴音乌素镇附近，即西汉朔方县境。其东侧恰有一个至今仍在产盐的大盐池——盐海子。据笔者勘察，盐海子呈不规则椭圆状，湖面南北长约8千米，宽约2千米，周长约18千米，近30唐里。因此，今盐海子即唐代胡洛盐池，亦即汉魏时期的青盐泽。

关于这个判断，清代人也有类似认识。《水道提纲》载："套中产盐，池以喀喇莽尼为大，即古［朔方］郡南金连盐泽及青盐泽，唐时名胡洛盐池者。"[⑥]《大清一统志》亦载："锅底池，在右翼后旗西九十里。周围二十余里，产盐。兔河、赤沙河

① 《水经注校证》卷三《河水》，第76页。
② 《元和郡县图志》卷四《关内道四·夏州》，第100—101页。
③ 《新唐书》卷四三下《地理志七下》，第1147—1148页。
④ 《元和郡县图志》卷四《关内道四》，第102页。
⑤ 国家文物局主编：《中国文物地图集·内蒙古自治区分册》下，第587页。
⑥ 《水道提纲》卷五《黄河》，第84页。

二水注入其中，即汉时朔方县盐泽，唐时名胡络池者也。今土人名喀喇莽奈脑尔……按汉时朔方盐泽有二，至后魏时止言一池，即唐长泽县北五百里胡洛盐池，今喀喇莽奈大盐池也。但汉时金连盐泽，今不可考。”[①] 由此可知，清人认为“锅底池”，或称“喀喇莽奈脑尔”，即汉代朔方郡青盐池，亦即唐代胡洛盐池。今盐海子的蒙语名称为“哈日芒乃淖尔”，与“喀喇莽奈脑尔”的音几乎相同，只是所用汉字不同罢了。

但是，清人齐召南将汉代朔方县的两个盐池合二为一，忽略了二者各自的独立性。无论是唐代胡洛盐池，还是清代锅底池，其名称显然对应一个特定的盐池，并非泛指。因此，汉代金连盐泽当在别处。

在盐海子西南10千米有一个名为查干淖尔的盐湖。从地质构造看，其与盐海子两个湖盆皆为古代陶勒沟河谷侵蚀凹地。笔者初步判断，查干淖尔盐湖当为汉代朔方县南部的金连盐泽。需要注意的是，查干淖尔为芒硝矿伴生钾盐矿，而盐海子为大型食盐矿。因此，盐海子更易被古人开采利用。这应是金连盐泽至北魏被人们忽视的原因之一。

2. 沃野县域的盐池

《汉书·地理志》载：“沃野［县］，武帝元狩三年城。有盐官。莽曰绥武。”[②] 据此看，汉代沃野县境内存在制盐业的原料基地——盐池，遗憾的是其名称未被记载下来。

关于沃野故城的地理位置，《水经注》载：“河水又北迳临戎县故城西，元朔五年立，旧朔方郡治，王莽之所谓推武也。河水又北，有枝渠东出，谓之铜口，东迳沃野县故城南，汉武帝元狩三年立，王莽之绥武也。……河水又北，屈而为南河出焉。河水又北迤西溢于窳浑县故城东，……南河上承西河，东迳临戎县故城北，又东迳临河县南，又东迳广牧县故城北。”[③] 由此可知，沃野县故城在临戎城（今磴口县河拐子古城）东北、铜口渠之北、南河之南、广牧县城西南的区域。其辖区相当今杭锦旗西北部、临河区南部。具体说来，沃野县故城即今临河区黄羊木头镇脑高二社的脑高古城遗址。

在沃野县故城东南约35千米、今杭锦旗呼和木都镇东部、摩林河下游尾闾区域存在一个名叫查干淖尔的盐湖。此处地势低洼，被周边海拔约1100米的隆起地带将其与周边区域隔离。这可能是汉代沃野县境制盐业所在的盐池遗存。

3. 广牧县境的盐池

目前，虽无历史文献直接记载西汉广牧县有供制盐业开采的盐池，但《汉书·地理

---

① 《大清一统志》卷五四三《鄂尔多斯》，第602页。
② 《汉书》卷二八下《地理志下》，第1619页。
③ 《水经注校证》卷三《河水》，第75页。

志》载："广牧，东部都尉治。莽曰盐官。"[①] 王莽变更郡县名称，有些地名是和当地环境密切联系的。将广牧改名为盐官，表明广牧县境内存在制盐业，也就意味着存在盐池。

关于广牧县故城的空间位置，《水经注》载："南河上承西河，东迳临戎县故城北，又东迳临河县南，又东迳广牧县故城北，东部都尉治。王莽之盐官也。迳流二百许里，东会于河。河水又南迳马阴山西。"[②] 由此可知，广牧县城在汉代南河之南、马阴山（今乌拉山）西北、临戎县东北的区域。汉代广牧故城即今乌拉特前旗西小召镇的西局子古城。[③]《中国历史地图集》亦将广牧县城标于西小召镇附近。[④]其辖区相当于今杭锦旗吉日嘎鲁图镇全部、独贵塔拉镇西北部及周边区域。西局子古城址在今黄河河道北2千米处。但考虑魏晋以后南河河道向南摆动的因素，以及附近河道痕迹，西局子古城址极可能处在汉代南河南侧。

西局子古城址南方的广牧县盐池应在今库布齐沙漠中。在今黄河南约20千米、今杭锦旗吉日嘎鲁图镇东部，存在诸多盐湖，诸如胡尔吉淖（大碱湖）、克鲁湖（小碱湖）、张吉淖等。这些盐湖距离较近，湖盆均为新生代构造断陷盆地基础上的丘间凹地。[⑤] 这些盐湖在西汉时期可能是一个较大的盐池，成为广牧县制盐业所在地。

（二）河南地中部区域的盐池

汉代河南地中部分别隶属于西河郡和上郡。其中，上郡龟兹县和独乐县境设有盐官，显然存在开采食盐的盐池。

1.龟兹县域的盐池

据《汉书·地理志》载：上郡"龟兹，属国都尉治。有盐官"[⑥]。可知，龟兹县域存在盐池。关于上郡龟兹县的地理位置，据《水经注》载："奢延水又东合交兰水，水出龟兹县交兰谷，东南流注奢延水。奢延水又东北流，与镜波水合……奢延水又东迳肤施县，帝原水西北出龟兹县，东南流。县因处龟兹降胡著称。又东南注奢延水。"[⑦] 奢延水即今无定河，交兰水即今海流兔河，帝原水即今榆溪河。由此可知，龟兹县辖区相当今乌审旗大部。据考证，其治城即今乌审旗敖柏淖尔古城。[⑧] 那么，

---

① 《汉书》卷二八下《地理志下》，第1619页。
② 《水经注校证》卷三《河水》，第76页。
③ 国家文物局主编：《中国文物地图集·内蒙古自治区分册》下，第623页。
④ 谭其骧主编：《中国历史地图集》第2册，第17—18页。
⑤ 郑喜玉、张明刚、徐昶等：《中国盐湖志》，科学出版社，2002年，第338—339页。
⑥ 《汉书》卷二八下《地理志下》，第1617页。
⑦ 《水经注校证》卷三《河水》，第84页。
⑧ 艾冲、陈娇：《两汉上郡龟兹县治城位置新探》，《陕西师范大学学报（哲学社会科学版）》2015年第5期。

龟兹县盐官管辖的盐湖在哪里呢？

有一条史料值得重视。汉顺帝永建四年（129）尚书仆射虞诩上疏曰：“《禹贡》雍州之域，厥田惟上。且沃野千里，谷稼殷积，又有龟兹盐池以为民利。水草丰美，土宜产牧，牛马衔尾，群羊塞道。”[①] 文中的确提及“龟兹盐池”。

笔者认为，虞诩所言“雍州之域”泛指关中以北的广大地域。东汉时期，上郡龟兹县建制尚存。因此，虞诩所言“龟兹盐池”是指龟兹县境的盐池。虞诩在此强调龟兹盐池的重要性，从侧面反映出龟兹盐池的食盐产量很大。这隐含着两层含义：一是指龟兹县境可供开采的盐池众多；二是指龟兹县境有产量大、地位重要的盐池。这条史料之意应是指出龟兹境盐池数量众多。因为，若龟兹盐池系指规模很大的单个盐池，或几个盐池，则其开采具有延续性。而西汉龟兹县境的盐池在后世见诸史籍者较少。因此，汉代龟兹县境开采食盐的盐池应该很多，产盐总量很大。

在今乌审旗北部和鄂托克旗东部存在大量的盐碱湖。从地质构造观察，这些盐碱湖大多坐落在中生代古河谷侵蚀凹地或新生代风蚀凹地中，诸如今乌审旗北部的敖柏淖尔、呼和淖尔、浩通音查干淖尔、苏贝淖尔，今鄂托克旗东北部的大克伯淖尔等。这些较大的盐碱湖泊皆有可能被西汉政府开发。其中，今乌审旗北部乌审召镇的浩通音查干淖尔盐湖被重点开采的可能性最大，因为该盐湖迄今仍在大规模开发。

2. 独乐县域的盐池

《汉书·地理志》载，上郡“独乐［县］，有盐官”[②]。可知，独乐县境内已有开发的盐池。

首先，关于独乐县故城的位置，《中国历史地图集》将其标绘在今无定河南、大理河北、汉代肤施县治城东南、五龙山西北。[③] 但据《汉书·地理志》载，上郡“肤施，有五龙山、帝、原水、黄帝祠四所”[④]。《水经注》亦载：“奢延水又东迳肤施县南，秦昭王三年置，上郡治。……东入五龙山。”[⑤] 可知，五龙山在肤施县境，并非独乐县境。因此，《中国历史地图集》将独乐县标绘在肤施县城与五龙山之间，显然矛盾。其次，奢延水流过五龙山后，走马水（今大理河）流注之，在这区间并未提及独乐县。再次，倘若独乐县在奢延水和大理河之间，则此区域为外流区，河沟较多，形成盐池的可能性几乎为零，设立盐官的可能性更小。

---

① 《后汉书》卷八七《西羌传》，第2893页。

② 《汉书》卷二八下《地理志下》，第1617页。

③ 谭其骧主编：《中国历史地图集》第2册，第17—18页。

④ 《汉书》卷二八下《地理志下》，第1617页。

⑤ 《水经注校证》卷三《河水》，第84页。

笔者认为，独乐县境必定分布在“缺少地表径流的内流河湖区域。就在这个区域内，文物工作者经过实地调查发现一座汉代古城遗址——火连海城址，实可与西汉独乐县故城相对应”①。火连海子古城位于今榆阳区巴拉素镇北部。但是，今榆阳区西部如今为毛乌素沙地，广泛分布着流动沙丘，地表环境发生重大变化。汉代独乐盐池应已被滚滚流沙湮没，有待今后深入调查。但有一点可以肯定，即独乐县盐池大体应在今巴拉素镇北部火连海子古城址附近。

（三）河南地南部区域的盐池

汉代河南地南部分别隶属于安定郡和北地郡。其中，安定郡三水县和北地郡弋居县境置有盐官，必然存在开采食盐的盐池。

1. 三水县域的盐池

《汉书・地理志》载，安定郡“三水，属国都尉治。有盐官。莽曰广延亭”②。据此可知，三水县境存在着作为制盐业产地的盐池。

据《水经注》载：“［高平］川水又北，迳三水县西，肥水注之。水出高平县西北二百里牵条山西，东北流，……肥水又东北出峡，注于高平川，水东有山，山东有三水县故城，本属国都尉治，王莽之广延亭也。……县东有温泉，温泉东有盐池。故《地理志》曰：县有盐官。今于城之东北有故城，城北有三泉，疑即县之盐官也。高平川水又北入于河。”③

高平川水即今宁夏清水河，肥水即今清水河支流石峡口水，山即今宁夏大罗山，三水县故城即今宁夏同心县红城水古城。因此，三水盐池当在红城水古城东北寻找。据鲁人勇考察，《水经注》提到的“温泉”在巴庄，但因近年人文地理环境的巨大变动，现今温泉处已变成水库。④而从该水库往东不远处就是今盐池县惠安堡盐池，唐代称作温泉盐池，明清时期称作小盐池。惠安堡盐池由南、北、中三个盐池连缀而成。

结合唐代文献可知，《水经注》所指温泉就是唐代的铎洛泉水。⑤汉代的三水县盐池，盖因盐池密迩温泉，在唐代被称为温泉盐池。关于温泉盐池的地理位置，据《元和郡县图志》载：“温泉盐池，在［回乐］县南一百八十三里。周回三十一

① 艾冲：《西汉时期上郡诸县治城位置新探》，见陕西历史博物馆编：《陕西历史博物馆馆刊》第22辑，三秦出版社，2015年，第148页。
② 《汉书》卷二八下《地理志下》，第1615页。
③ 《水经注校证》卷二《河水》，第53—54页。
④ 鲁人勇：《探寻郦道元笔下的“温泉”》，《新消息报》2016年1月25日第18版。
⑤ 《元和郡县图志》卷四《关内道四・灵州》，第94页。

里。”[①]从回乐县城（今宁夏回族自治区吴忠市利通区古城村西侧[②]）向东南行183唐里路程，恰好抵达今惠安堡镇西侧的盐池区域。

据此可判定，宁夏盐池县惠安堡盐池就是汉代安定三水县盐官所管之盐池。

2. 弋居县域的盐池

《汉书·地理志》载，北地郡“弋居，有盐官”[③]。据此，北地郡弋居县存在开采食盐的盐池。

有关弋居县故城地理位置的传统说法并不可靠。据《读史方舆纪要》载：“弋居城，在［宁］州南。汉县，属北地郡，后汉因之。”[④]《中国历史地图集》亦将弋居标于宁县南部。周振鹤先生认为，弋居“治所当在今甘肃宁县南与正宁县交界处一带”[⑤]。在今宁县南部，汉代遗址和墓群分布密集，但在此区域没有盐池遗迹和矿山遗迹，与《汉书》所载“弋居，有盐官”、《后汉书》记载的“弋居有铁”[⑥]不相符合，故汉代弋居县显然不在今宁县南部。

但在今甘肃宁县的西北方、今定边县红柳沟镇北部的沙场村有一座汉代古城遗址，当为西汉弋居县故城。[⑦]此城之西与北方，即今定边县与盐池县交界区域有一条西南—东北向的盐川凹地，分布着众多的盐湖，如莲花池、红崖池、波罗池、滥泥池、花马池、苟池、敖包池、明水湖等盐湖群。这就表明此地的地形水文环境符合设立盐官的需要。

这些盐池在汉代可能是一个大型盐湖而被开发，尤其是定边县北境的苟池自北朝起以黑盐池、乌池之名屡屡见于史册，其盐矿资源很可能在汉代就已被重点开采。

西汉于元朔二年收复河南地后，开始对河南地丰富的池盐资源进行经济开发。依据《汉书·地理志》关于盐官的记载可知，西汉时期河南地的朔方、沃野、广牧、龟兹、独乐、三水、弋居七县均分布着盐池。如图所示：

① 《元和郡县图志》卷四《关内道四·灵州》，第94页。
② 艾冲：《灵州治城的变迁新探》，《中国边疆史地研究》2011年第4期。
③ 《汉书》卷二八下《地理志下》，第1616页。
④ 《读史方舆纪要》卷五七《陕西六》，第2769页。
⑤ 周振鹤：《汉书地理志汇释》，安徽教育出版社，2006年，第375页。
⑥ 《后汉书》志二三《郡国五》，第3520页。
⑦ 孟洋洋：《西汉北地郡属县治城考》，《西夏研究》2016年第2期。

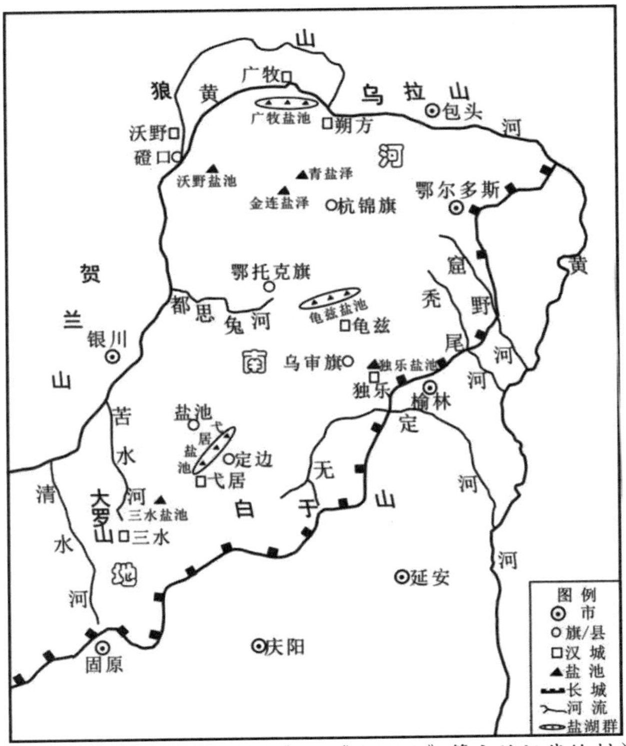

（此图依据《汉书·地理志》和《水经注》等文献记载绘制）

图6-1　西汉河南地盐池分布示意图

其中，朔方郡朔方县境的青盐泽即今杭锦旗盐海子，金连盐泽即盐海子西南约10千米的查干淖尔；沃野县境的盐池即今杭锦旗摩林河下游尾闾的查干淖尔；广牧县境的盐池应为今杭锦旗北部的胡尔吉淖、克鲁湖和张吉淖等构成的盐湖群；上郡龟兹县境的盐池众多，诸如今乌审旗北部的敖柏淖尔、呼和淖尔、浩通音查干淖尔、苏贝淖尔，今鄂托克旗东北部的大克伯淖尔等盐湖群；独乐县境的盐池当在今榆阳区巴拉素镇北部，遗址已被流沙湮没；安定郡三水县境的盐池相当今盐池县惠安堡盐池；北地郡弋居县境的盐池即今定边县北部的花马池、苟池等盐湖群。

通过对西汉河南地诸多盐池的地理位置探究，既可复原区域水文地理原貌，也可复原汉代区域经济地理真相，有助于汉代河南地食盐生产布局、经济社会发展的研究，也可推动历史时期人地关系的深入研究。

第二节　鄂尔多斯高原内流区魏晋北朝时期的湖泊与河川

东晋十六国时期（317—420），在北方地区则指十六国战乱年代（317—450）。

其时，有鄂尔多斯高原的河川、湖泊等水文地理要素的记载并不多见。就目前见于古代文献的河湖，探索其位置所在也就成为历史地理学界的重要任务。据古代文献，那时期鄂尔多斯高原的河川、湖泊可知者如下：白盐池、乌盐池、美水等；北朝时期（450—589）的主要湖泊有黑盐池。

一、白盐池

白盐池，乃十六国北朝时期鄂尔多斯高原的盐湖之一。见于《魏书》记载魏军吞灭铁弗匈奴刘卫辰的军事行动。此次事件也成为我们判断白盐池地理位置的重要依据。《魏书》载，北魏太祖道武帝拓跋珪登国六年（391）十一月戊寅，刘“卫辰遣子直力鞮寇南部。己卯，车驾出讨。壬午，大破直力鞮军于铁岐山南，获其器械辎重，牛羊二十余万［头只］。戊子，自五原金津南渡河。辛卯，次其所居悦跋城，卫辰父子奔遁。壬辰，诏诸将追之，擒直力鞮。十有二月，获卫辰尸，斩［之］以徇，遂灭之。语在《卫辰传》。卫辰少子屈丐，亡奔薛干部。车驾次于盐池。自河已南，诸部悉平。簿其珍宝畜产，名马三十余万匹，牛羊四百余万头。班赐大臣各有差。……是岁，起河南宫”①。同书《刘卫辰传》对此事件记载较为详细。“昭成［帝］末，［刘］卫辰导苻坚［军］来寇南境，王师败绩。坚遂分国民为二部，自河以西属之［于］卫辰，自河以东属之［于］刘库仁。语在《燕凤传》。坚后以卫辰为西单于，督摄河西杂类［部民］，屯代来城。……登国中，卫辰遣子直力鞮寇南部，其众八九万，太祖军五六千人，为其所围。太祖乃以车为方营，并战并前，大破之于铁岐山南，直力鞮单骑而走，获牛羊二十余万。乘胜追之，自五原金津南渡，迳入其国，居民骇乱，部落奔溃，遂至卫辰所居悦跋城。卫辰父子惊遁，乃分遣诸将轻骑追之。陈留公元虔南至白盐池，虏卫辰家属；将军伊谓至木根山，擒直力鞮，尽并其众。卫辰单骑遁走，为其部下所杀，传首［至］行宫。获马牛羊四百余万头。……卫辰第三子屈孑，亡奔薛干部帅太悉伏。”②

依据此次魏军军事行动的推进路线，可大体判定白盐池的地理位置。在魏军灭亡铁弗匈奴的第一阶段，其进军路线是从黄河五原金津渡河南上，直扑代来城（即悦跋城，今城梁古城）而攻克之。在军事行动的第二阶段，魏太祖在代来城命令诸将追击铁弗匈奴逃亡的残部，两个将军分别跟踪追击至白盐池、木根山，将刘卫辰宗族成员

① 《魏书》卷二《太祖纪》，第24页。

② 《魏书》卷九五《铁弗刘虎传》，第2055—2056页。同一部《魏书》，在不同的篇章中，将赫连勃勃写作“屈丐”或“屈孑”，名称不一致。

全部擒获。五原金津，是古代黄河的一个渡口，位于今内蒙古达拉特旗昭君坟东侧黄河上。代来城，是铁弗匈奴首领刘卫辰的统治中心，其故址位于今内蒙古自治区鄂尔多斯市东胜区城梁古城址。木根山，一般认为在今宁夏回族自治区盐池县高沙窝镇北境与内蒙古自治区鄂托克前旗的交接区域。据此，显然刘卫辰等铁弗匈奴贵族成员是自代来城朝西南方向逃亡。因此，白盐池也当在代来城西南方、距木根山不远之处。在盐池县高沙窝镇北境的木根山北方、西方，皆无发现盐湖，而在其东方，却有盐湖存在，这就是内蒙古鄂托克前旗南缘的北大池盐湖。今北大池处于城梁古城西南方向，且距西侧的高梁不远。从其外观颜色来看，北大池湖区白皑皑一片，符合白盐池的自然颜色特征。因此，十六国时期的白盐池就是今鄂托克前旗南部边缘的北大池盐湖。白盐池，后简称为白池，并成为唐代盐州白池县得名的来历。①

二、黑盐池

黑盐池，见于《魏书》所载魏道武帝在魏军吞灭刘卫辰后巡视“自河已南”地域之行动。《魏书》载，登国“七年春正月，［太祖］幸木根山，遂次黑盐池。飨宴群臣，觐诸国贡使。北之美水。三月甲子，宴群臣于［美］水滨，还幸河南宫”②。探明河南宫的确切地望，就是解决此历史地理疑难问题的关键节点。魏军既然在前一年经由五原金津南渡黄河，翌年巡视河南之地的路线必然亦同。五原郡（原为九原郡，后更名）故城即今包头市九原区麻池镇北侧的麻池古城址。黄河渡口“金津”位于麻池古城西南侧，即今达拉特旗昭君坟乡二狗湾村东侧的黄河渡口。竣工于登国六年（391）年底的河南宫，顾名思义，自然坐落在黄河南岸，且距金津不远，又能避免黄河洪水的危害。那么，完全符合这三项条件的地点唯有二狗湾村所在的黄河南岸的基岩山丘。在此基岩山丘顶巅，存在一座汉代五原郡河阴县故城——今二狗湾古城址，二狗湾村就在此古城之内。③ 二狗湾古城的东侧，就是包头市附近著名的昭君坟——青冢所在地，也是位于黄河南岸的裸露的基岩山丘上。青冢的东北侧，就是著名的昭君渡口——北朝时期称为金津。因此，北魏早期的行宫河南宫应在今二狗湾村所在高地上。其后，魏太祖先后于登国八年（393）九月、九年（394）七月、十年（395）夏六月几度来到河南宫避暑。魏太祖于十年六月巡幸至此，乃因薛干部帅太悉伏叛乱而巡

① 《新唐书》卷三七《地理志一》，第973页。

② 《魏书》卷二《太祖纪》，第25页。

③ 2015年10月，笔者组成历史地理野外考察队，曾对二狗湾古城遗址进行详细的踏勘，并用测距仪对古城城墙遗迹进行实地测量，获取第一手测量数据资料。

行河南地区，即“夏五月，幸盐池。六月，还幸河南宫”[①]。

前已述及，木根山在今盐池县高沙窝镇北境高梁，白盐池在其东方，即今鄂托克前旗南缘的北大池盐湖。魏太祖于登国七年（392）正月的巡视路线应与先一年的进军路线相同，由金津（今昭君渡）渡过黄河，南行至代来城（今城梁古城），转向西南抵达木根山。但是，他并未在白盐池畔停留，而是到达黑盐池之滨。黑盐池究竟在今何地呢？显然，黑盐池跟白盐池相似，距离木根山不会太远，但不会在木根山之南、之西或之北，因为这些地点皆跟其后的魏太祖行程不相符合。如此，只能在白盐池东面寻觅其址。恰巧，在今北大池之东、陕西省定边县盐场堡镇北境，存在一个名叫苟池的盐湖，可当黑盐池之位置。苟池位于定边县盐场堡镇北缘，该盐湖的西北有苟池西畔村，东北有苟池东畔村，南迩青［岛］银［川］高速公路，湖区平面呈现西北—东南向的不规则椭圆形状。苟池盐湖的土壤略呈黑色，当是黑盐池名称的缘起。

无独有偶，至北朝时期，史籍中仍不时提及黑盐池。例如《北史》载，西魏“文帝悼皇后郁久闾氏，蠕蠕主阿那瑰之长女也。容貌端严，夙有成智。大统初，蠕蠕屡犯北边。文帝乃与［之］约，通好结婚，扶风王［元］孚受使逢迎。蠕蠕俗以东为贵，后之来，营幕户席，一皆东向。车七百乘，马万匹，驼千头。到黑盐池，魏朝卤簿文物始至。孚奏请正南面，后曰：‘我未见魏主，故蠕蠕女也。魏仗向南，我自东面。’孚无以辞［对］”[②]。显然，黑盐池是北朝后期柔然汗国公主南赴西魏长安城途中必经之地。

第三节　鄂尔多斯高原内流区隋唐五代时期的湖泊与河川

隋唐时期，史籍关于鄂尔多斯高原的湖泊信息记载数量明显较前增多。这就为我们初步复原鄂尔多斯高原隋唐时期水文地理真相提供了依据。

诸如《元和郡县图志》载，在灵州界有温泉盐池、千金陂、红桃盐池、武平盐池、河池盐池，在盐州界有乌池、白池、细项池、瓦窑池，在夏州界有什贲故城西南二盐池、胡洛盐池。[③]

《新唐书·地理志一》载，在灵州界有温泉盐池、红桃盐池、武平盐池、河池盐池，在盐州界有乌池、白池、细项池、瓦窑池，在夏州界库狄泽、“有盐池二”，宥

① 《魏书》卷二《太祖纪》，第26页。
② 〔唐〕李延寿：《北史》卷一三《后妃传上》，中华书局，1974年，第507页。
③ 《元和郡县图志》卷四《关内道四》，第94—116页。

州境长泽、胡洛盐池。[①]

《新唐书·地理志七》在“夏州塞外通大同云中道”条较为详细地记述该道路经由的地点，其中述及道路经行的诸多湖泊、河流信息。这些信息成为考证它们所在地的重要依据。据该篇记载：

> 夏州北渡乌水，经贺麟泽、拔利干泽，过沙，次内横铲、沃野泊、长泽、白城，百二十里至可朱浑水源。又经故阳城泽、横铲北门、突纥利泊、石子岭，百余里至阿颓泉。又经大非苦盐池，六十六里至贺兰驿。又经库也干泊、弥鹅泊、榆禄浑泊，百余里至地颓泽。又经步拙泉故城，八十八里渡乌那水，经胡洛盐池、纥伏干泉，四十八里度库结沙，一曰普纳沙，二十八里过横水，五十九里至十（笔者按，其他文献作“什”） 贲故城，又十里至宁远镇。又涉屯根水，五十里至安乐戍，戍在河西堧，其东堧有古大同城。今大同城故永济栅也。北经大泊，十七里至金河。又经故后魏沃野镇城，傍金河，过古长城，九十二里至吐俱麟川。[②]

据此文献，在隋唐时期河曲地域中部，沿着夏州往天德军地区的交通线分布着诸多湖泊、河川。河川包括乌水、可朱浑水、乌那水、横水、屯根水、金河、吐俱麟川，除金河、吐俱麟川之外，其他五条河川皆在鄂尔多斯高原及其毗邻区内。湖泊包括贺麟泽、拔利干泽、沃野泊、长泽、突纥利泊、阿颓泉、大非苦盐池、库也干泊、弥鹅泊、榆禄浑泊、地颓泽、胡洛盐池、纥伏干泉、大泊，共计十四个盐湖和普通湖泉。显示出隋唐时期河曲地域中部地表河湖资源的丰富程度，也成为考证其所在地的依据。

在此，依据相关历史记载和野外调查资料，对上述湖泊、河川做逐一定位探索。

一、隋唐时期鄂尔多斯高原的盐湖

（一）温泉盐池

温泉盐池，位于唐代灵州温池县界。《元和郡县图志》载，灵州“温池县，上。西北至州［城］一百八十里。神龙五年置，县［城］侧有盐池”。又曰：“温泉盐池，在［回乐］县南一百八十三里。周回三十一里。”[③] 据此里程推断，唐代温泉盐

① 《新唐书》卷三七《地理志一》，第972—977页。

② 《新唐书》卷四三下《地理志七下》，第1147—1148页。

③ 《元和郡县图志》卷四《关内道四·灵州》，第96、94页。“神龙五年置”或作“神龙元年置”，待考。

池，就是今宁夏盐池县西南部的惠安堡西侧的小盐池。在隋唐时期，温泉盐池坐落在灵州温池县城西侧，方圆达31唐里，相当于今16.74千米。然而迄今，惠安堡盐池大为缩小，几近干涸，唯有下雨之际，才会出现较大范围的湖水，产盐量也较古代大为下降。

（二）红桃盐池

红桃盐池，据《元和郡县图志》载，怀远县境存在三所盐池，但在隋代就停止其开采活动了。其中，“红桃盐池，盐色似桃花，在县西［方］三百二十里”①。据此320唐里推算，唐代红桃盐池位于灵州怀远县城西172.8千米之处，其位置实际不在今贺兰山脉以东的宁夏平原，而是位于今贺兰山脉西侧的阿拉善高原。具体来说，其位置在今阿拉善盟阿拉善左旗查干布拉格苏木敖努图村东北的沙漠盐湖。因为唐代怀远县城，就在今宁夏银川市兴庆区（老城区）西偏南约173千米之地，大略至今阿拉善左旗查干布拉格苏木敖努图村东北，恰巧该地沙漠存在一处盐湖，可能是唐代红桃盐池。

（三）武平盐池

武平盐池，也是唐代怀远县境三所盐池之一。《元和郡县图志》称，灵州怀远县，“武平盐池，在县［城］西北一十二里”②。武平盐池故址在今银川市兴庆区西北6.48千米处，即今银川市金凤区西滩湖附近。千百年间，地貌演变、水系更替，唐代武平盐池迄今已无遗踪可觅。

（四）河池盐池

河池盐池也是唐代怀远县境三所盐池之一。《元和郡县图志》载，灵州怀远县，“河池盐池，在县［城］东北一百四十五里”③。在灵州怀远县三所盐池中，只有河池盐池是在唐代河曲地域范围。依照145唐里略等于78.3千米的距离推算，河池盐池应位于今鄂托克旗查布苏木西南部的巴音布拉格村附近地带。

（五）白池

据《元和郡县图志》载，盐州五原县，“盐池四所：一乌池，二白池，三细项池，四瓦窑池。乌、白二池出盐，今度支收粜，其瓦窑池、细项池并废”④。其中，白池，就是十六国北朝时期的白盐池，位于唐代盐州白池县境，是盐州四盐池之一。《元和郡县图志》载，盐州“白池县，上。南至州［城］九十里。景龙三年敕置，以

① 《元和郡县图志》卷四《关内道四·灵州》，第95页。
② 《元和郡县图志》卷四《关内道四·灵州》，第95—96页。
③ 《元和郡县图志》卷四《关内道四·灵州》，第96页。
④ 《元和郡县图志》卷四《关内道四·盐州》，第99页。

地近白池，因以为名”[1]。据此白池县城与盐州治城的方位、里程观察，白池县故城即今内蒙古鄂托克前旗南缘二道川乡大池村附近的古城遗址。白池位于其西侧近处，即今北大池也。

（六）乌池

乌池，就是十六国北朝时期的黑盐池，北朝后期为避讳而改称乌盐池、乌池，位于唐代盐州五原县北境，是盐州四盐池之一。前已考定，黑盐池就是今陕西定边县盐场堡镇北境的苟池，唐代乌池自然就是今苟池盐湖无疑。

（七）细项池、瓦窑池

唐代盐州四盐池之二，其地理位置是在盐州五原县境内。据考证，盐州故城位于今陕西定边县西部的红柳沟镇沙场村古城址。五原作为附郭县，治所也在沙场古城址，其西方就是高高耸立的灵盐台地东缘纵贯南北的陡崖，其北方即今盐场堡镇西部以花马池为代表的盐湖群体，包括花马池、波罗池、莲花池、烂泥池等盐湖。细项池、瓦窑池两盐湖在唐后期停止食盐生产。其故地应当就是今定边县西北部诸盐湖所在地。宋元明清时期，这些盐湖逐渐被入湖流水携带的泥沙淤积，湖水日趋变浅，波罗池、烂泥池迄今趋于干涸，莲花池湖水也少得可见湖底淤泥，唯有花马池仍然维持制盐活动。

（八）大非苦盐池

《新唐书·地理志七》在“夏州塞外通大同云中道”条载：“夏州北渡乌水，经贺麟泽、拔利干泽，过沙，次内横铲、沃野泊、长泽、白城，百二十里至可朱浑水源。又经故阳城泽、横铲北门、突纥利泊、石子岭，百余里至阿颓泉。又经大非苦盐池，六十六里至贺兰驿。”据此，自夏州城往北行进220多唐里至阿颓泉，再往北走即抵达大非苦盐池之滨。唐代可朱浑水（今海流兔河）的源头，在今乌审旗嘎鲁图镇西侧阿拉陶勒盖梁。由此北行100多唐里抵阿颓泉，大非苦盐池在其北侧。该泉当在今乌审旗嘎鲁图苏木北境的巴都柴达木村（巴嘎柴达木）西侧。此地正处在波状高原深处，地表布满流动沙丘，河溪极少，古代居民与旅客需靠地下出露的泉水补给。大非苦盐池，相当今乌审旗乌审召镇西北部的毛墩查干淖尔，或云即今达巴淖尔。亦有学者指胡同查干淖尔（浩通音查干淖尔），但此盐湖位置显得偏东，不可取。贺兰驿，依据方位与里程推算，其故址即今鄂托克旗木凯淖尔乡巴嘎撒呼勒村东北的木凯

① 《元和郡县图志》卷四《关内道四·盐州》，第99页。“南至州［城］九十里”，官本作“东南至州［城］九十里”。

淖尔古城址。[①]总之，判定大非苦盐池即今乌审旗乌审召镇西北部的毛墩查干淖尔。

（九）胡洛盐池

胡洛盐池是唐代河曲地域特别著名的盐湖。其食盐生产、运输、销售完全由唐朝中央政府控制，并作为供给北疆驻军的财源之一。关于胡洛盐池的地理位置，古代文献的记载不同。《元和郡县图志》载，夏州“长泽县，中下。东北至州［城］一百二十里。……后魏于此置长泽县，属阐熙郡。隋罢郡，以县属夏州。皇朝因之”。“胡洛盐池，在［长泽］县北五十里。周回三十里。亦谓之独乐池，声相近也。汉［代］有盐官。”[②]《新唐书·地理志》亦曰长泽县北境“有胡洛盐池”。《元和郡县图志》称“胡洛盐池，在［长泽］县北五十里”的说法是绝对错误的。此段引文出错之处有二：其一，胡洛盐池并不在长泽县城北方，而是在夏州城北方。此方位参照点不对。其二，其位置并不在长泽县城以北50唐里之地，而是位于夏州城北方500唐里处。在此处，里程出现重大误差。

依据《新唐书·地理志七》在“夏州塞外通大同云中道”条载：“夏州北渡乌水，经贺麟泽、拔利干泽，过沙，次内横铲、沃野泊、长泽、白城，百二十里至可朱浑水源。又经故阳城泽、横铲北门、突纥利泊、石子岭，百余里至阿颓泉。又经大非苦盐池，六十六里至贺兰驿。又经库也干泊、弥鹅泊、榆禄浑泊，百余里至地颓泽。又经步拙泉故城，八十八里渡乌那水，经胡洛盐池、纥伏干泉，四十八里度库结沙，一曰普纳沙”。夏州城至乌那水南岸约为480唐里，那么毫无疑问，胡洛盐池南距夏州城的里程达至500多唐里。

前已述及，乌那水即今杭锦旗陶勒沟河。经由乌那水下游河道北去，再行走二三十唐里就抵达胡洛盐池之滨。而今陶勒沟河川向西北流而注入今巴音乌素镇东侧的巴音乌素盐海，因此，唐代胡洛盐池即今巴音乌素盐海（盐海子、哈日芒乃淖尔）。胡洛盐池（巴音乌素盐海）东畔是唐代“夏州塞外通大同云中道”必经之地，交通地位重要。《元和郡县图志》“天德军”条载，天德军，“西取宁远镇故洛盐池，经夏州至上都一千八百里”。其中，“故洛盐池”之“故”是“胡洛盐池”的“胡”字之笔误。于此可见，胡洛盐池所处交通地位之重要。

---

① 艾冲：《唐代夏州城通往丰州区域的道路考述》，《中国边疆史地研究》2014年第3期。乌审旗的胡同查干淖尔、苏贝淖尔、巴音淖尔、呼和陶勒盖淖尔、木凯淖尔、浩勒报吉淖尔，皆有盐碱资源。

② 《元和郡县图志》卷四《关内道四·夏州》，第102页。

二、隋唐时期鄂尔多斯高原的普通湖泊、泉眼

（一）贺麟泽

贺麟泽，见于《新唐书・地理志七》："夏州北渡乌水，经贺麟泽、拔利干泽，过沙，次内横铲、沃野泊、长泽、白城，百二十里至可朱浑水源。"据此可知，自夏州城北去的道路渡过乌水（今纳林河）后，经过的第一个湖泊就是贺麟泽。其位置应在今乌审旗无定河镇北部的通史村和毛布拉格村之间低洼湖滩地。

（二）拔利干泽

拔利干泽，据前列引文，位于贺麟泽北方，即今乌审旗无定河镇陶利村与新庙梁村之间。经过拔利干泽之畔继续向北行进，穿过初期毛乌素沙地流沙带，其地在今乌审旗陶利村北至阿拉陶勒盖村之间区域。

（三）沃野泊

沃野泊，位于初期毛乌素沙地流沙带之北，大略推定在今乌审旗嘎鲁图镇西南侧的陶日庙淖尔。2016年10月，笔者在当地进行野外考察时发现陶日庙淖尔迄今已无水，成为季节性湖泊。

（四）长泽（北）

长泽，位于沃野泊西北方。就其地望而言，相当于今陶日庙淖尔西北方的淖尔。白城，坐落在契吴山顶，是赫连勃勃登高远眺而大发感慨之地，其子赫连昌特意在彼处构筑白城，内建勃勃庙，以供纪念与祭祀。其故址当在今乌审旗驻地嘎鲁图镇西南的阿拉陶勒盖低山丘陵上。阿拉陶勒盖，亦称阿拉托洛海、阿拉特老亥，乃蒙古语地名被音译为汉语时用字不同所致。阿拉陶勒盖东北距嘎鲁图镇约12千米，并向西北延伸至该镇西侧。因此，判断契吴山巅当在今嘎鲁图镇正西、杭根司呼勒村南的1343米高地往东至阿日木苏莫村一带，白城遗址亦当在其地寻觅。白城故址，据当地知情人所言，应在该湖泊北岸的山梁最高点附近。自此向北跨越可朱浑水源（今海流兔河古代发源地）继续北上。

（五）突纥利泊

突纥利泊，《新唐书・地理志七》载："又经故阳城泽、横铲北门、突纥利泊、石子岭，百余里至阿颓泉。又经大非苦盐池，六十六里至贺兰驿。又经库也干泊、弥鹅泊、榆禄浑泊，百余里至地颓泽。"关于故阳城泽，"泽"乃"驿"之笔误，应作故阳城驿，今地待查。横铲北门，亦待考。突纥利泊，相当今乌审旗嘎鲁图苏木北部

呼和淖尔湖。石子岭，推定为今呼和淖尔湖北1447米高地。[①]

（六）阿颓泉

阿颓泉，位于可朱浑水源北约100余唐里处。依此量算，该泉当在今乌审旗嘎鲁图镇巴嘎柴达木村西侧。此处正在波状高原深处，地表布满流动沙丘，河溪极少，古代居民与旅行者需靠地下出露的泉水补给。其北方就是大非苦盐池，即今乌审旗乌审召镇西北部的毛墩查干淖尔。[②]

（七）库也干泊

唐代库也干泊，今应已干涸。其位置略当今鄂托克旗木凯淖尔乡东境的木凯淖尔湖盆。[③]

（八）弥鹅泊

就《新唐书》所载“夏州塞外通大同云中道”历经地点顺序与方向而言，弥鹅泊，略即今木凯淖尔乡西北部的大克泊尔湖。[④]

（九）榆禄浑泊

榆禄浑泊，当已堙塞，略当今鄂托克旗沙井镇东北隅的干海子湖盆。[⑤]

（十）地颓泽

地颓泽，也是“夏州塞外通大同云中道”经由的湖泊之一。其位置当在杭锦旗浩绕柴达木苏木南部某地，即今柴登河源头附近，今应已干涸。[⑥]

（十一）纥伏干泉

纥伏干泉，“夏州塞外通大同云中道”经过地颓泽后，“又经步拙泉故城，八十八里渡乌那水，经胡洛盐池、纥伏干泉，四十八里度库结沙，一曰普纳沙”。步拙泉故城，位于乌那水南侧，依文物考古资料可知，相当今杭锦旗浩绕柴达木苏木北部的霍洛柴登古城遗址。既然称作故城，无疑是指前代遗留的城址，唐朝并未利用。乌那水，如前所述，即今杭锦旗境的陶勒沟河。渡乌那水的地点当在今杭锦旗浩绕柴达木苏木北境的乌兰呼舒村附近。胡洛盐池，即今杭锦旗境的巴音乌素盐海。因此，其北方的纥伏干泉，应是库结沙（今库布齐沙漠的初期名称）南缘一处地下水出露点，成为人们行旅中途取水解渴的重要地点，其位置应在杭锦旗巴音乌素镇北部乌顶

① 艾冲：《唐代夏州城通往丰州区域的道路考述》，《中国边疆史地研究》2014年第3期。
② 艾冲：《唐代夏州城通往丰州区域的道路考述》，《中国边疆史地研究》2014年第3期。
③ 艾冲：《唐代夏州城通往丰州区域的道路考述》，《中国边疆史地研究》2014年第3期。
④ 艾冲：《唐代夏州城通往丰州区域的道路考述》，《中国边疆史地研究》2014年第3期。
⑤ 艾冲：《唐代夏州城通往丰州区域的道路考述》，《中国边疆史地研究》2014年第3期。
⑥ 艾冲：《唐代夏州城通往丰州区域的道路考述》，《中国边疆史地研究》2014年第3期。

布拉村、门根村北的无名泉水所在地。

（十二）长泽（南）

此名为长泽的湖泊，位于夏州长泽县城北侧，平面呈东西长、南北窄的形状。唐代长泽县故城，即今内蒙古鄂托克前旗东南部的城川古城，位于夏州城西南120唐里处。① 其北侧湖盆低洼地，就是古代湖泊长泽所在地。由于毛乌素沙漠的侵袭、气候趋于干燥，长泽今基本无水，唯在降雨之期方有积水。我们在过去数年间多次来城川古城一带进行野外考察，亲眼所见长泽湖盆洼地，草类生长还算旺盛，村民将大型牲畜诸如马、牛赶至该湖滩地放牧。

（十三）千金陂

千金陂，亦称千金大陂。唐代千金陂位于鄂尔多斯高原西侧毗邻区——今宁夏平原上。《元和郡县图志》载，灵州“灵武县，上。东南至州［城八］十八里”。又曰：“千金陂，在［灵武］县北四十二里。长五十里，阔十里。”② 具体指出千金陂湖泊的地理位置。唐代灵州灵武县故址在今宁夏永宁县李俊镇（驻李俊堡村）附近。由此往北40唐里（21.6千米）就是千金陂南岸，即今银川市南部兴泾镇以东区域，东邻永宁县望远镇西部六坊行政村地界。千金陂自此往北延伸50唐里，东西宽约10唐里，抵达唐代怀远县境，即今贺兰县常信乡西南部五渠村与银川市北部南梁农场之间。《元和郡县图志》载，灵州“怀远县，上。南至州［城］一百二十五里。在州［城］东北，隔河一百二十里。……新堡，在［怀远］县［城］西北四十里。永昌元年置。堡内安置防御军二千五百人，粮五万石。旧名千金堡，今名新堡”③。这就清楚地表明，新堡的曾用名——千金堡得名来源于千金陂，即千金堡建置在今银川市北境的南梁农场附近，坐落在千金陂西北畔而得名。千金陂湖区平面呈现出南北长、东西窄的形状。宁夏平原自古就是灌溉农业发达之区，千金陂的形成，当与唐代宁夏平原农业灌溉退水汇聚于低洼地带存在着一定的关联。

三、隋唐时期鄂尔多斯高原的内流河川

（一）乌那水

乌那水仅见于《新唐书·地理志七》关于“夏州塞外通大同云中道”的叙述，即“夏州北渡乌水，经贺麟泽、拔利干泽，过沙，次内横铲、沃野泊、长泽、白城，

① 《元和郡县图志》卷四《关内道四·夏州》，第103页。
② 《元和郡县图志》卷四《关内道四·灵州》，第95页。
③ 《元和郡县图志》卷四《关内道四·灵州》，第95—96页。

百二十里至可朱浑水源。又经故阳城泽、横铲北门、突纥利泊、石子岭，百余里至阿颓泉。又经大非苦盐池，六十六里至贺兰驿。又经库也干泊、弥鹅泊、榆禄浑泊，百余里至地颓泽。又经步拙泉故城，八十八里渡乌那水”。它位于夏州城北方480唐里（259.2千米）之外。依此里程数据推断，流经今杭锦旗东南部、中部的陶勒沟，就是唐代河曲地域的河川乌那水。

（二）横水

这条横水河川因为“夏州塞外通大同云中道”而被今人知晓。《新唐书·地理志七》载，夏州往丰州天德军的道路“又经步拙泉故城，八十八里渡乌那水。经胡洛盐池、纥伏干泉，四十八里度库结沙，一曰普纳沙，二十八里过横水，五十九里至十贲故城，又十里至宁远镇”。换言之，自乌那水往北76唐里，就抵达横水河畔。从今乌兰呼舒村附近渡过乌那水，再往北行76唐里，就是今毛布拉孔兑河的西侧支流河道，它由西南向东北流去，横亘在赴丰州、天德军的道路上。迄今因为库布齐沙漠的漫延覆盖，河道已遭流沙覆掩，但仍有长流水流淌，流至乌兰额日格村南侧，汇入毛布拉孔兑河。因此，唐代横水即今杭锦旗巴彦乌素镇北部的迈勒沟河东侧支流河川，或云毛布拉孔兑河的西侧支流河川。

第四节　鄂尔多斯高原内流区宋元明清时期的湖泊与河川

在宋元明清这个历史时段，鄂尔多斯高原经历多次政治局势变动的洗礼、民族分布格局的变迁。在不同的民族分布背景下，河川、湖泊的名称也多有变化，加之古代文献记载的详略不同，留给后人的文献资料相当有限。在此仅就目力所及范围的文献资料，分作宋元、明、清三个阶段予以分析和定位探索。

一、宋元时期鄂尔多斯高原的湖泊及河川

（一）地斤泽

地斤泽，首见于《宋史》记载。“继捧之归宋，时年二十，留居银州，及［朝廷］使至，召缌麻亲赴阙，乃诈言乳母死，出葬于郊，遂与其党数十人奔入地斤泽，泽距夏州东北三百里。太平兴国八年，知夏州尹宪与都巡检曹光实侦知，夜袭破之，斩首五百级，焚四百余帐。继迁与其弟遁免，获其母与妻。”[①]据此，地斤泽位于夏

① 《宋史》卷四八五《外国一》，第13986页。

州城东北方300里处。夏州城，即今陕西靖边县红墩界镇白城子古城。若在此东北300唐里范围探查，地斤泽当在今乌审旗东北境及伊金霍洛旗西部之地。但是，这一带湖泽为数众多，究竟应是哪一个当代湖泊呢？300唐里相当于今162千米，依此距离测算，宋代地斤泽应位于今乌审旗东北部的巴嘎淖尔与伊金霍洛旗其和淖尔、乌兰淖尔一带。

（二）安庆泽

安庆泽，乃北宋时期夏州境内湖泊之一。《宋史》载："淳化初，［继捧］与继迁战于安庆泽，继迁中流矢遁去。保忠乞师御继迁，遣商州团练使翟守素率兵援之。""淳化初，［继迁］复与继捧战于安庆泽，不利。转攻夏州，继捧乞师，及翟守素来，又奉表归款，授银州观察，赐名保吉，子德明管内蕃落使、行军司马。"① 是时，李继捧任职于夏州，李继迁来攻，交战之地——安庆泽应距离夏州城不甚遥远。若此推断不误，安庆泽应在夏州城之西北方。那么，今乌审旗嘎鲁图镇西北境的浩勒报吉淖尔大体可当之。

（三）乌白池

乌白池，乃乌池、白池的合称。《宋史》载，至道二年"九月，［帝］亲部分诸将，继隆出环州，丁罕出庆州，范廷召出延州，王超出夏州，张守恩出麟州，五路进讨，直抵平夏。……［李继隆、丁罕］又行十余日无所见，乃引还。张守恩遇之，不战而遁。王超、范廷召遇之于乌白池，大小数十战，不利，诸将失期，士卒困乏"。② 引文中的乌白池，实为乌池、白池的连称，实际是指两个盐池。乌池，亦称黑盐池，即今陕西定边县盐场堡镇北部的盐湖——苟池。白池，即今内蒙古鄂托克前旗南境的盐湖——北大池。

（四）察罕脑儿

《元史》所载"察罕脑儿"，今人写作"查干淖尔"，皆指某个白色湖泊，发音基本相同，只是由蒙语音译成汉语时古今用字不同罢了。因此，自元代迄今，被称作"查干淖尔"的蒙古语湖泊名称一直沿用下来。但是，在鄂尔多斯高原地域，迄今被称作查干淖尔的盐湖存在多个，哪一个才是元代察罕脑儿呢？察罕脑儿湖滨，曾经是元朝皇族成员——安西王等人的行宫驻在地。因此，元代那里应是水草丰茂的草原地区。据此，元代察罕脑儿应是今乌审旗图克镇东部与伊金霍洛旗边界附近的查干淖尔盐湖。

---

① 《宋史》卷四八五《外国一》，第13984—13985、13986页。

② 《宋史》卷四八五《外国一》，第13988页。

在该盐湖西北侧存在一处瓦片梁遗址，在该湖南方存在大壕赖遗址、呼吉尔图遗址。瓦片梁遗址，位于乌审旗图克镇北部，“面积约5万平方米，文化层厚约1米。采集有汉代绳纹筒瓦、板瓦、云纹瓦当，泥质灰陶敛口和直口折沿盆、小口直沿罐；北魏素面瓦、灰陶盘口长颈壶、夹砂大口罐等残片”。大壕赖遗址，位于乌审旗图克镇东南部（原呼吉尔图乡乡政府驻地东约2.5千米），时代为汉代、北宋至元代，“面积约600平方米，文化层厚约0.4米。地表可见烧土块、人骨、陶片、瓷片、石器等。采集有汉代泥质灰陶敛口罐、瓮；宋至元代黑釉直壁碗、敛口圆唇黑釉缸等残片”。呼吉尔图遗址，位于乌审旗图克镇东南部（原呼吉尔图乡呼吉尔图村西南约4千米），时代为北朝至元代，遗址“面积约5000平方米，文化层厚约0.5米。地表暴露建筑基址5处，及残砖、瓦等。采集有绳纹瓦、泥质灰陶敛口直沿罐、厚卷唇鼓腹瓮等残片”。大壕赖遗址、呼吉尔图遗址，位于查干淖尔南方，应与元代安西王的察罕脑儿行宫有关联。至于瓦片梁遗址，其时代尚需进一步甄别。

元代鄂尔多斯高原地域的其他湖泊未见诸文献，区域河川名称基本跟现代地名一致，故在此从略。

二、明朝时期鄂尔多斯高原地域的湖泊及河川

明代文献记载鄂尔多斯高原湖泊、河川较多者，主要是在高原的南部区域，其北部区域则相对较少。在此因明代军镇地方志与兵要地志的记载，略考高原南部及其毗邻区域的湖泽与河川。明人魏焕编撰的《皇明九边考》一书，对延绥镇、宁夏镇管区内的湖泊、河川有所记录，成为探究明代鄂尔多斯高原地域水系的重要依据。该书称：“虏众临墙止宿，必就有水泉处安营饮马。今花马池墙外有锅底湖、柳门井，兴武营［墙］外有虾蟆湖等泉，定边营［墙］外有东柳门等井，余地无井泉，又多大沙凹凸。或产蒿，深没马腹，贼数百骑或可委曲寻路而行，多则不能，故设备之处有限。”①。在此试做分析如下。

（一）锅底湖

《皇明九边考》载：“定边营墙外二十里，地名锅底湖者，一名旧花马池。所产盐视内大盐池尤美。嘉靖九年，虏一枝设营帐于彼，住牧诸虏来取盐者，皆依之。其贼每于高处望见内大盐池商贩牛车行走，即拆墙驰入剽掠。是以大盐池积课二十余万，商人不敢支。总兵梁震提兵至定边营。次日，贼入。震督兵出击，追至锅底湖，

---

① 《皇明九边考》卷七《榆林镇·经略考》，第13a页。

大破之。斩首三十级，夺获鞑马二十三匹。自是［虏贼］不敢近湖住牧。”[①] 据此可知，所谓锅底湖，就是今陕西定边县盐场堡镇北部的苟池盐湖。

（二）虾蟆湖

《皇明九边考》：“兴武营［墙］外有虾蟆湖等泉，定边营［墙］外有东柳门等井，余地无井泉，又多大沙凹凸。”兴武营故城，即今宁夏盐池县高沙窝镇北部的兴武营古城。其北侧长城之北地方属于今内蒙古鄂托克前旗上海庙镇特布德嘎查地界。因此，明代虾蟆湖应在今鄂托克前旗特布德村南部寻觅。今天，此地并无明显的湖泊，显然已被毛乌素沙漠流沙湮塞。

（三）花马池

明代花马池即今陕西定边县盐场堡镇大池盐湖。宁夏明长城沿线的花马池营，就是因此盐湖而得名。《明史》载：“［宣德］七年春，［史昭］以征西将军镇宁夏。孛的达里麻犯边，遣兵击之，至阔台察罕，俘获甚众。进都督同知。正统初，昭以宁夏孤悬河外，东抵绥德二千里，旷远难守，请于花马池筑哨马营，增设烽堠，直接哈剌兀速之境。边备大固。”[②] 明清地方志文献记载充分证明这一事实，在此不赘。至今，花马池（大池）仍旧在开采盐矿。

（四）红盐池

《明史》载，成化九年（1473），“九月，满都鲁及孛罗忽、癿加思兰留妻子老弱于红盐池，大举深入，直抵秦州、安定诸州县。［王］越策寇尽锐［而］西，不备东偏，乃率延绥总兵官许宁、游击将军周玉各将五千骑为左右哨，出榆林，逾红儿山，涉白盐滩，两昼夜行八百里。将至，暴风起，尘翳目。一老卒前曰：‘天赞我也。去而风，使敌不觉。还军，遇归寇，处下风。乘风击之，蔑不胜矣。’［王］越下马拜之，擢为千户。分兵千为十覆，而身率［许］宁、［周］玉张两翼，薄其营，大破之。擒斩三百五十，获驼马器械无算，焚其庐帐而还。及满都鲁等饱掠归，则妻子畜产已荡尽，相顾痛哭。自是远徙北去，不敢复居河套，西陲息肩者数年”[③]。成化九年九月，明朝政府军在王越、余子俊的指挥下，长途奔袭红盐池附近南下的蒙古满都鲁等部落营地，取得胜利。[④] 所谓红盐池，是因盐湖之水呈红色而得名，可能是由于湖水中盐藻繁殖的结果，这是该盐湖的一个自然特征。按照这个自然特征来观察

---

① 《皇明九边考》卷七《榆林镇·经略考》，第13a—13b页。

② 《明史》卷一七四《史昭传》，第4632页。

③ 《明史》卷一七一《王越传》，第4572—4573页。

④ 艾冲：《余子俊督筑延绥边墙的几个问题》，《陕西师范大学学报（哲学社会科学版）》1986年第1期。

与判断，今伊金霍洛旗西部的乌兰淖尔符合这个特征。乌兰，在蒙古族语言中是红色之意。红色之湖，与红盐池的特征一致。因此，明代鄂尔多斯高原的红盐池应是今伊金霍洛旗红庆河镇驻地——纳林希里村西南侧的乌兰淖尔。此外，所谓红盐池即今红碱淖之说，对于南掠的满都鲁等部来说，失诸偏东南，更不安全，故不妥。

（五）白盐滩

白盐滩，据上述《明史》引文，白盐滩应是赴红盐池途中的一处盐湖干涸后的遗迹。红盐池的地理位置，前已推定在伊金霍洛旗西部的乌兰淖尔，因此，白盐滩当位于其南方某处。据此，可推定白盐滩在今乌审旗图克镇查干淖尔村附近。查干，蒙语即白色之意。当地应存在一片干涸的盐湖滩地。

（六）明水湖

此乃明代定边营段长城北侧的一个湖泊。此湖迄今犹在，名称依旧，即距今定边县白泥井镇明水湖村东南侧、白刺湾村东2千米的明水湖。湖区范围广阔，湖水亦较为丰沛。

上述诸湖分布在鄂尔多斯高原南部。

（七）鸭子湖

《明史》载，成化八年（1472），“满都鲁［部落］等屡犯延绥，［许］宁率镇兵力战。寇不得志，乃出西路，直犯环庆、固原。［许］宁将轻骑夜袭之［于］鸭子湖，夺马畜而还。又明年，寇入榆林涧，与巡抚余子俊败之”[①]。引文的西路乃延绥镇西路，即指定边营城至龙州堡地段。满都鲁部落取道于延绥镇西部防区，扑向今甘肃省环县、庆城县之地抢掠。延绥总兵许宁率兵乘夜色奔袭其后方大营，取得成功。据此，鸭子湖应在延绥镇定边营之北方、内蒙古鄂托克前旗南部，略当今鄂托克前旗珠和苏木西部的呼勒斯淖尔、查干淖尔所在地。其位置恰好处在延绥镇定边营之北方。是时，延绥镇长城尚未建起，满都鲁部落自此启程，纵马南下抢掠环庆、固原等地，正好取道延绥镇西路向南驰骋。因此，依据蒙古族满都鲁部落南掠的行进路线、方位可知，明代鸭子湖应在鄂托克前旗珠和苏木西面的呼勒斯淖尔、查干淖尔一带。

（八）三塔湖

据《嘉靖宁夏新志》载，三塔湖“在［宁夏镇］城东北三十里”，即今宁夏银川市兴庆区老城区东北15千米处，相当于今贺兰县金贵镇北部潘永日村至江南村之地。

---

① 《明史》卷一七四《许宁传》，第4637页。

（九）高台寺湖

据《嘉靖宁夏新志》载，高台寺湖“在［宁夏镇］城东十五里”，即今宁夏银川市兴庆区老城区东北7.5千米处，相当于今银川市兴庆区丽景北街南段的高台寺小区东侧之地，略当今丽景湖公园及其附近。

（十）巽湖

据《嘉靖宁夏新志》载，巽湖“在［镇］城东南三十五里”，即今宁夏银川市兴庆区老城区东南约17.5千米处，相当于今银川市兴庆区掌政镇永固村周边之地。

（十一）观音湖

据《嘉靖宁夏新志》载，观音湖“在［镇］城西北九十三里，贺兰山大水口下”，即今银川市西北约46.5千米、贺兰山大水口东侧，相当于今宁夏石嘴山市平罗县西部崇岗镇常青村东面的镇朔湖之地。

（十二）月湖

据《嘉靖宁夏新志》载，月湖“在［镇］城北三十五里。以形似名”。据此，明代月湖位于今银川市北方17.5千米处，相当于今宁夏贺兰县常信乡桂文村西侧、团结村东侧之椭圆形湖泊及其周边之地。

（十三）长湖

据《嘉靖宁夏新志》载，长湖“在［镇］城南十五里”。据此，明代长湖在今银川市兴庆区之南约7.5千米之处，相当于今永宁县北部望远镇附近之地。此地今已无湖泊形迹。

（十四）暖泉

据《嘉靖宁夏新志》载，暖泉“在［镇］城西北八十里”，即在今银川市兴庆区老城区西北约40千米处，相当于今平罗县暖泉村附近。

（十五）沙湖

据《嘉靖宁夏新志》载，沙湖“在［镇］城东二十里”。据此，明代沙湖应位于今银川市兴庆区旧城东约10千米处，相当于今银川市兴庆区掌政镇北部镇河村东侧之地，恰巧当地今仍存在一个小型湖泊。

上述诸湖泊分布在明代宁夏平原上，属于鄂尔多斯高原的西侧毗邻区存在的湖泊群体。

三、清朝时期鄂尔多斯高原的湖泊及河川

至清代，由于农耕活动再度转趋活跃、人口持续增加，人们对鄂尔多斯高原的

河川、湖泊认知越来越明确，其名称基本被各种文献记载。经田野调查、古今地图勘读，相关河湖名称所指地理位置遂得以确定。

（一）黄水河

黄水河，即今杭锦旗西部的摩林河。其尾闾湖——红水池，即今查干淖尔盐湖。

（二）兔河

兔河，即今杭锦旗东部的内流河——陶勒沟河。其尾闾湖——锅底池，即今巴音乌素盐海（哈日芒乃淖尔）。

（三）巴哈池

巴哈池，即今乌审旗北境的巴嘎淖尔。

（四）大兰土禄池

大兰土禄池，即今鄂托克旗沙井镇北侧的达楞图如淖尔湖。

（五）西喇布里都池

西喇布里都池，即今鄂托克旗查干淖尔镇南部的小哈马尔台淖尔（小哈马尔代海子）。

（六）特默图池

特默图池，即今鄂托克旗苏米特苏木北部、乌（审旗）鄂（托克旗）公路北侧沙漠中的乌日都音淖尔（乌杜淖尔）。

（七）佟哈拉克湖

佟哈拉克湖，即今陕西靖边县柠条梁镇北境的黄羊地海子村、马杜海子村、大水坑村，定边县堆子梁镇东部的白土岗子村、小海子村、小滩子村、王滩子村一带低洼地区。以上诸湖属于内流水系（包括内流河、湖泊）。

（八）博木池

博木池，即今鄂托克旗都斯图河下游河段之湖泊，西临今内蒙古与宁夏边界。今已湮塞。

（九）红水池

红水池，即今杭锦旗西部的摩林河下游尾闾湖——查干淖尔盐湖，当时因盐湖水色泛红而得此名。晚近该盐湖干涸后形成盐碱结晶而外观呈现白色，故称查干淖尔。

（十）锅底池

锅底池，即今杭锦旗东部的陶勒沟河下游尾闾湖——巴音乌素盐海。

（十一）巴尔哈逊泊

巴尔哈逊泊，即今达拉特旗中部的罕台川下游尾闾湖，位于今树林召镇西北、黄河南侧。现在已干涸无水。

（十二）奈马代池

奈马代池，即今达拉特旗东部哈什拉川河（清代喀西拉克河）下游尾闾湖，位于今树林召镇东北、今黄河南侧的湖滩洼地。今已干涸无水。

（十三）哲格苏台池

哲格苏台池，即今达拉特旗东部东柳沟河（清代哲格苏台河）下游尾闾湖，位于今达拉特旗吉格斯太镇东北、今黄河北侧。今已湮塞。

（十四）坎台河

坎台河，即今达拉特旗中部的罕台川。其尾闾湖即巴尔哈逊泊。

（十五）喀西拉克河

喀西拉克河，即今达拉特旗中部的哈什拉川。其尾闾湖即奈马代池。

（十六）哲格苏台河

哲格苏台河，即今达拉特旗东部的东柳沟河。其尾闾湖即哲格苏台池。迄清代嘉庆二十五年（1820），巴尔哈逊泊、奈马代池、哲格苏台池依旧存在。这就表明，其时旧黄河尚未改道南徙。

四、探察内流区历代湖泊与河川地望的意义

历史时期鄂尔多斯高原的内流水系的地理位置探索是一个重大的历史地理专题。解决这个专题具有何种学术价值和现实意义呢？在此予以简要的析述。

第一，探索湖泊、河川的真实位置是研究古代地理环境的需要。因为唯有复原不同时段湖泊、河川的真实位置，才能再现特定阶段自然地理环境的真实面目。内流水系（包括河川、湖泊和泉眼）随着岁月的推移会发生变化，因此，各个历史时段自然地理环境面貌也会存在不同程度的差异。

第二，探索湖泊、河川的真实位置是解释不同时期人们经济活动空间布局差异的需要。水资源是人类赖以生产、生活的重要物质基础。农耕、畜牧、矿产开发和交通运输等人类经济活动皆需依赖不同的水资源，否则就难以为继，更谈不上发展与扩大。古代人们的日常生活也是如此。

第三，探索湖泊、河川的真实位置是了解古代不同时段军事活动真实历程的地理基础。凡是军事行动涉及的河川、湖泽，皆应对其进行定位研究，以便准确地复原战争环境、驻防体系、后勤保障体系的空间布局，探讨军事活动与自然地理环境间的互动关系，为当代军事地理提供历史参考。

第四，不同时段湖泊、河川的定位研究成果，使今人获取特定区域河湖等自然地理要素空间布局变迁的完整图谱。因为，复原不同时段的湖泊、河川的真实位置，可形成一系列由早及晚的历史自然地理演变进程的横断面。这就为今人提供数千年间陆地水文系统变迁的真实过程。

第五，不同时段湖泊、河川的定位研究成果，可用以阐述特定区域人类文明的演进为何是如此，而非如彼，探寻人类文明发展、演变的根本原因。在此基础上，为区域人类文明今后的可持续发展、进步提供历史地理学的支撑与借鉴。

综上所述，历史水文地理研究既具有重要的学术价值，也具有显著的现实意义。水文地理学研究的内容既包括外流水系，同时包括内流水系。两个方面的研究对象都包含河川、湖泊以及水泉等地理要素。不同的水系形成面积、规模、流量与流程不同的流域，成为必须甄别清楚的基本问题。

结　语

本书第一章“历史时期鄂尔多斯高原的地貌变迁”主要分区探究古代地貌变迁的历程、特点和影响因素，以及对当代区域社会生产、居民生活的长远影响。

在鄂尔多斯高原这个特定地域，不同历史时期区域地理面貌先后发生了巨大的变化。首先初期库布齐沙漠在高原西北部诞生与发展起来，逐渐向周边扩散开来，推动当地及邻区地表面貌逐步沙漠化。其次，初期毛乌素沙漠也在高原的中西部形成和漫延扩张，不断地向东南流动或飞扬，覆盖草原、耕地、河川、湖泽、山梁、谷地，沙漠化土地分布范围逐步扩大。最后，高原东部外流河川区域发生愈来愈严重的地表径流侵蚀土壤现象，造成水土流失灾害缓慢趋重，农牧经济环境日益恶化。追究其地貌变迁的动力因素，可归为三类——气候条件产生的自然动力、地表以下潜伏的沉积沙物质、人类经济活动破坏天然植被的影响。诸种动因综合作用，就会在高原的某个生态脆弱区域率先产生就地潜沙泛出、流水侵蚀切割等新型地貌的早期形态。

其后历经宋元明清至民国时期，库布齐沙漠流沙带扩张至今准格尔旗东北境、黄河西岸，高大连绵的沙山（沙丘）逼临黄河河道，乃至于发展成当代库布齐沙漠的空间格局。早期库布齐沙漠在魏晋至隋唐时段经历由七处流动沙丘群渐次壮大为沙漠的过程，至9世纪，其分布范围大体在西限黄河，北临黄河南支河道，东达今杭锦旗北部的毛布拉格孔兑沟西侧，南缘在今杭锦旗巴音乌素镇乌顶布拉村、门根村至摩仁河下游以北的区域。

毛乌素沙漠的历史变迁大致分作唐后期、宋元明时期、明末迄今三个阶段，各地段沙漠形成时间各不相同。其西北部沙漠起源最早。各种佐证表明，初期毛乌素沙漠大体形成于唐代开元、天宝年间的宥州故地，即今鄂托克旗和鄂托克前旗的东半部。

初期毛乌素沙漠的成因并非农业垦殖活动，而是自唐代贞观四年（630）迄天宝年间长期而过度的驻牧型畜牧经济活动，破坏了天然草原生态系统所致。

历经清代中后期、民国时期而至晚近，水土流失问题在鄂尔多斯高原部分区域愈演愈烈，流水侵蚀地貌分布范围也越来越广泛。水土流失类环境退化是一种渐进式慢性自然灾害，轻者使耕地水土流失、肥力下降，农业产出量甚少，难于满足广大农民生活之需要；重者则导致山坡、塬面、梁峁、丘陵等地表支离破碎，沟壑纵横，农地被冲蚀殆尽，耕地减少。农民遂失掉最基本的农业生产资料，生活逐渐趋于贫困。

当地的天然植被消亡，相关的林草副业（诸如林产品、采集中草药材、栽培药用植物、狩猎物、驯化饲养动物、畜牧产品等）也就无从经营。基本生活资料的匮乏，经济收入减少，进而制约当地居民的文化生活与精神生活的改善。因此，在这些地区治理水土流失，改造流水侵蚀地貌，终止其发展演化的进程，显得十分迫切。重建生态系统，恢复绿色植被，既十分必要，更迫在眉睫。

从明清时期鄂尔多斯高原外流河川流域发生水土流失问题的进程来剖析，其原因无外乎自然因素和人为因素。自然因素包括：地表土壤质地因素、地势地形条件和地表径流及其流量。人为因素包括：过度开垦土地引致天然植被不断消亡；天然植被的消亡致使地表土壤裸露与干燥，因流水侵蚀而引发水土流失；广种薄收的生产方式与无节制的生活方式推动着天然植被的持续消减。

第二章“鄂尔多斯高原段黄河及其支流河川”主要梳理了鄂尔多斯高原当代真实存在的黄河干流河道及支流河川的分布位置，以及它们的流程、长度、水量等概况。

鄂尔多斯高原段黄河，是指围绕着该高原西、北、东边缘流行的黄河河道。自宁夏回族自治区中宁县鸣沙洲镇流入该高原西部边缘，一直向北流至内蒙古自治区磴口县三盛公水利枢纽大坝；再转向东北而流向东方，至准格尔旗北境十二连城古城北侧，转为东南流向，至准格尔旗东孔兑镇准孔兑沟入黄口转为南流；自此向南流经秦晋两省东西各六县之间，成为两省界河，至陕西清涧县河口村南侧的无定河入黄口之南，流出鄂尔多斯高原东南边界。

在鄂尔多斯高原段“凹”形平面布局的黄河左、右两侧，注入黄河干流的支流河川为数众多。鄂尔多斯高原西部地势平缓、很少有大的起伏。当地自古以来河川较少，唯有五条河川可资称道：徐斌水河（红柳沟河）、山水河（苦水河）、边沟河、兵沟河与都斯图河，以及其他小河溪流。这些河流的历史变化主要是由于地表风力侵蚀而导致地表沙土微粒被强风吹扬而去，从而引起土地沙漠化填塞河川河床。

鄂尔多斯高原的北半部地势递降明显，生成诸多南北或北南流向的黄河支流河川，包括黄河南侧的毛布拉格孔兑沟、布日嘎斯泰沟、黑赖沟、西柳沟、罕台川、壕庆河、哈什拉川、母哈日沟、东柳沟、呼斯太河、大路沟、准孔兑沟，共计十二条小河川。鄂尔多斯高原北部的黄河诸支流河川——十大孔兑的变化，主要是受到两个方面因素的深刻影响：其一，自魏晋时期形成的初期库布齐沙漠位于今杭锦旗西北部，继续向东、向南发展，严重地改变着高原北部区域河川的面貌；其二，至明清时期，鄂尔多斯高原北部的十二条河川还遭受水土流失的破坏。

鄂尔多斯高原东部的黄河支流大多数流程较长、水量较丰沛，包括皇甫川、清水川、孤山川、窟野河、秃尾河、佳芦河与无定河等自北而南七条大型河川，皆呈现自西北向东南流向，直接注入黄河；布连沟、小金沟、窑沟、龙王沟、黑岱沟、罐子沟、七里沟等小型沟谷，流经高原东部丘陵沟壑区域，流程短、水量小。鄂尔多斯高原东部的黄河诸支流河川的演变，受水土流失的影响很大，至于风沙因素的作用不是十分重要。出现水土流失问题可分为两个阶段：明朝时期、清朝迄民国时期。

鄂尔多斯高原南部的无定河主源出于高原南缘的界山——白于山脉北坡，最终也归入黄河。无定河的历史演变大体是：自民国迄今，毛乌素沙漠流沙、片沙已经扩张至榆林市榆阳区上盐湾镇附近无定河谷地，以及神木市秃尾河流域、窟野河西岸。其中，无定河河道遭受风沙与流沙湮塞、覆盖，河水水量变小，部分河水潜藏河床之下，导致河道泥沙淤积，河底积高，过水面变小。

推动黄河支流河川形态变迁的驱动因素还是自然因素和社会因素，即大范围气候的波动、人类的经济开发、人类开发利用水资源的工程措施等。

第三章“鄂尔多斯高原段黄河干流河道的历史变迁”探究鄂尔多斯高原外缘古代黄河干流河道的空间变迁过程，基本划为三个次级区段，即银川平原段、后套平原段、前套平原段，并剖析引起河道演替的驱动因素。

鄂尔多斯高原西、北、东三面的黄河干流河道，经行于三个地势平缓的凹陷盆地地段，其河道在历史时期发生过明显的空间移动，河床形态也发生过明显变迁。

银川平原段（青铜峡北口至石嘴山惠农区石嘴子段）黄河河道在历史时期多次发生东西向的摆动位移，大体划作四个阶段，即战国至北朝时期、隋唐至宋元时期、明朝时期、清至民国时期。

后套平原段（磴口至西山咀段）黄河在历史时期曾经形成南、北两条河道的水系格局，其形成时间最早追溯至战国秦汉时期。北侧河道为黄河主流路，南侧河道为其支派。其后，历经隋唐宋、元明清和民国时期，后套平原的水系分布出现诸多演替。直至20世纪，由于人类大规模农业开发的影响和黄河泥沙条件的变化，北河逐渐湮塞，南河成为后套平原段黄河的主河道。

战国至北朝时期，黄河在后套平原上形成了南、北两条河道的水系格局。北河是那个时期黄河主河道，南河则是其分出的支派。铜口枝渠分出地点在今磴口县东北部的协城镇与隆盛合镇间的两个村庄——召滩村、海子沿村一带。南河与北河两条河道的分汊地点当在今内蒙古巴彦淖尔市磴口县北部的隆盛合镇、杭锦后旗查干敖包乡附近区域。

南河在今隆盛合镇与查干敖包乡附近向东流去，流经汉代临戎县故城（河拐子村古城址）北、沃野县故城（今临河区黄羊镇脑高村古城址）北、临河县故城（今五原县塔尔湖镇五星村古城址）南、广牧县故城（乌拉特前旗西小召镇西土城古城址）北，向东流行约200里，至河目县故城西南方、马阴山北偏西方，即今乌拉特前旗新安镇附近，汇入北河。

黄河主道北河经由今隆盛合镇与查干敖包乡一带依旧向北流去，即河水自今磴口县东缘的三盛公水利枢纽向北流经补隆淖镇、协城镇之西，再经过今隆盛合镇与查干敖包乡一带，至今杭锦后旗中部召庙镇、三道桥镇、南渠乡和太阳庙乡之间地，至屠申泽东侧转趋东流。黄河河道自今杭锦后旗太阳庙乡驻地东侧转向东北流，基本与今乌加河流径一致，河水东北流至狼山南麓转而东流，经过今临河区北缘、五原县北部、乌拉特中旗南缘，至该旗东南隅石迹阜。河水由石迹阜石山西侧转向南流，经今乌拉特前旗苏独仑乡附近、今乌梁素海中部、河目县故城（今乌拉特前旗陈二壕古城），至今乌拉特前旗新安镇驻地附近与南河汇流，继续向南流过今乌拉山西端的西山咀，转向东南流至今杭锦旗独贵塔拉镇北侧，在此转向东流，经渠搜县故城（今杭锦旗杭锦淖尔乡境）北，向东流往前套平原。

隋唐至金夏时期，后套平原段黄河流路在空间上发生明显的变迁，呈现出时代特点。

后套平原段黄河的主河道——北河与其前历史阶段纵向比较，在至少三个地段出现了变迁。其一，唐开元初年（713），在今乌拉特中旗邢寡妇圪旦村附近，黄河向北摆动达数公里之遥，直至该村北1.5千米处的旧西受降城（石兰计古城址）之地。其二，唐后期，在新西城南侧，黄河在元和八年春天的凌汛期，摧毁了北侧河岸，冲毁新西城的大城区域南半部。河道遂向北推移，形成一个新的河湾。其三，在今乌拉特前旗苏独仑乡、乌拉特中旗德令山镇之境秦汉旧河道，唐代形成一个名叫大泊的湖泽，这就表明，其时北河由于河道自行裁弯取直的变动，是从大泊西南侧流向南方的。

黄河之南河，即屯根水的流径，大体自今磴口县协城镇召滩村、海子沿村一带流向东方，穿越今杭锦后旗南部头道桥镇附近，向东横贯今杭锦旗北部诸乡镇地界，其故河道在今黄河干道之南面。其流经地在今杭锦旗北境的呼和木都镇、吉日嘎朗图镇南侧，以及其东方库布齐沙漠中的七个小湖泊所在地、独贵塔拉镇沙圪塔淖尔、杭锦淖尔乡等湖泊群所在地，与自东南而来的北河主河汇合为一股河道。牟那山钳耳觜南侧的麦泊，是黄河河道在此南徙后在旧河道留下的牛轭湖，它的位置在今乌拉特前旗独贵塔拉镇东北、铁路南侧的黄河之区。

元明清时期，后套平原段黄河在大部分时段依旧呈现南河、北河并行的空间布局。就在此时期，后套平原段黄河流路由原先的两派逐渐演变为以南河为单一河道的格局。

后套平原段黄河的南河河道变迁基本呈现出逐渐向北移徙的态势，并最终到达今黄河的位置。南河在隋唐金夏时期的位置，南面是地势渐渐升高的鄂尔多斯高原，它也只能向地势较低的北方移动。南河北移的突出证据，就是唐代丰州故城被北移的黄河河水侧蚀冲刷而局部毁坏，并且在南侧留下库布齐沙漠中的七个小湖泊、独贵塔拉镇沙圪塔淖尔、杭锦淖尔乡等地湖泊群，这些今黄河南侧的沙漠湖泊群体实际是隋唐至夏金时期黄河南河（屯根水）北移后留下的河道残迹。

与此同时，北河河道由于受到上游河水泥沙淤积的影响，来水量逐渐缩减；也由于狼山山区森林植被覆盖率的缩小、山区泥沙碎石随山洪泻下堆积于山前洪积扇，且不断前伸扩展，推挤北河而使之南移，河道变窄变浅，过水量降低。在诸多因素综合影响下，北河逐渐向南推移至今总排干沟北侧，而且逐渐断流、干涸，许多区段被农民开发为农田。自清朝道光年间开始，北河淤塞不通，黄河流水全部经行于南河东流下泄。换言之，历史时期的南河至清代道光年间终于演变为单一的黄河主河道。

隋唐宋时期后套平原曾经存在的大泊、麦泊，逐渐干涸。大泊因失去水源补给而演变为沼泽，继而转变为可耕农地。麦泊则由于南河逐步北移，至清后期遂被黄河袭夺，演变为黄河河道。

至民国时期，后套平原段黄河最大的变化就是单一河道的形成与固定，并逐渐演变成蛇曲型河道。北河（即今乌加河）的彻底断流，使后套平原段黄河演变成以南河为主泓的单一河道。北河北侧诸支流，包括源自狼山山脉的今呼勒斯太河、海流兔河、拜兴图高勒河、牧仁河、石哈河、大同川河，因为狼山山区天然森林植被覆盖度减少、气候干旱少雨而趋于干涸、断流，变成季节性小河，也不再与黄河发生沟通关系。

至20世纪30年代，一场暴雨之后，今乌拉特前旗中部黄河故道快速形成一个大型湖泊——乌梁素海。其后，乌梁素海的湖区面积不断扩大，相继淹没唐代天德军故城、永清栅故城。

前套平原段黄河也曾形成南、北两派河道的水系格局，以及弯曲河段向南、向东移动的趋势。其变迁进程最早追溯至战国秦汉时期。北侧河道为黄河主流径，南侧河道为其支派。其后，历经隋唐宋、元明清和民国时期，前套平原段黄河逐渐演变成单一的蛇曲型河道，其弯曲河段则南移至今黄河位置、东侵至今托克托县城近旁。

战国至北朝时期，前套平原段黄河呈现出在临沃至稒阳两县间两股河道并行的状态，而且北支河道逐渐北移，冲刷稒阳县故城（今包头市东河区古城湾村），而从稒阳县故城往东南的黄河河段在今黄河河道之北方。在今十二连城村北侧，黄河河道跟当代位置近似，流过十二连城古城所在石崖之下，受其顶托而流向东偏北，至今托克托县城西侧接纳沙陵湖的来水，转而南流，进入山陕大峡谷区段。临沃县故城（今包头市九原区敖陶窑古城）、稒阳县故城（今包头市东河区古城湾古城）、塞泉城（今包头市东河区东园乡西北部、五当河西侧西园村）、五原郡东部区域的黄河分歧为南、北两派河道。北派河道是黄河主道，南派河道乃其分出的支派——枝津。两派河道西东绵延70里，南北两条河道之间形成一个长约70里、宽约20里的河心洲，东流至稒阳县故城东南侧，汇合流成单一的黄河河道。至北魏时期，黄河北派河道在汉代五原郡稒阳县境出现河道向北移动的变迁，冲毁稒阳县故城西南隅。

战国至北朝时期，今包头市东河区古城湾村东南至今托克托县城关镇西侧的黄河古道流路并非今黄河干道位置，而是远在其北方10多千米处。战国至北朝时期，这段旧黄河流径西端始于今达拉特旗王爱召镇德胜泰村之北、包头市东河区古城湾乡磴口村南侧黄河弯道顶端，由此斜向东偏南流去，历经包头市沙尔沁乡、东园乡南境，土默特右旗大城西乡、明沙淖乡北部葫芦头村、发彦申乡德胜村及乡政府驻地、二十四顷地乡左家地村、党三尧乡红泥圪卜村北侧、将军尧乡政府驻地、盐海子村、小召子乡新建村、程奎海乡驻地，至该乡东南隅八里湾村，再流向东南进入托克托县西南隅，汇入今黄河。汇合地点东近托克托县什四份村，它南隔黄河与准格尔旗西湾村相望。

夹处在今准格尔旗与托克托县间的黄河弯曲河道也存在变动。黄河由今什四份村转向东经中滩村、石家屹旦村附近，接纳沙湖来水，转趋东南，历经中滩乡政府驻地、皮条沟村、格图营村，转向南流经东营子村、后郝家窑村，抵郝家窑村南侧，转而东南流去。河水流过沙南县故城东面后，继续南流经桢陵县西界，特别是流经

“［桢陵］县［故城］南六十许里”的横跨黄河的“东、西大山”，向南进入黄河峡谷河段。此所谓“东、西大山”横亘于桢陵县故城（今托克托县燕山营乡章盖营村章盖营古城）南60许里，按此里程推算应在今清水河县西北部喇嘛湾镇、王桂窑乡交界地带的山地，呈现出由东北趋西南的走向，成为北面的沙河及其他入黄支流河川与南面的浑河间的分水岭山脉，其最高点在喇嘛湾镇东部的中上嘴村东南数里处，海拔1307米。与其相对的黄河西岸的山岭，则是准格尔旗北部东孔兑镇的准孔兑沟与薛家湾镇及窑沟乡诸东流入黄的小河川之分水岭。其时，沙陵湖位于今托克托县城西北、哈拉板申东古城西侧。

隋唐至金夏时期，前套平原段黄河河道发生过明显的空间位置变迁。首先，表现为黄河在胜州（今十二连城古城）与东受降城（今托克托县中滩乡蒲滩拐村古城）间发生的侧蚀冲刷，河道不断东移，迫使东受降城向北迁徙，重新选址于今托克托县城附近的东沙岗古城位置。其次，那时黄河从今包头市东河区古城湾乡磴口村附近顺直流向东南，抵胜州城（今十二连城古城）北侧，再转向东北形成一个凸岸朝南的河湾，流至今中滩乡政府驻地附近，受沙陵湖下泄水流的顶托和东岸的阻挡，转而流向东南。其位置在今日此段黄河之北方与东方。再次，隋唐至金夏时期，在今土默特右旗与准格尔旗界线上的当代黄河位置存在一条人工开凿的河道——平河水，东流至今准格尔旗西湾村十二连城古城北侧，汇入古黄河。此乃前一历史时段所无之水系。最后，黄河流至今托克托县城西侧接纳金河（汉代芒干水，今大黑河）河水，在汇流处之北存在一个大型湖泽——金河泊，其前身就是《水经注》所称“沙陵湖”。

元明清时期，前套平原段黄河的位置变动主要表现在：其一，今包头市境内的黄河河道由原先的两股河道演变成单一河道，而且因泥沙淤积而继续向蛇曲型弯曲河道发展。其二，在今准格尔旗与托克托县间的黄河出现由南向北的摆动而渐远胜州故城（今十二连城古城），与此同时，胜州故城、榆林关故城和东受降城故城间黄河湾流南段起初呈现向西冲刷的演变态势，至清代中后期再度演变为向东摆动，直抵东侧的崖岸，遂形成当代弯曲河段。其三，原先的金河泊渐次缩小乃至消失，主要是今大黑河的来水日渐减少，无力持续供给金河泊以充沛的水源，其次是清代以降，农业开发力度与规模逐步扩大，原先的湖滩地被开垦。其四，前一时段存在的平河水至此期湮没。

直至清代中后期，前套平原段黄河南侧数条小河——罕台川、壕庆河、哈什拉川、东柳沟的下游尾闾区域形成数个较大的湖泊。当时人们呼之为巴尔哈逊泊（今罕台川、壕庆河尾闾湖）、奈马代池（今哈什拉川尾闾湖）、哲格苏台池（今东柳沟尾闾湖）等等。至元明清时期，罕台川、壕庆河、哈什拉川、东柳沟诸河川一度转变为内流河川。

民国时期的四十年间，前套平原段黄河的变迁首先是黄河自包头市古城湾村东南侧决口改道南移，流向东南方，袭夺了罕台川、壕庆河、哈什拉川、东柳沟诸河川尾闾湖泊。其次，另一个新变化就是黄河接纳其南侧的罕台川、壕庆河、哈什拉川、东柳沟几条小河川，使后者成为真正意义上的黄河一级支流河川。最后，壕庆河、哈什拉川、东柳沟等支流的尾闾湖泊所在地因被黄河袭夺而趋于消失，其滩地逐渐被当地农民开垦为农业用地。

第四章 “历史时期鄂尔多斯高原段黄河诸多支流河川的演变”则重点探讨鄂尔多斯高原外流区域各条黄河支流河川的历史演变。

在历史时期，黄河诸多支流河川的河相变迁也是相当的明显，包括流水量锐减、河道位移、溯源侵蚀、水土流失等自然环境问题呈现出愈演愈烈的态势。

自十六国时期起，史书中对此区域的记载逐渐增多，使后代人们可以窥探该地域的河流、湖泊等自然地理要素的分布。将历史时期不同阶段鄂尔多斯高原及其毗邻区外流河川与湖泽逐一做出定位探索，从而使人们对不同时段河川、湖泽分布格局初步有所认知，以便在此基础上探索其他历史地理专题，准确地复原出特定时段历史地理要素空间分布的历史横断面。

第五章“鄂尔多斯高原内流水系的空间格局与变迁”主要论述鄂尔多斯高原内流区域的河川、淡水湖泊和盐碱湖泊的兴亡盈缩之空间变迁及其特征，剖析其变迁根源。

其中内流区域，地面平缓，硬梁地与湖滩地相间分布，地势略有起伏，地下水位较浅，梁地之间遂有短促内流河川形成，流程短，水量小，易断流干涸，季节性强。正因如此，内流河川的尾闾湖往往积聚着不同程度的盐分、碱分，成为盐湖或者碱湖。当然，内流水系与外流水系也会在特定条件下出现转换，或是内流水系演变为外流水系，或者外流水系转变为内流水系。

首先，本章探明了鄂尔多斯高原内流区的范围。

其次，将鄂尔多斯高原内流水系区域划分成三大亚区分别梳理，即东胜梁及其以北区域、明长城至堆子梁以北区域、白于山至大罗山分水岭以北区域，再进一步划分为八个小目标区域；依照战国秦汉时期、魏晋北朝时期、隋唐五代时期、宋元明清时期四阶段，对内流区的河川、湖泊空间位置做系统探究，并阐明它们与若干重要历史事件和相关军政设施的时空关系。

最后，阐明了研究鄂尔多斯高原内流水系的学术价值与现实意义。

第六章“鄂尔多斯高原内流区古代湖泽及河川考实”运用古代文献记载、考古田野调查和实地踏勘相结合的研究方法，判定古代不同时间段内流区域的湖泽、河川的基本地理位置，并论述了其重要学术意义。

鄂尔多斯高原的古代河川、湖泊的空间分布已被今人探明者并不多。但是，这又是必须考察清楚的历史自然地理学的基本问题，不可长期空缺。

依据古代文献的记载，考定不同历史时段诸多湖泽的地理位置，并阐明它们与若干重要历史事件与相关军政设施的时空关系。基本依照战国秦汉时期、魏晋北朝时期、隋唐五代时期、宋元明清时期的四阶段试做系统探究。其意义是非常重大而深远的。

其一，探索湖泊、河川的真实位置是研究古代自然地理环境的学术需要。其二，探索湖泊、河川的真实位置是解释不同时期人们经济活动空间布局的需要。其三，探索湖泊、河川的真实位置是了解古代不同时段军事活动历程的地理基础。其四，透过不同时段湖泊、河川的定位研究成果，可使今人获取特定区域河川、湖泊等自然要素空间分布演变的完整图谱。其五，运用不同时段湖泊、河川的定位研究成果，可阐述特定区域人类文明的演进为何是如此，而非如彼，探寻人类文明发展、演变的根本原因。

后　记

在本书即将付梓之际，回顾十年的研究历程，感慨万千。既叹息岁月易逝、人生易老，白驹过隙间已到暮年，也令人心生完成使命、颇觉欣慰之愉悦，毕竟人一生中能做几件大事呢！而对于学术界的中生代学者而言，必将继续奋力前行，以实现他们的宏伟科研愿景。

在本项目初期推进中，曾经得到王杰瑜教授的热情支持。虽然由于其工作岗位变动及其他诸多管理事务的干扰，中途办妥不再继续参与的手续，但对于其阶段性的支持，我们表示诚挚的谢意。余倩同志对书稿做了认真细致的校阅与必要的订正，使之趋于完善，特向她致以深切的感谢。

我们经过努力推进而完成既定的研究任务。虽然历经数遍审阅与检校，但是书中还是难免会出现不足、舛误或缺如。因此，真诚地期待广大读者朋友予以批评指正，以便再版时，我们进行适当修订或补撰。

本书著者

2024年10月19日

于陕西师范大学长安校区文汇楼